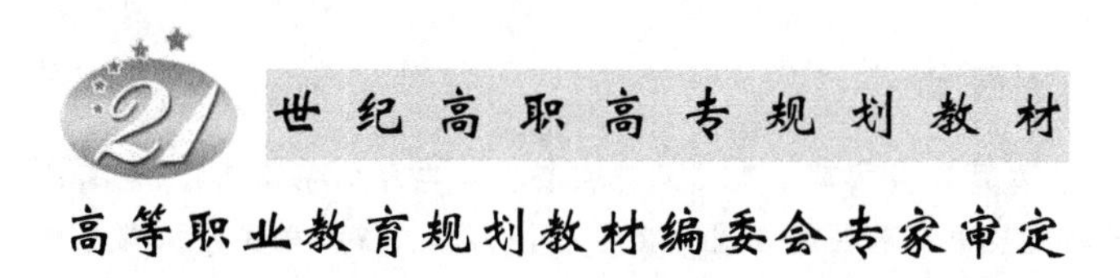

高等职业教育规划教材编委会专家审定

电路与模拟电子技术

主　编　郭根芳　卜新华
副主编　李　莉　田　芳　李建龙

北京邮电大学出版社
www.buptpress.com

内容简介

本书共分11章，包括电路和模拟电子技术两部分内容。电路部分主要介绍电路的基本概念、电路的分析方法、正弦交流电、正弦稳态分析、三相交流电路和一阶动态电路分析等内容。模拟电子技术部分主要介绍常用半导体器件、基本放大电路、集成运算放大电路、信号产生电路和直流稳压电源等内容。在每一章主要内容的前面介绍本章要点、重点难点、教学要求和编写思路；后面有重要知识点、本章小结和思考题与习题。

本书以基本概念、基本理论、基本分析方法、单元电路分析、集成电路应用为主，精选内容、切合实际、深入浅出、物理概念清楚、定量推导适度、通俗易懂、重点突出。

本书可作为高职高专院校电子信息类、通信类、计算机类和电气类等相关专业的教学用书，也可供成人职业教育、职业技能培训和相关工程技术人员参考。

图书在版编目(CIP)数据

电路与模拟电子技术 / 郭根芳，卜新华主编. -- 北京 ：北京邮电大学出版社，2013.7（2017.8 重印）
ISBN 978-7-5635-3509-5

Ⅰ．①电… Ⅱ．①郭… ②卜… Ⅲ．①电路理论—高等职业教育—教材 ②模拟电路—电子技术—高等职业教育—教材 Ⅳ．①TM13 ②TN710

中国版本图书馆 CIP 数据核字(2013)第 104903 号

书　　名：电路与模拟电子技术
主　　编：郭根芳　卜新华
责任编辑：王晓丹
出版发行：北京邮电大学出版社
社　　址：北京市海淀区西土城路 10 号(邮编：100876)
发 行 部：电话：010-62282185　传真：010-62283578
E-mail：publish@bupt.edu.cn
经　　销：各地新华书店
印　　刷：北京九州迅驰传媒文化有限公司
开　　本：787 mm×1 092 mm　1/16
印　　张：15
字　　数：373 千字
版　　次：2013 年 7 月第 1 版　2017 年 8 月第 3 次印刷

ISBN 978-7-5635-3509-5　　定　价：30.00 元

前　言

本书根据高等职业教育教学的特点，以能力为本位，以应用为目的，参考与电路和模拟电子技术相关技术领域职业岗位(群)的任职要求和后续课程的要求，并结合目前电路与模拟电子技术元器件的发展现状来编写，在结构安排和内容选取上具有以下特点。

(1) 在内容取舍上以电路和模拟电子技术的基础知识和基本理论为主线，并注意使之与实用技术有机地结合起来，激发学生的学习兴趣和创新意识。

(2) 注重体现高职高专的特色，淡化理论，注重实践。在保持知识的科学性和系统性的前提下，删繁就简；重点讲清公式和结论的物理意义和应用，降低理论分析的难度；注重知识的实用性和内容的趣味性，以达到提高教学效果的目的。

(3) 在知识结构上以"基本概念—基本原理—基本分析方法—典型应用电路"为思路。注重引导学生掌握电路与模拟电子技术课程的学习方法，培养自主学习的能力，为以后更好地适应现代电子社会作好准备。

(4) 在内容安排上，本书兼顾知识的系统性与完整性，各章节又保持其相对的独立性，为开放教学和弹性教学留有选择和拓展的空间。

本书是21世纪高职高专电子信息类实用规划教材，可作为高职高专院校电子信息类、通信技术类、计算机类和电气类等相关专业的教学用书，也可供成人职业教育、职业技能培训和相关工程技术人员参考。

本书是编者在多年从事电路与模拟电子技术教学基础上编写而成的教材。在编写过程中，汲取了各高职院校教学改革、教材建设等方面的经验，充分考虑了高职高专学生的特点、知识结构、教学规律和培养目标等要求。

本书由郭根芳、卜新华担任主编，李莉、田芳和李建龙担任副主编，卜新华编写第8章，李莉编写第2、3、4、9章，田芳编写第6、7章，李建龙编写第11章，其余部分由郭根芳编写并负责全书统稿工作。本书在编写过程中得到了石家庄邮电职业技术学院电信工程系领导的大力支持和郑玉红、赵月恩老师的帮助，在此表示衷心的感谢。

由于编者水平有限，书中难免存在不足和错误之处，恳请广大读者批评指正。

编　者

目　　录

第1章 电路基本概念

【本章要点】

- 电路和电路模型。
- 电路中的基本物理量,即电压、电流、功率与电能。
- 电路中常见的负载元件,即电阻、电感与电容。
- 电源元件,即电压源与电流源。

【本章重点难点】

- 电压、电流的实际方向与参考方向的关系。
- 基本物理量的计算。

通过本章的学习,要了解电路和电路模型的概念;掌握电路中基本物理量的概念与计算;理解电路中电压、电流参考方向;熟悉电路元件中电压源、电流源、电阻、电容、电感的伏安关系。

本章从电路和电路模型入手,由浅入深地提出研究的电路模型、基本物理量和电路元件,这些是电路理论的入门内容,为电路分析、计算及后续课程提供必要的基础知识。

1.1 电路和电路模型

1.1.1 电路

在日常生活中,电到处可见,电灯、收音机、电视机、洗衣机、电冰箱等都是用电的电器设备。这些电器都是通过电路来实现它们的功能。

电路(electric circuit),简单地说就是电流流通的路径,是由各种电器元件按照一定方式连接而成的。实际的电路分成3部分:电源、负载(用电器)和中间环节。其中电源为整个电路提供能量;负载将电能转化成其他形式的能量;中间环节包括导线、开关和控制器件,负责电源和负载之间的连接和控制。由电池、电灯泡、导线和开关组成一个简单的电路如图1-1所示。

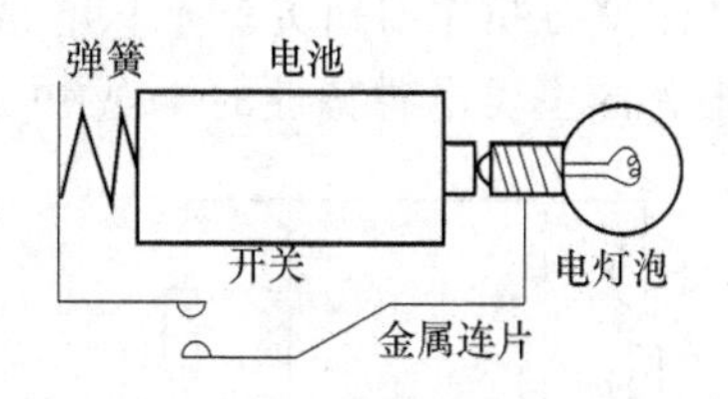

图1-1 手电筒的实际电路

现实中电路种类多样，例如，有传输、分配电能的电力电路；转换、传输信息的通信电路；控制各种家用电器、交通信号和生产设备的控制电路等。

从电路的功能来看，电路可以分为两大类：一类是实现能量的转换和传输，如电力系统中的发电、传输电路等；另一类是实现信号的传递和处理，如通信、电视机电路等。

为了有效地分析研究电路，需要建立一个电路模型。

1.1.2 电路模型

实际电路由各种作用不同的电路元件组成，而电路元器件种类繁多，且电磁特性较为复杂。例如，实际线绕式电阻除了具有消耗电能的性质外(电阻性)，还会有电感的性质，将一部分电能存储为磁场能。实际的电感线圈除存储磁场能外(电感性)，还会发热表现出电阻的特性。实际的电容器除了存储电场能外(电容性)，还会存在漏电流表现出电阻的特性。实际的电池除了提供较恒定的电压外还具有一定内阻。

为了便于对实际电路进行分析和计算，需要将电路元件理想化，即在一定条件下，忽略掉电路元件次要的电磁性质，用能代表其主要电磁特性的理想模型来描述。例如，线绕式电阻在直流电路中，电感特性很小，可以用一个电阻来描述，而在高频交流电路中，电感特性较大，线绕式电阻的电感特性就不能忽略；灯的主要电磁特性是电阻性，同时也有电感性，但电感微弱，可以忽略不计，于是可以用理想的电阻元件来代替灯的电磁特性。

电路中常见的理想元件有理想电压源元件、理想电阻元件、理想电容元件和理想电感元件。另外，电阻、电容和电感均为零的理想导线也可以看做是一种广义理想元件，用于元件的引出和连接。理想元件的图形符号如图 1-2 所示。

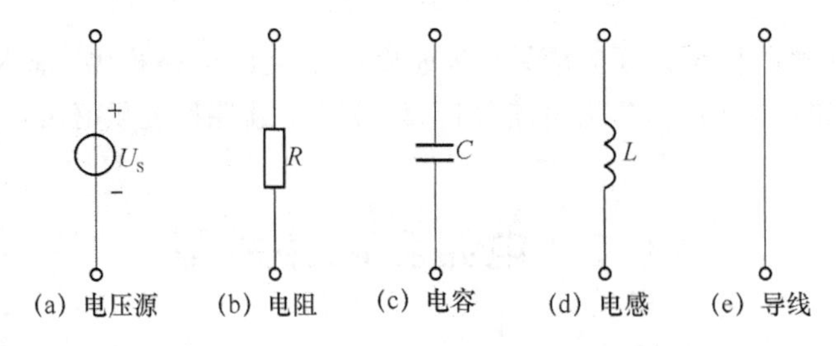

图 1-2 理想元件的图形符号

根据实际电路的工作条件和需要分析的电路参数，将实际电路中各个元件用其适当的模型(理想元件)图形符号表示，然后由理想导线按照电路结构连接起来构成的电路称为实际电路的电路模型，简称电路。

电路分析主要研究的是从电路抽象出的电路模型。由于电路模型中的理想元件是实际元器件的主要电磁特性的体现，并忽略其次要电磁特性，因此，通过电路模型分析出的结果是实际电路的近似。本课程主要对建立的电路模型进行讨论。

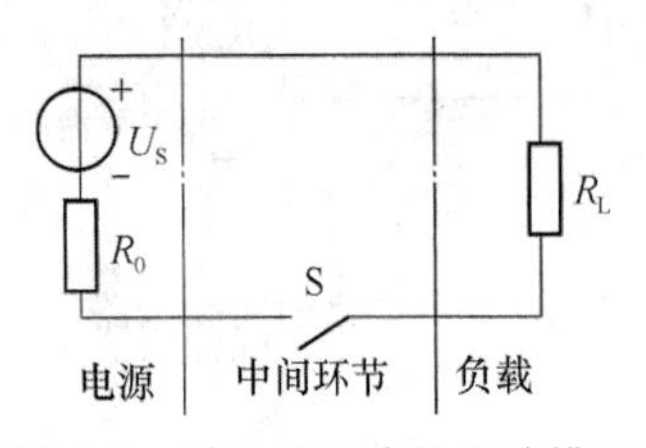

图 1-3 手电筒电路的电路模型

手电筒电路的电路模型如图 1-3 所示。在电路模型中，电池在对外提供电能的同时，内部也消耗一部分电能，所以用一个理想电压源 U_S 和一个内电阻 R_0 串联来表征；电灯泡用一个负载电阻 R_L 表示；开关用 S 表示；把全部的元件用导线连接在一起。

1.2　电路的基本物理量

为了定量地描述电路的性能及作用，常引入一些物理量作为电路变量来描述，电路分析的任务就是求解这些变量。描述电路的变量最常用到的是电流、电压、功率和电能。

1.2.1　电流

电路中带电粒子在电源作用下有规则地移动形成电流。金属导体中的带电粒子是自由电子，半导体中的带电粒子是自由电子和空穴，电解液中的带电粒子是正、负离子，因此电流既可以是负电荷，也可以是正电荷或者两者兼有的定向运动的结果。习惯上规定正电荷移动的方向为电流的实际方向。

单位时间内通过导体横截面的电量定义为电流强度，简称电流。用以衡量电流的大小，用符号 i 表示，即

$$i(t)=\frac{\mathrm{d}q}{\mathrm{d}t} \tag{1-1}$$

在国际单位制(SI 制)中，电流的单位是安培(国际符号为 A)，常用单位还有毫安(mA)和微安(μA)。单位换算关系为

$$1\ \mathrm{A}=10^3\ \mathrm{mA}=10^6\ \mu\mathrm{A}$$

如果电流的大小和方向不随时间变化，则这种电流叫做恒定电流，简称直流(DC，Direct Current)，一般用符号 I 表示。如果电流的大小和方向都随时间变化，则称为交变电流，简称交流(AC，Alternating Current)，一般用符号 i 表示。电流波形如图 1-4 所示。

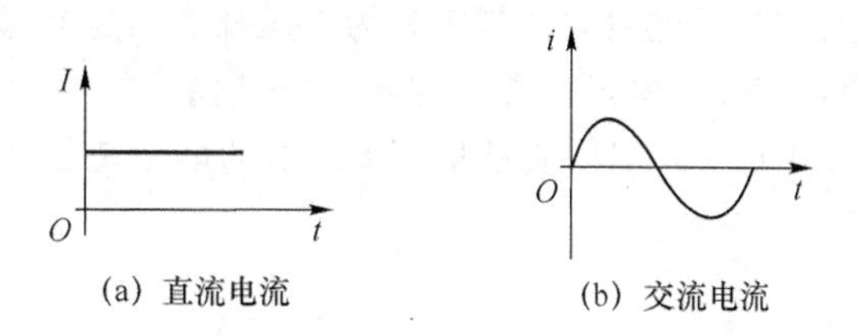

图 1-4　直流、交流电流波形

在分析电路时，通常不能确定实际的电流方向，但为了列写与电流有关的表达式，必须预先任意假定电流的方向，称为电流的参考方向。电流的参考方向可以用导线上的箭头来标注，如图 1-5 所示。

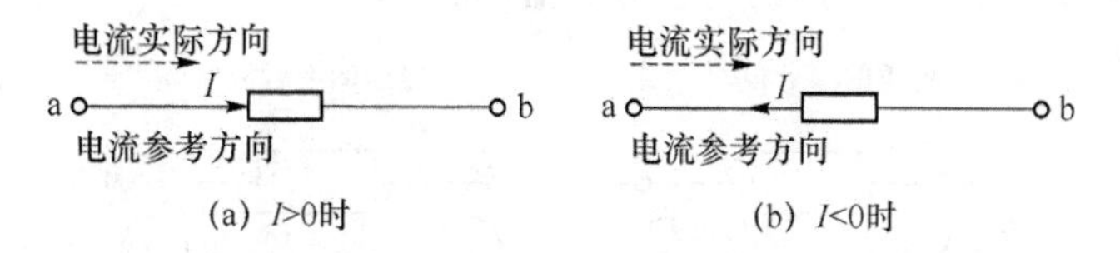

图 1-5　电流的参考方向与实际方向的关系

根据所假定的电流参考方向列写电路方程求解这个电流，如果为正值($I>0$)，则表示电流的实际方向和参考方向相同；如果为负值($I<0$)，则表示电流的实际方向和参考方向相反。

交流电流的实际方向是随时间变化的，因此，当电流的参考方向确定后，如果在某一时刻电流为正值，即表示在该时刻电流的实际方向和参考方向相同；如果电流为负值，则方向相反。

另外，电流的参考方向还可用双下标表示，I_{ab}表示电流的参考方向由 a 到 b；如果参考方向选定为由 b 到 a，则写为 I_{ba}，并且 $I_{ab}=-I_{ba}$。

注意：在没有给定参考方向的情况下，讨论电流的正负是没有意义的。

1.2.2 电压和电位

1. 电压

电压是描述电场力对电荷作功的物理量。电路中某两点 a、b 间的电压在数值上等于电场力将单位正电荷由 a 点移动到 b 点时所做的功。用 U_{ab}或 u_{ab}表示 ab 间电压，则

$$u=\frac{\mathrm{d}W_{ab}}{\mathrm{d}q} \tag{1-2}$$

在国际单位制中，电压的单位是伏特，简称伏（V）。工程上常用的电压单位还有千伏（kV）、毫伏（mV）和微伏（μV）。单位换算关系为

$$1\ \mathrm{kV}=10^3\ \mathrm{V}$$

$$1\ \mathrm{V}=10^3\ \mathrm{mV}=10^6\ \mu\mathrm{V}$$

电压也有正负之分。如果正电荷由 a 点移动到 b 点电场力做正功，这时 a 点为“＋”极，b 点为“－”极，$U_{ab}>0$；反之，如果正电荷由 a 点移动到 b 点电场力做负功，这时 a 点为“－”极，b 点为“＋”极，$U_{ab}<0$。电压的实际方向是由“＋”指向“－”。

在分析电路时同样需要为电压任意指定参考方向。一般是在元件的两端用“＋”、“－”符号来表示，电压的参考方向由“＋”指向“－”，如图 1-6(a)所示。电压的参考方向还可以用双下标表示，U_{ab}表示从 a 指向 b 的电压，U_{ba}表示从 b 指向 a 的电压，如图 1-6(b)所示，并有 $U_{ab}=-U_{ba}$。

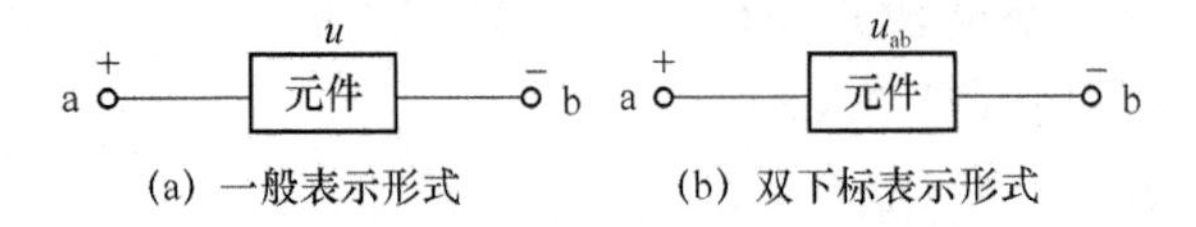

图 1-6 电压参考极性的表示

在选定电压的参考极性后，当电压的参考极性与实际极性一致时，则电压为正值；当电压的参考极性与实际极性相反时，则电压为负值，如图 1-7 所示。

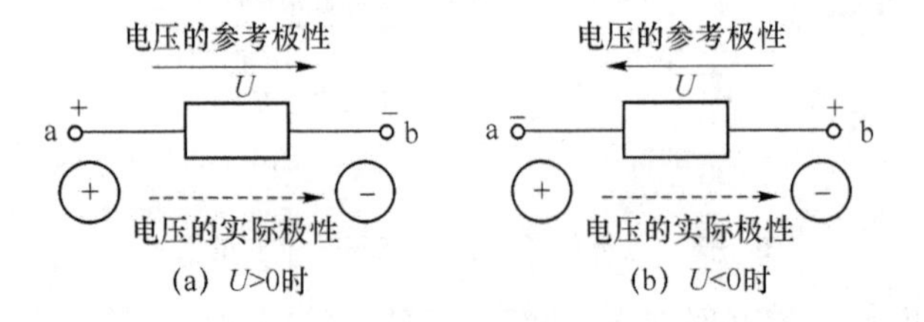

图 1-7 电压参考极性与实际极性的关系

参考方向是电路计算中的一个重要概念，对此着重指出如下几点。

（1）电流、电压的实际方向是客观存在的，而参考方向是人为选定的。

（2）当电流、电压的参考方向与实际方向一致时，电流、电压值取正号，反之取负号。

（3）在分析计算时，都要先选定其参考方向，否则计算得出的电流、电压正负值是没有意义的。

电路中某一支路或元件的电压的参考方向（由"＋"指向"－"）与电流的参考方向（箭头指向）一致，称为电压与电流的参考方向是关联的，此时电压与电流的参考方向叫做关联参考方向；否则，称为非关联参考方向，如图 1-8 所示。

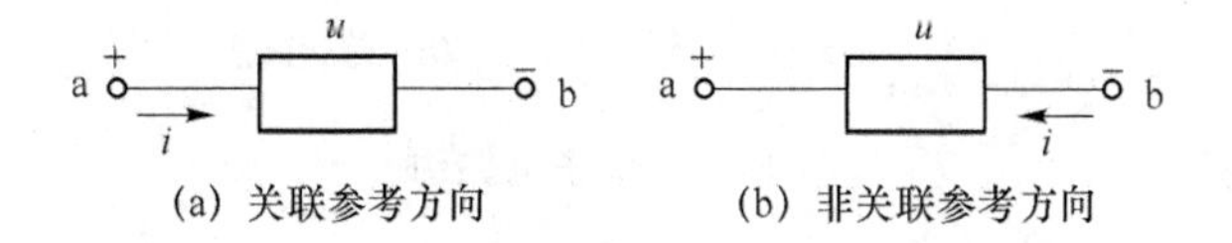

图 1-8　电压与电流的关联与非关联参考方向

2. 电位

电位也是电路分析中的一个重要概念，若在电路中任选一点作为参考点，则电路中某点的电位就是该点到参考点的电压，规定参考点的电位为零。电位常用符号 V 表示。

例如，选择 o 点为参考点，并令其电位为零。把 a 点、b 点的电位分别记做 V_a、V_b，如图 1-9 所示，显然存在

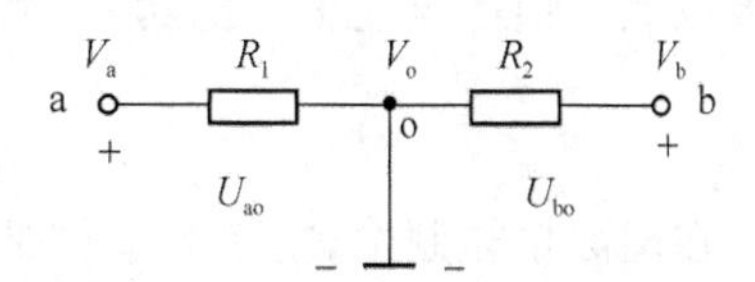

图 1-9　电位与电压的关系

$$V_a = U_{ao} = V_a - V_o$$

$$V_b = U_{bo} = V_b - V_o$$

$$U_{ab} = U_{ao} + U_{ob} = U_{ao} - U_{bo} = V_a - V_b$$

注意：电压等于电位差。

由于电位是某点到参考点的电压，因此电路中如果参考点选择不同，电路中各点电位将不同，但电路中任意两点间的电压不变，与参考点的选择无关。

在电路中，电位参考点可以任意选定，但在电力工程中，常取大地作为参考点，并令其为零。因此，凡外壳接地的电气设备，其机壳都是零电位。有些不接地的设备，常选许多元件汇聚点作为零电位，并用符号"⊥"表示；接大地则用符号"⏚"表示。

在电子电路中，还常常把电源、信号输入和输出的公共端接在一起并与机壳相接，作为参考点，机壳往往被称为"地"或叫"参考地"，但它并不一定与大地相连接。

在测量时，常把电压表的黑表笔即"－"端与地相连，而红表笔即"＋"端依次接触电路中各点，电压表的读数即为各点的电位（注意：表针应正偏）。

电子电路图的一般画法如图 1-10(a)所示。还有一种简化的画法，即电源不用图形符号表示而改为只标出其极性的文字符号，如图 1-10(b)所示。

【例 1-1】　电路如图 1-10(b)所示，已知 $+U_S = 3\ V$，$V_b = 1\ V$，计算电阻 R_2 的电压 U_{ab}。

解　电压等于电位差，由电路可知，$V_a = +U_S = 3\ V$，$U_{ab} = V_a - V_b = 3\ V - 1\ V = 2\ V$。

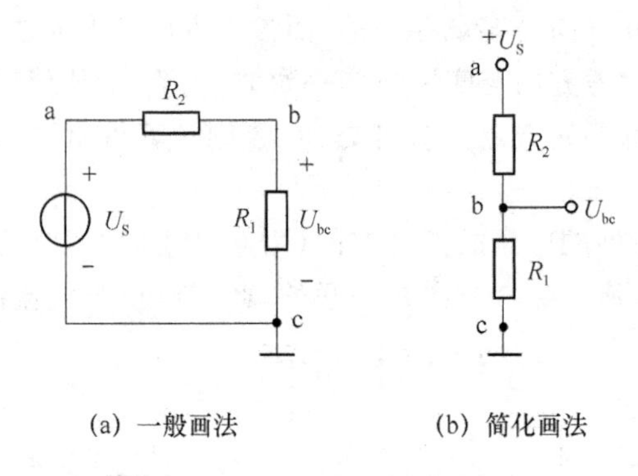

(a) 一般画法　　(b) 简化画法

图 1-10　电子电路图

1.2.3　电功率和电能

1. 电功率

在电路分析中，电功率是标志电路电能转换快慢的一个物理量。通常把单位时间内元件吸收或发出的电能称为电功率，简称功率，用 p 表示，即

$$p(t)=\frac{\mathrm{d}W(t)}{\mathrm{d}t} \tag{1-3}$$

在国际单位制中，功率的单位是瓦特(W)，常用单位还有千瓦(kW)、毫瓦(mW)。单位换算关系为

$$1\ \mathrm{kW}=10^3\ \mathrm{W},1\ \mathrm{W}=10^3\ \mathrm{mW}$$

由式(1-3)可得

$$p(t)=\frac{\mathrm{d}W(t)}{\mathrm{d}t}=\frac{\mathrm{d}W(t)}{\mathrm{d}q}\cdot\frac{\mathrm{d}q}{\mathrm{d}t}=ui \tag{1-4}$$

在直流电路中，当电压与电流取关联参考方向时，功率的表达式为

$$P=UI \tag{1-5}$$

当电压与电流取非关联参考方向时，功率的表达式为

$$P=-UI \tag{1-6}$$

如果计算出元件的功率 $P>0$，表示该元件实际吸收电能；当 $P<0$ 时，表示该元件实际发出电能。

因此，计算元件功率的步骤如下。

(1) 判断元件的电压与电流的参考方向是否关联。

(2) 根据参考方向关联与否选择不同的功率计算公式。

(3) 代入公式计算功率值。

(4) 根据功率值的正负，判断元件吸收电能或发出电能。

【例 1-2】　电路如图 1-11 所示，$u=12$ V，$i=-3$ A，计算元件的功率。

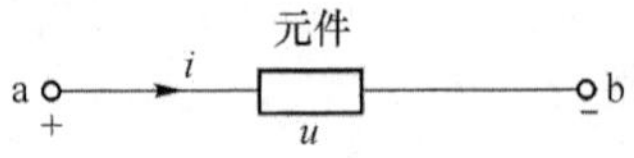

图 1-11　例 1-2 元件的功率

解　由电路可知，此题的电流和电压为关联参考方向，有

$$p=ui=12\ \text{V}\times(-3)\ \text{A}=-36\ \text{W}$$

因为 $p<0$，所以元件不是吸收电能而发出电能，相当于电源。

2. 电能

电能是表示电流做多少功的物理量，在时间 t_1 到 t_2 期间，元件（或电路）吸收的电能为

$$W=\int_{t_1}^{t_2} ui\,\mathrm{d}t \tag{1-7}$$

直流时为

$$W=UI(t_2-t_1)=P(t_2-t_1)$$

在国际单位制中，电能的单位为焦[耳](J)，时间的单位为秒(s)。若 $W\geqslant 0$，该元件为有源元件，否则为无源元件。在实际生活中，常采用千瓦时（kW·h）作电能的单位。1 千瓦时（俗称 1 度电）是功率为 1 千瓦的用电设备在 1 小时内所消耗的电能。

$$1\ \text{kW}\cdot\text{h}=1\,000\ \text{W}\times 3\,600\ \text{s}=3.6\times10^6\ \text{J}$$

如果通过实际元件的电流过大，会由于温度升高使元件损坏；如果电压过大会使绝缘击穿。电气设备或元件长期正常运行的电流容许值称为额定电流，长期正常运行的电压容许值称为额定电压，额定电压和额定电流的乘积称为额定功率。通常电器设备或元件的额定值标在产品的铭牌上。例如，一普通灯泡标有 220 V/40 W，表示它的额定电压为 220 V，额定功率为 40 W。

【例 1-3】　汽车照明用 12 V 蓄电池为 60 W 车灯供电，若蓄电池的额定值为 100 A·h 求蓄电池的放电电流及储存的能量。

解　放电电流为

$$I=P/U=60\ \text{W}/12\ \text{V}=5\ \text{A}$$

100 A·h 表明提供 5 A 可使用 20 h，因此储存能量为

$$W=12\ \text{V}\times100\ \text{A}\cdot\text{h}=1.2\ \text{kW}\cdot\text{h}$$

1.3　电路理想负载元件

电工和电子电路中常见的理想负载元件有电阻元件、电容元件和电感元件。电阻元件把电能转化为热能是一种耗能元件。电容元件和电感元件分别把电能转化为电场能和磁场能保存起来，属于储能元件。

本节主要研究各元件的端电压与端电流的关系，这种关系称为元件的伏安关系（VAR，Voltage Ampere Relation），也叫元件的约束条件。VAR 是元件本身固有的特性，不随电路结构的变化而改变。

1.3.1　电阻元件

1. 电阻元件的概念

电阻元件（实际电阻器）由对电流阻碍作用较大的材质构成，电流流过电阻元件时，定向移动的带电粒子由于受到阻碍发生碰撞，将电能转化为热能。因为电阻器在电路中要消耗

电能，所以也称为耗能元件。

电阻器在电路中对电流阻碍作用的大小用电阻量来表示，简称电阻，用符号 R 表示，如图 1-12(a)所示。

在国际单位制中，电阻的单位为欧姆(Ω)，常用的单位还有千欧(kΩ)、兆欧(MΩ)。单位换算关系为

$$1\ \mathrm{M\Omega}=10^3\ \mathrm{k\Omega},\quad 1\ \mathrm{k\Omega}=10^3\ \Omega$$

电阻的倒数称为电导，它是表示材料导电能力的一个参数，用符号 G 表示。

$$G=\frac{1}{R} \tag{1-8}$$

电导的国际单位是西门子(S)，简称西。

2. 电阻元件的伏安关系

若电阻元件电压、电流的参考方向为关联参考方向，如图 1-12(a)所示，则线性电阻元件的伏安关系满足欧姆定律，即

$$U=RI \tag{1-9}$$

若电阻元件电压、电流的参考方向为非关联参考方向，如图 1-12(b)所示，则线性电阻元件的伏安关系应为 $U=-RI$。 (1-10)

当 R 为常数时，这种电阻元件叫线性电阻元件，线性电阻元件的伏安特性曲线如图 1-12(c)所示，是一条过原点的直线。

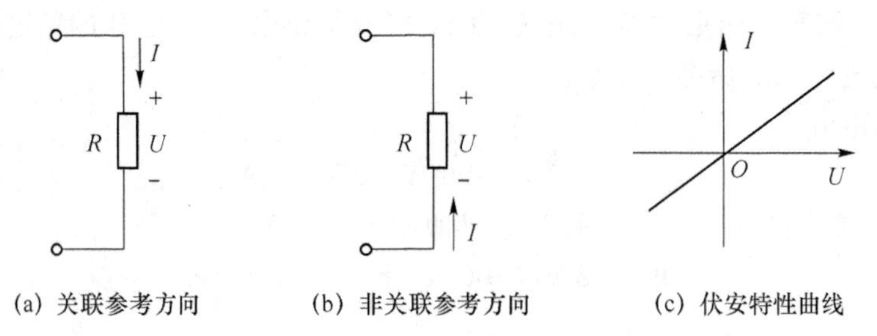

(a) 关联参考方向　(b) 非关联参考方向　(c) 伏安特性曲线

图 1-12　电阻的伏安关系

3. 电阻元件的耗能

【例 1-4】 电路如图 1-13 所示，试求图中的电流 I、电压 U 及电阻 R 消耗的功率 P，其中 $R=5\ \Omega$。

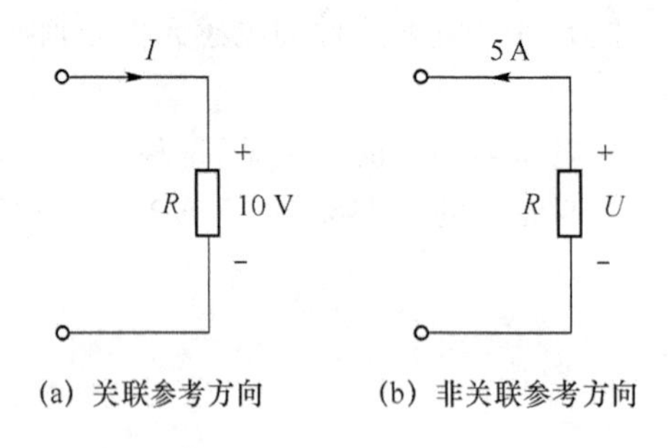

(a) 关联参考方向　(b) 非关联参考方向

图 1-13　例 1-4 图

解　(1) 在图 1-13(a)中，电压、电流为关联参考方向，所以

$$I=\frac{U}{R}=\frac{10\ \text{V}}{5\ \Omega}=2\ \text{A},P=UI=10\ \text{V}\times2\ \text{A}=20\ \text{W}$$

（2）在图 1-13(b)中，电压、电流为非关联参考方向，所以

$$U=-RI=-5\ \Omega\times5\ \text{A}=-25\ \text{V},P=-UI=-(-25\ \text{V}\times5\ \text{A})=125\ \text{W}$$

【例 1-5】 照明电路如图 1-14 所示，普通白炽灯泡标有 220 V/100 W，用于在额定电压下照明 10 小时，试计算消耗多少电能。

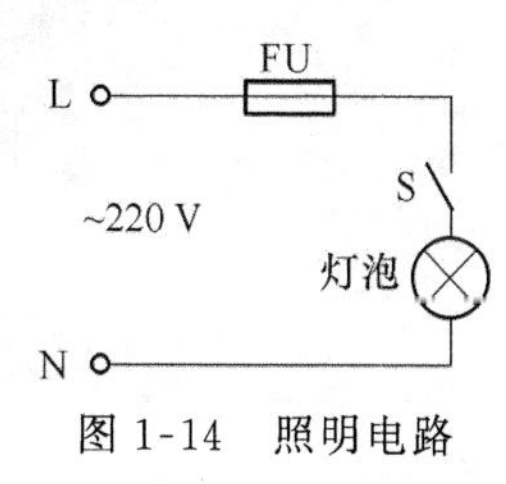

图 1-14　照明电路

解　根据公式

$$W=Pt=100\ \text{W}\times10\times3\ 600\ \text{s}=3.6\times10^6\ \text{J}=1\ \text{kW}\cdot\text{h}$$

通过计算可知，消耗电能 3.6×10^6 J（1 kW · h），即 1 度电。

4. 电阻元件的应用

电阻元件在日常生活中应用得最多，白炽灯泡的灯丝就是一种特殊的电阻，当电流通过灯丝时，就会把电能转化为光能和热能。电磁炉中贴近面板有一个热敏电阻，用于感知电磁炉的温度，将温度传给自动处理系统进行温度调节。

电阻可以分为固定电阻、可变电阻和特种电阻。

实际的固定电阻按照材料可以分为碳膜电阻、金属氧化膜电阻和线绕式电阻等，如图 1-15 所示。

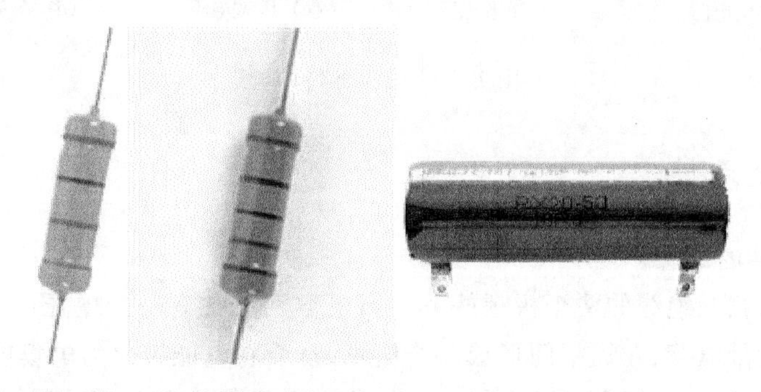

(a) 碳膜电阻　(b) 金属氧化膜电阻　(c) 线绕式电阻

图 1-15　常见的固定电阻

碳膜电阻成本低，性能一般。金属氧化膜电阻和碳膜电阻相比，体积小、噪声低、稳定性好，但成本较高。线绕式电阻的特点是工作稳定，耐热性能好，误差范围小，适用于大功率的场合，额定功率一般在 1 W 以上。

可变电阻又称做电位器，可以用于调节电位。常用于音量、图像亮度、对比度的调节，也可以应用在电路中调节电路参数。常见的电位器如图 1-16 所示。

常见的特种电阻有热敏电阻、光敏电阻、压敏电阻和湿敏电阻。热敏电阻可以感知环境温度，光敏电阻可以感知环境的光线，压敏电阻可以感知加载在它两端的电压，湿敏电阻可以感知空气中的湿度，通过电流的方式反馈给控制电路，从而进行控制和调节。常见的特种电阻如图 1-17 所示。

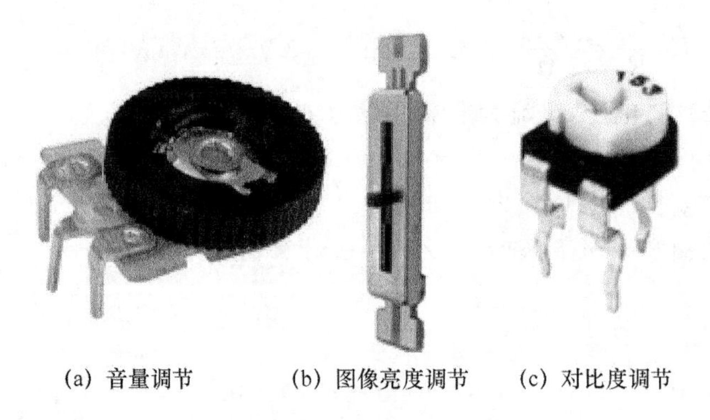

(a) 音量调节　　(b) 图像亮度调节　　(c) 对比度调节

图 1-16　常见的电位器

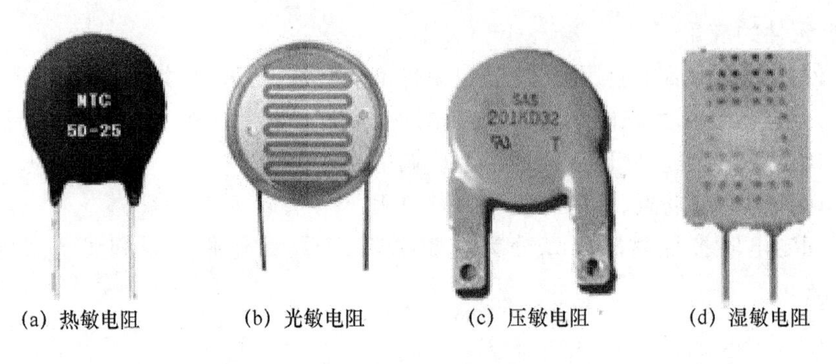

(a) 热敏电阻　　(b) 光敏电阻　　(c) 压敏电阻　　(d) 湿敏电阻

图 1-17　常见的特种电阻

1.3.2　电容元件

1. 电容元件的概念

电容元件由相互绝缘的两个极板构成。当电容两端加有一定电压时,在电容的两个极板上就会聚集大量电荷,在极板间形成一个电场,从而将电能转化为电场能存储起来。当电容两端电压降低或撤走时,电容的电场能会转化为电能释放出来,因此电容元件是一个储能元件,理想的电容元件只存储电能,不消耗电能。

电容所带电量 q 与端电压 u 的比值叫做电容元件的电容值,简称电容,用 C 表示。

$$C=\frac{q}{u}$$

C 为常数,称为线性电容元件, 电容 C 是衡量电容元件储存电荷本领大小的参数,其大小完全由电容器本身决定,与所带电量的多少无关。

在国际单位制中,电容的单位为法拉(F),简称法。法拉单位太大,常用单位是微法(μF)和皮法(pF)。单位换算关系为

$$1\ \text{F}=10^{6}\ \mu\text{F}=10^{12}\ \text{pF}$$

2. 电容元件的伏安关系

电容的伏安关系如图 1-18 所示。

当电容的电压和电流取关联参考方向时,电容元件的端电压与电流的关系为

$$i=\frac{\mathrm{d}q}{\mathrm{d}t}=C\,\frac{\mathrm{d}u_C}{\mathrm{d}t} \tag{1-11}$$

式(1-11)叫做电容元件的伏安关系(或伏安特性)。

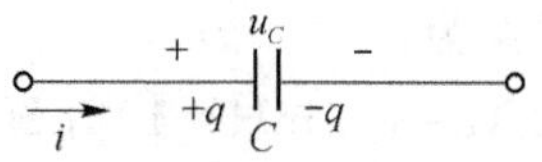

图 1-18　电容的伏安关系(关联参考方向)

当电容元件的电压、电流参考方向为非关联参考方向时,其伏安关系为

$$i=-C\,\frac{\mathrm{d}u_C}{\mathrm{d}t} \tag{1-12}$$

3. 电容元件的储能(电场能)

在直流电路中,电容电压保持不变,流经电容的电流为零,因此相当于开路。在关联参考方向下,电容元件吸收的电功率为

$$p=ui=Cu_C\,\frac{\mathrm{d}u_C}{\mathrm{d}t}$$

电容元件从 $u(t_0)=0$ 增大到 $u(t)$ 时,总共吸收的能量,即这时电容储存的电场能量为

$$W_C=\int_{t_0}^{t}p\mathrm{d}t=\frac{1}{2}Cu_C^2(t) \tag{1-13}$$

4. 电容元件的应用

常见的电容器一般可以分为没有极性的普通电容器和有极性的电解电容器。普通电容器分为固定电容器、半可变电容器(微调电容器)、可变电容器。有极性的电容器主要包括电解电容器,在实际应用时需要区分电解电容器的极性。它们在电路中主要发挥交流旁路、滤波、调谐、交流耦合作用等,其外形图如图 1-19 所示。

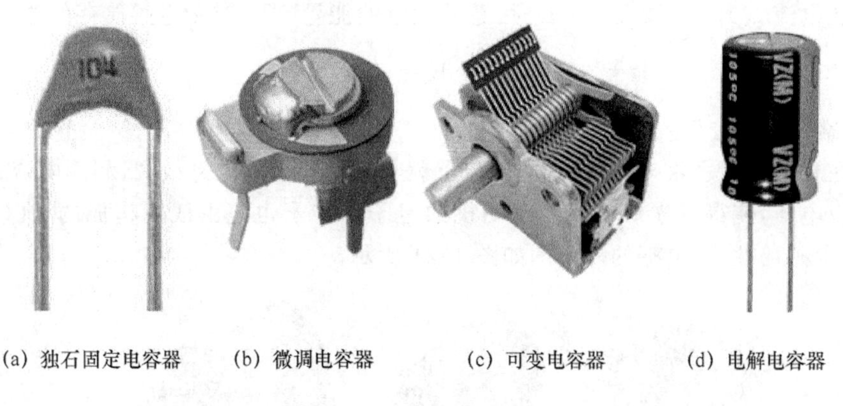

(a) 独石固定电容器　(b) 微调电容器　(c) 可变电容器　(d) 电解电容器

图 1-19　常见的电容器

1.3.3　电感元件

1. 电感元件的概念

电感元件是由无电阻的导线绕制而成的线圈。当线圈中通有电流时,在线圈中就建立了磁场,这时线圈存储了磁场能。因此,电感线圈是一种能够将电能转化为磁场能存储起来

的电器元件。当流经电感元件电流减小时，电感元件中存储的磁场能就会转化为电能释放出来。理想的电感元件是将电能存储起来，不消耗电能。

在国际单位制中，电感的单位为亨(利)，符号为 H。亨(利)单位太大，常用单位是毫亨(mH)和微亨(μH)。单位换算关系为

$$1\ \mathrm{H}=10^3\ \mathrm{mH}=10^6\ \mu\mathrm{H}$$

2. 电感元件的伏安关系

电感元件的伏安关系如图 1-20 所示。

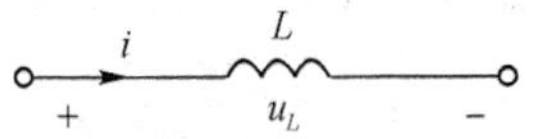

i L + u_L −

图 1-20 电感元件的伏安关系

当电感元件的电压与电流取关联参考方向时，其伏安关系满足

$$u=L\frac{\mathrm{d}i}{\mathrm{d}t} \tag{1-14}$$

当电感元件的电压与电流取非关联参考方向时，其伏安关系满足

$$u=-L\frac{\mathrm{d}i}{\mathrm{d}t} \tag{1-15}$$

由电感的伏安特性可知，任一瞬间，电感元件端电压的大小与电流的变化率成正比，而与这一瞬间的电流大小无关。

在直流电路中，电感电流保持不变，其端电压为零，相当于短路。

3. 电感元件的储能(磁场能)

在关联参考方向下，电感吸收的电功率

$$p=ui=Li\frac{\mathrm{d}i}{\mathrm{d}t} \tag{1-16}$$

电感从电流 $i(0)=0$ 增大到 $i(t)$时，总共吸收的能量，即 t 时刻电感储存的磁场能为

$$W_L=\int_0^t p\mathrm{d}t=\frac{1}{2}Li^2(t) \tag{1-17}$$

4. 电感元件的应用

电感在日常应用也很多，日光灯的镇流器就是一个很大的电感线圈，利用电流通断产生很大的感应电压，使得日光灯发光。电动机的定子和转子也是由线圈构成的，在实际应用时，表现出电感的性质，电感的外形图如图 1-21 所示。

图 1-21 常见的电感线圈

1.4　电压源和电流源

电源是把其他形式的能转换为电能的装置，它为电路提供电能。电源模型是从实际电源抽象出来的一种理想模型。电源模型分独立电源和受控电源两种类型。独立电源能够独立向外提供电能，输出的电压或电流受电路中其他参数控制的电源称为称为受控源。电压源和电流源是两种独立电源。

1.4.1　电压源

1. 理想电压源

理想电压源是从实际电源抽象出来的一种模型，简称电压源（或恒压源）。电压源具有如下两个基本性质。

(1) 电压源的端电压值是一个定值 U_S，端电压与输出的电流无关。当输出电流为无穷大时，其端电压仍不变。因此，理想的电压源应当能提供无穷大的功率。在现实中，理想的电压源是不存在的。

(2) 电压源的端电压是由本身决定的，其内阻为零，而流过它的电流与外电路(R_L)有关。因此，求解流经电压源的电流时，应当从外围电路入手。

理想电压源图形符号如图 1-22(a)所示。电压源接入负载的电路如图 1-22(b)所示。描述电压源的端电压 U 与电流 I 关系的曲线叫做电压源外特性曲线，如图 1-22(c)所示。

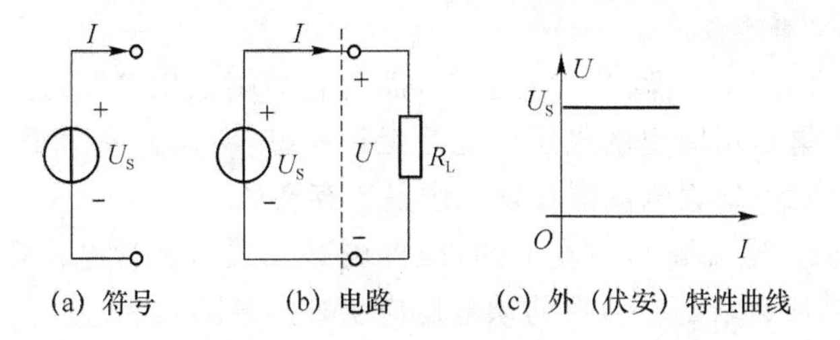

图 1-22　理想电压源图形符号及其外(伏安)特性曲线

2. 实际电压源

实际电压源内部总存在一定的内阻。例如，电池电源，当接上负载有电流通过时，电池内部就会有能量损耗，电流越大，损耗越大，端电压就越低。因此，实际电压源可以用一个理想电压源和一个内阻 R_S 相串联的电路模型来表示，图形符号如图 1-23(a)所示。

在实际电压源与负载电阻(R_L)相连接的情况下，电路如图 1-23(b)所示。此时端电压 U 与负载电流 I 的伏安关系为

$$U=U_S-IR_S \tag{1-18}$$

图 1-23(c)为实际直流电压源的外特性曲线。可见，对一定的实际电压源，输出电流越大，端电压越低。实际电压源的内阻(R_S)越小，其特性越接近理想电压源。

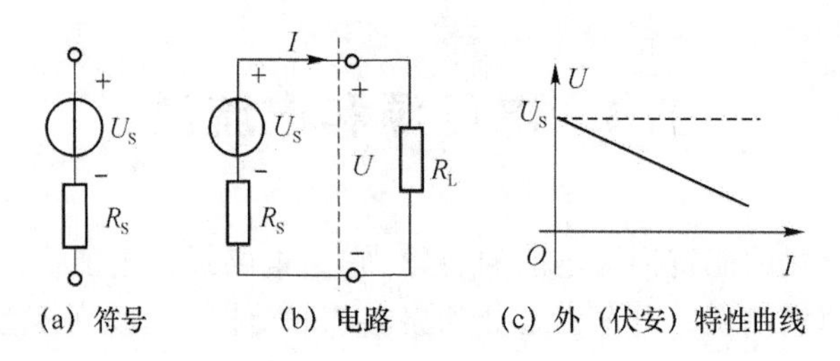

图 1-23　实际电压源图形符号及其外(伏安)特性曲线

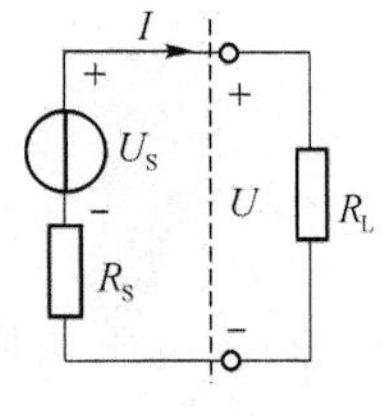

图 1-24　【例 1-6】图

【例 1-6】 某实际电压源的开路电压为 30 V,当外接负载电阻 R_L 后,其端电压降为 25 V,此时流经负载的电流为 5 A,电路如图 1-24 所示,试求:(1)负载电阻 R_L;(2)电压源内阻 R_S。

解　根据欧姆定律,得

$$R=\frac{U}{I}=\frac{25\ \text{V}}{5\ \text{A}}=5\ \Omega$$

根据 $U=U_S-IR_S$,可得

$$R_S=\frac{U_S-U}{I}=\frac{30\ \text{V}-25\ \text{V}}{5\ \text{A}}=1\ \Omega$$

1.4.2　电流源

1. 理想电流源

如果电源输出的电流恒定不变(I_S),则称为理想电流源(或称恒流源),简称电流源。理想电流源有如下两个基本性质。

(1) 理想电流源发出的电流是一定值 I_S,而与它的端电压(U)无关,其内阻为无穷大。为了维持输出电流,电流源输出的电压可能是无穷大($R_L=\infty$时),因此,电流源的输出功率也可能是无穷大。注意:理想电流源在现实中是不存在的。

(2) 输出的电流是电流源本身确定的,跟外电路无关。因为电流源的端电压(U)是由外电路(R_L)确定的,所以求解电流源的端电压应从外围电路入手。

电流源的图形符号、应用电路及其伏安特性曲线如图 1-25 所示。伏安特性曲线是一条与 U 轴平行的直线。

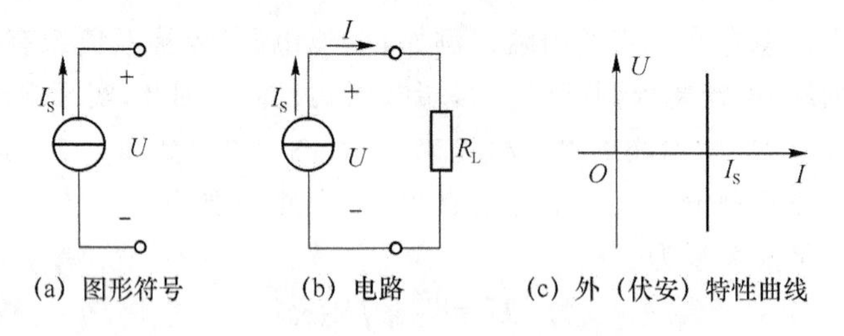

图 1-25　电流源的图形符号及其外(伏安)特性曲线

2. 实际电流源

实际电流源内部有一定能量损耗,电流源产生的电流不能全部输出,会有一部分从内部分流掉。因此,实际电流源可用一理想电流源 I_S 与一个内电阻 R_S 并联的模型来表示,如

图 1-26(a)所示。实际电流源内阻 R_S 越大越接近理想电流源。实际电流源应用电路如图 1-26(b)所示。实际电流源的外特性曲线如图 1-26(c)所示。

从图 1-26(b)可以看出,实际电流源的输出电流 I 与端电压 U 的关系为

$$I=I_S-I'=I_S-\frac{U}{R_S} \tag{1-19}$$

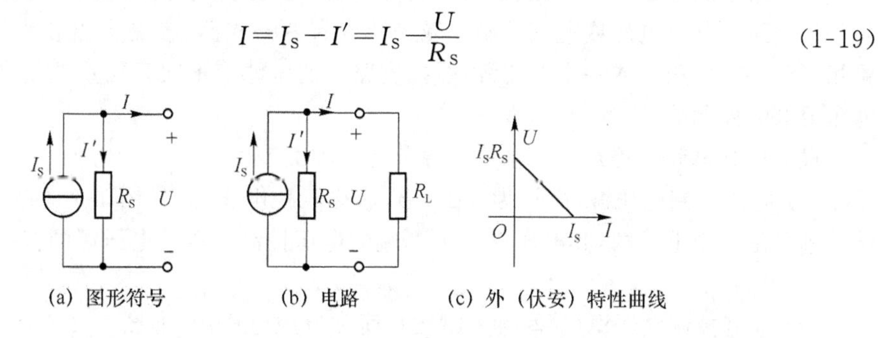

图 1-26　实际电流源图形符号及其外(伏安)特性曲线

从图 1-26(c)可以看出,当端电压 $U=0$ 时,输出电流最大且 $I=I_S$;当输出电流 $I=0$ 时,输出端电压最大且 $U=I_SR_S$。

【例 1-7】 电路如图 1-27 所示,试求:(1)电阻、电流源两端的电压;(2)各元件的功率。

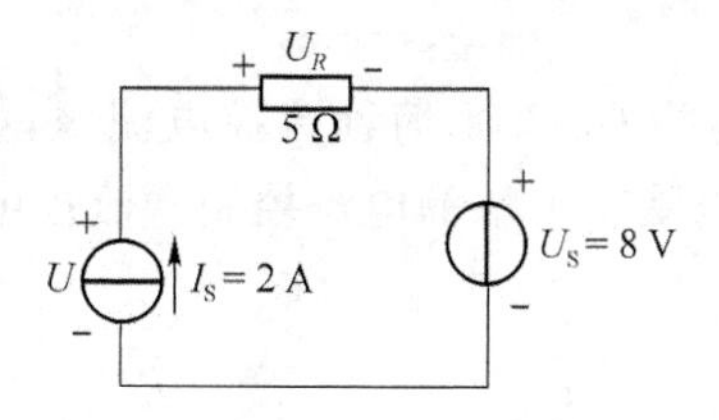

图 1-27　例 1-7 图

解　(1) 由于电阻、电压源与电流源串联,因此流过电阻及电压源的电流均为 2 A,所以电阻两端的电压为

$$U_R=I_S\,R=2\text{ A}\times5\ \Omega=10\text{ V}$$

电流源两端电压为电阻与电压源两端电压之和,即

$$U=U_R+U_S=10\text{ V}+8\text{ V}=18\text{ V}$$

(2) 各元件的功率

5 Ω 电阻的功率

$$P_R=U_R\,I_S=10\text{ V}\times2\text{ A}=20\text{ W}$$

$P_R>0$,电阻吸收功率为 20 W。

8 V 电压源的功率

$$P_{U_s}=U_S\,I_S=8\text{ V}\times2\text{ A}=16\text{ W}$$

$P_{U_s}>0$,电压源吸收功率为 16 W。

2 A 电流源的功率(非关联参考方向)

$$P_{I_s}=-U\,I_S=-18\text{ V}\times2\text{ A}=-36\text{ W}$$

$P_{I_s}<0$,电流源发出功率为 36 W。

显然,整个电路的总功率为零(发出功率等于吸收功率)。

1.4.3 受控源

在电路中除了独立源外，还往往含有受控源。受控源的电压源或电流源值不是独立的，而是受电路中某个电压或电流控制。受控源含有两条支路：控制支路和受控支路。受控支路相当于一个电压源或一个电流源，受控支路中的电源值不同于独立源，它是受控制支路的电压或电流控制的。

根据控制量和受控量的关系受控源分为4种类型。

(1) 电压控制电压源(简写为VCVS)，简称压控电压源，如图1-28(a)所示。从2-2′两端看进去是一个电压源，其电压受1-1′两端的电压控制。压控电压源的特性方程为

$$u_2 = \mu u_1 \tag{1-20}$$

(2) 电流控制电压源(简写为CCVS)，简称流控电压源，如图1-28(b)所示。从2-2′两端看进去是一个电压源，其电压受1-1′端的电流控制。流控电压源的特性方程为

$$u_2 = r i_1 \tag{1-21}$$

(3) 电压控制电流源(简写为VCCS)，简称压控电流源，如图1-28(c)所示。从2-2′两端看进去是一个电流源，其电流受1-1′两端的电压控制。压控电流源的特性方程为

$$i_2 = g u_1 \tag{1-22}$$

(4) 电流控制电流源(简写为CCCS)，简称流控电流源，如图1-28(d)所示。从2-2′两端看进去是一个电流源，其电流受1-1′端的电流控制。流控电流源的特性方程为

$$i_2 = \beta i_1 \tag{1-23}$$

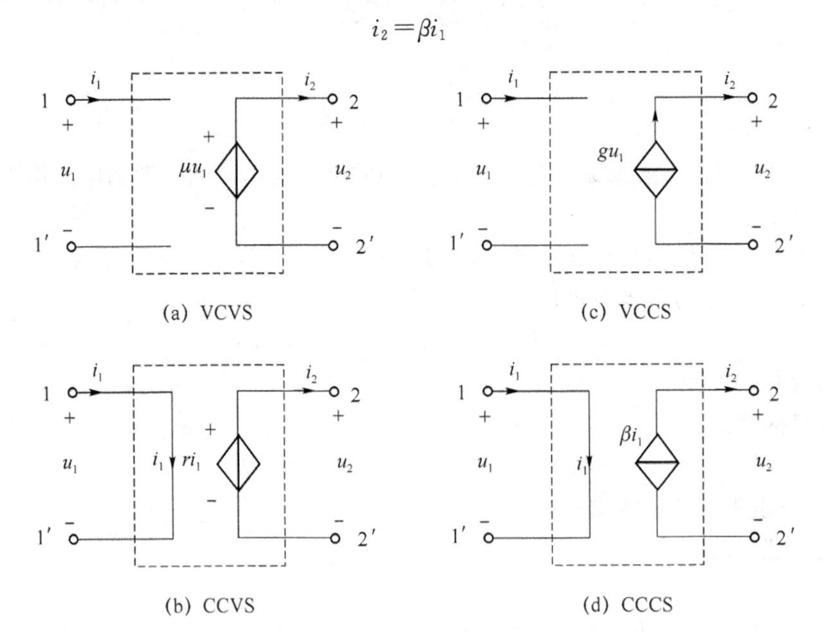

图1-28 受控源的符号

独立源与受控源在电路中的作用不同，故用不同的符号表示，独立源用圆圈符号，受控源用菱形符号。

其中比例系数：μ 为转移电压比，β 为转移电流比，r 为转移电阻，g 为转移电导。

要注意的是，独立电源在电路中可以独立地起“激励”作用，是实际电路电能或电信号的

"源泉"。受控源是描述电子器件中某一支路对另一支路控制作用的理想模型,主要体现一种控制作用。

重要知识点

- 电路:电路是电流的流通路径,它是由一些电器元器件按一定的方式连接而成的。
- 电路模型:由理想电路元件相互连接而成的电路。
- 电流:电流是由带电粒子有规则地定向运动而形成的,在数值上等于单位时间内通过某一导体横截面的电荷量。
- 电压:是为了衡量电场力对电荷做功的能力而引出的物理量,电压 U_{ab} 在数值上等于电场力把单位正电荷从 a 点移动到 b 点所做的功。电压也称做电位差。
- 电位:电路中某点的电位就是该点到参考点之间的电压。
- 功率:是用来表示消耗电能的快慢的物理量,电流在单位时间内做的功叫做电功率,简称功率。
- 电能:电能是表示电流做多少功的物理量,指电以各种形式做功的能力。
- 电流源:即理想电流源,是从实际电源抽象出来的一种模型。其特征是:①输出的电流恒定不变且与两端的电压无关;②等效内阻为无穷大。
- 电压源:即理想电压源,是从实际电源抽象出来的一种模型。其特征是:①两端输出的电压恒定不变且与流过的电流无关;②等效内阻为零。
- 受控源:电压或电流受电路中其他部分的电压或电流控制的电压源或电流源。

本章小结

1. 电路和电路模型

(1) 电路

最简单的电路由电源、负载(用电器)、导线、开关等元器件组成。电路导通叫做通路,只有通路,电路中才有电流通过。

电路某一处断开叫做断路或者开路。如果电路中电源正负极间没有负载而是直接接通叫做短路,这种情况是绝不允许的,因为电源的短路会导致电源、用电器、电流表被烧坏;另有一种短路是指某个元件的两端直接接通,此时电流从直接接通处流经而不会经过该元件,这种情况叫做该元件短路。

(2) 电路模型。

由理想元件组成的与实际电器元件相对应的电路,并用统一规定的符号表示而构成的电路,就是实际电路的模型,称为电路模型。电路模型近似反映电路的工作状况,分析电路时必须先假定参考方向。本书讨论的电路均指电路模型。

2. 关联和非关联参考方向

在电路中,如果指定流过元件的电流参考方向是从标以电压的正极性的一端指向负极性的一端，即两者的参考方向一致，则把电流和电压的这种参考方向称为关联参考方向。当两者不一致时，称为非关联参考方向。

3. 描述电路的基本物理量

(1) 电流(I、i)，基本单位是安培(A)，常用单位还有毫安(mA)和微安(μA)。单位换算关系为 $1\ \text{A}=10^3\ \text{mA}=10^6\ \mu\text{A}$。

(2) 电压(U、u)，基本单位是伏特(V)，常用单位还有千伏(kV)、毫伏(mV)和微伏(μV)。单位换算关系为 $1\ \text{kV}=10^3\ \text{V}$，$1\ \text{V}=10^3\ \text{mV}=10^6\ \mu\text{V}$。

(3) 功率(P、p)，基本单位是瓦特(W)，常用单位还有千瓦(kW)、毫瓦(mW)。单位换算关系为 $1\ \text{kW}=10^3\ \text{W}$，$1\ \text{W}=10^3\ \text{mW}$。

在直流电路中，当电压与电流取关联参考方向时，功率表达式为 $P=UI$；取非关联参考方向时，功率表达式为 $P=-UI$。

(4) 电能(W)，基本单位是焦[耳](J)。在工程实际中，常用千瓦时(kW·h)为单位，俗称 1 度电，时间的单位是秒(s)。单位换算关系为

$$1\ \text{kW}\cdot\text{h}=1\ 000\ \text{W}\times 3\ 600\ \text{s}=3.6\times 10^6\ \text{J}$$

在直流电路中，$W=UI\cdot t=P\cdot t$

4. 理想负载元件

(1) 电阻元件 R，是一种耗能元件，基本单位为欧姆(Ω)，常用单位还有千欧(kΩ)、兆欧(MΩ)。单位换算关系为 $1\ \text{M}\Omega=10^3\ \text{k}\Omega$，$1\ \text{k}\Omega=10^3\ \Omega$。在电压、电流符合关联参考方向时，其伏安关系满足欧姆定律 $U=RI$。

(2) 电容元件 C，是一种储能元件 ，基本单位为法拉(F)，常用单位是微法(μF)和皮法(pF)。单位换算关系为 $1\ \text{F}=10^6\ \mu\text{F}=10^{12}\ \text{pF}$，其伏安关系为 $i=C\dfrac{\mathrm{d}u_C}{\mathrm{d}t}$。在直流电路中，电容电压保持不变，其电流为零，相当于开路。可见，电容具有隔直流作用。

(3) 电感元件 L，是一种储能元件，基本单位为亨利(H)，常用单位是毫亨(mH)和微亨(μH)。单位换算关系为 $1\ \text{H}=10^3\ \text{mH}=10^6\ \mu\text{H}$，其伏安关系为 $u=L\dfrac{\mathrm{d}i}{\mathrm{d}t}$。在直流电路中，电感的电流保持不变，其电压为零，相当于短路。可见，电感对直流起短路作用。

5. 电源

电源可分别为独立源和受控源两类。独立源包括电流源和电压源，是有源元件，能独立地给电路提供能量。

(1) 电流源的内阻相对负载阻抗很大，负载阻抗波动不会改变电流大小。在电流源回路中串联电阻无意义，因为它不会改变负载的电流，也不会改变负载上的电压。它两端的电压取决于恒定电流和负载。

(2) 电压源的内阻相对负载阻抗很小，负载阻抗波动不会改变电压高低。在电压源回路中并联电阻无意义，因为它不能改变负载的电流，也不能改变负载上的电压。它的电流取决于恒定电压和负载。

(3) 受控源有 4 种。①电压控制电压源(VCVS)，其特性方程为 $u_2=\mu u_1$；②电流控制电压源(CCVS)，其特性方程为 $u_2=r i_1$；③电压控制电流源(VCCS)，其特性方程为 $i_2=g u_1$；④电流控制电流源(CCCS)，其特性方程为 $i_2=\beta i_1$。

思考题与习题

1-1　电路与电路模型有何区别？

1-2　如何区分关联参考方向与非关联参考方向？

1-3　在电路中，元件开路与短路有何区别？对电路产生什么影响？

1-4　实际元件与理想元件的区别是什么？

1-5　在直流电路中，为什么说电容元件相当开路？电感元件相当短路？

1-6　为什么在分析电路时，必须规定电流和电压的参考方向？参考方向与实际方向有什么关系？

1-7　有人说“电路中两点之间的电压等于该两点之间的电位差，因为这两点的电位数值随参考点不同而改变，所以这两点间的电压数值也随参考点的不同而改变”，这种说法对吗？为什么？

1-8　某电压源及电压源连接方式如图 1-29 所示，试分别求出电压 U_{ab}。

1-9　某电压源连接方式如图 1-30 所示，当分别选择 b 点或 a 点做参考点时，试分别求各点的电位及电压 U_{ab}、U_{bc}。

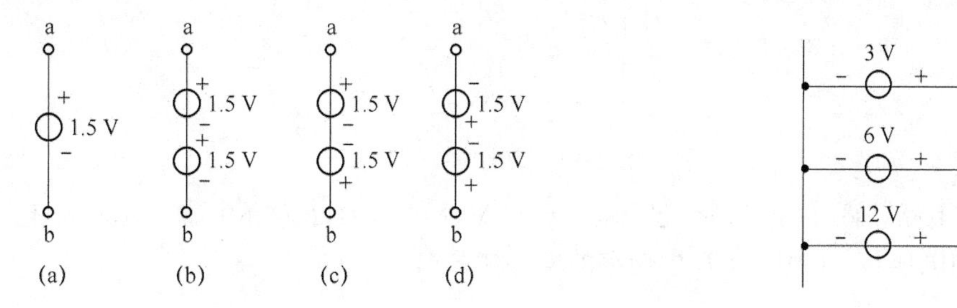

图 1-29　习题 1-8 图　　　　图 1-30　习题 1-9 图

1-10　电路元件如图 1-31 所示，试计算元件吸收或发出的功率。

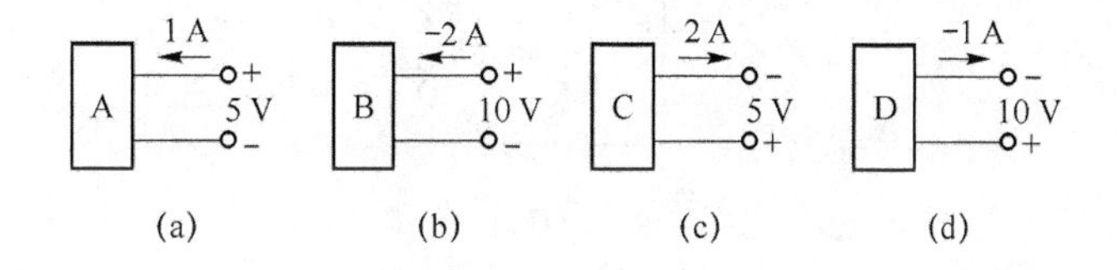

图 1-31　习题 1-10 图

1-11　电路如图 1-32 所示，试求：(1)电流 I 和电压 U；(2)电压源和电流源所发出的功率 P。

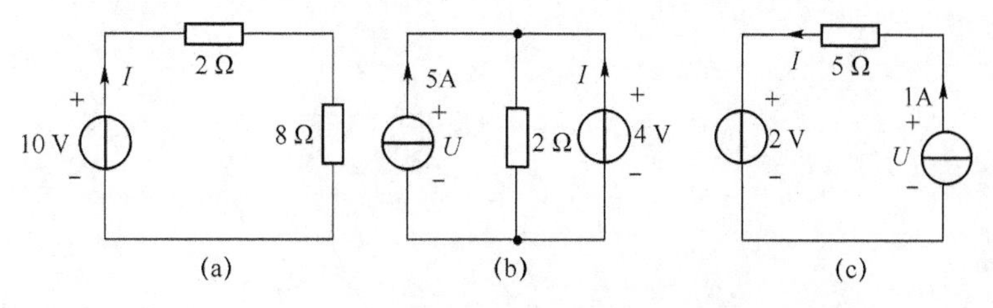

图 1-32　习题 1-11 图

1-12　含受控源电路如图 1-33 所示，已知 $R_1=10\ \Omega$，$R_2=20\ \Omega$。试求：电路中的电压 U_1 和电流 I。

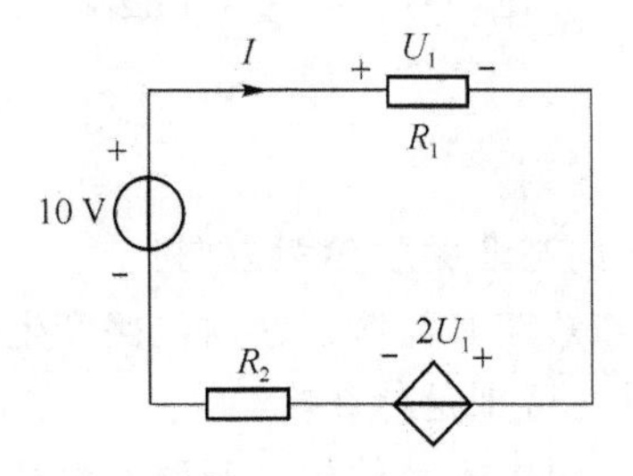

图 1-33　习题 1-12 图

1-13　标有 220 V/60 W 的普通白炽灯用于照明，有 10 只灯泡，平均每天使用 5 小时，计算每月消耗多少电能(一个月按 30 天计算)。

1-14　电路如图 1-34 所示，已知 $U_S=10$ V，$R_1=4\ \Omega$，$R_2=6\ \Omega$，$C=100\ \mu F$。试求：(1)电流I_1、I_2、I_C 和电压 U_C；(2)电容 C 中储存的电场能量 W_C。

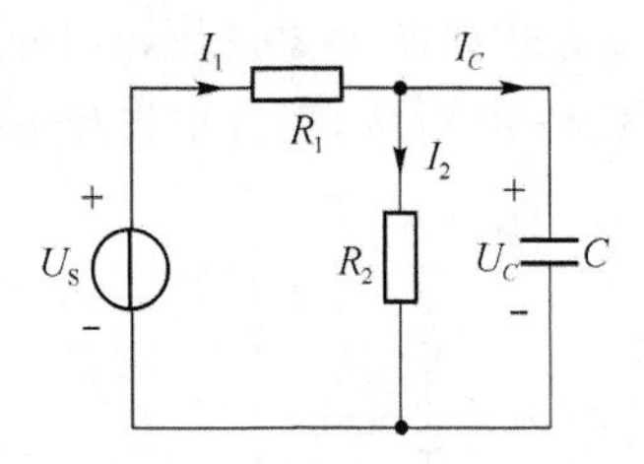

图 1-34　习题 1-14 图

1-15　电路如图 1-35 所示，已知 $U_S=20$ V，$R_1=4\ \Omega$，$R_2=6\ \Omega$，$L=100$ mH。试求：(1)电流I 和电压 U_L；(2)电容 L 中储存的电场能量 W_L。

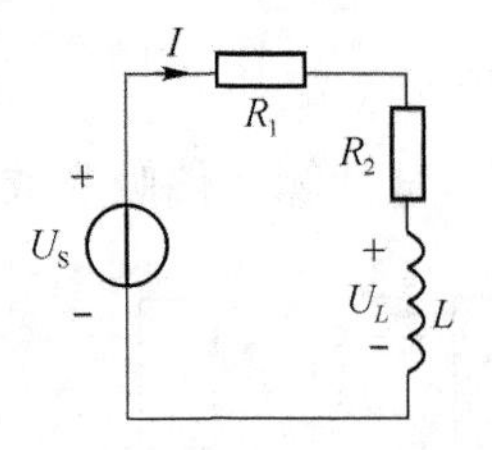

图 1-35　习题 1-15 图

第2章　电路的分析方法

【本章要点】

- 电路的等效变换。
- 电路的基本分析方法:支路电流法、网孔电流法、节点电位法。
- 基尔霍夫定律。
- 叠加定理、戴维南定理。

【本章重点】

- 电路的等效变换。
- 基尔霍夫定律。
- 叠加定理。

通过本章的学习,了解直流电路的工作状态,熟悉直流电路的基本分析方法,掌握基尔霍夫定律,掌握线性电路的叠加定理及电路分析方法,熟悉戴维南定理及最大功率传输定理。

本章从直流电路的基本组成及工作状态入手,由浅入深地介绍电路的基本概念、定律、定理和基本分析方法,这是电路的入门内容,为电子信息类、电信类及计算机类各专业的后续课程提供有关电路理论与实践方面的基础知识。

2.1　电路工作状态

要想对电路进行分析,首先要了解电路的工作状态,根据电源和负载的连接情况,电路的工作状态通常有开路、短路和额定工作状态。

2.1.1　开路

如图2-1所示的电路中,开关S断开后,电路处于开路状态。开路时,外电路的电阻可视为无穷大,因此电路中的电流 $I=0$,电源端电压 U 称为开路电压,用 U_{oc} 表示。开路时,$U_{oc}=U_S$,电源不输出功率。

【例2-1】 如图2-2所示,当开关S接通后,发现电流表的读数为零,用万用表测得 $U_{ab}=12$ V,说明外电路开路,试确定电路的开路点。

解 根据电源空载时 $I=0$ 和 $U_{oc}=U_S$ 的特点，可用万用表直流电压挡来测试判定。将万用表的黑表笔放在 a 点，红表笔放在 b 点，依题意测得 $U_{ba}=12$ V。黑表笔固定在 a 点，移动红表笔测量，若测得 $U_{ca}=12$ V，则表示 bc 一段是连通的。再移动红表笔，如果测得 $U_{da}=0$，则表示开路点在 cd 之间。当 cd 之间开路时，d 点与 a 点的电位相等，即 $U_{da}=0$，如果测得 U_{da} 仍为 12 V，则表示 cd 段是连通的。如此依次测量，便可找到开路点。

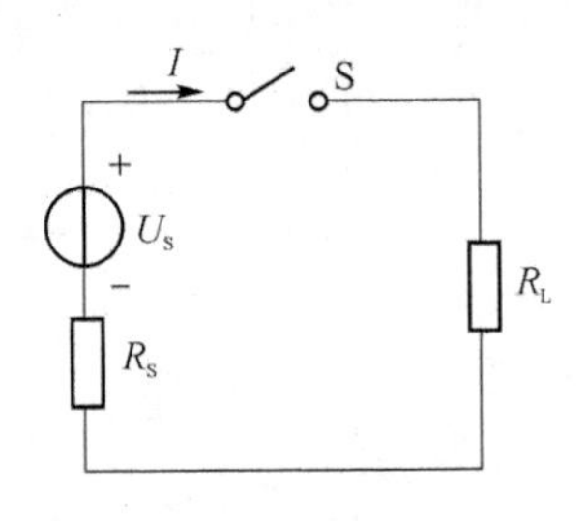

图 2-1 电路的开路状态

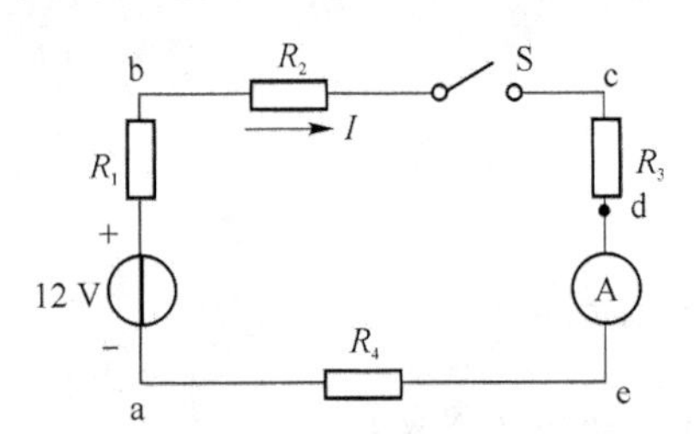

图 2-2 例 2-1 电路图

2.1.2 额定工作状态

如果把图 2-1 中的开关合上，电路形成闭合回路，电源就向负载电阻 R 输出电流，如图 2-3 所示。实际的用电设备都有额定电压、额定电流和额定功率等，如果电气设备按照额定值运行，则称电路处于额定工作状态。电气设备在使用时，必须按照厂家给定的额定条件来使用设备，不允许超过额定值。

2.1.3 短路

如果把图 2-3 中的负载电阻用导线连起来，即电阻的两端电压为零，那么此时电阻就处于短路状态，电压源也处于短路状态，如图 2-4 所示。要注意电压源是不允许被短路的，因为短路将导致外电路的电阻为零，根据欧姆定律，电流将会非常大，必将损坏电压源。因此，短路是一种电路故障，应该避免。所以在实际工作中应经常检查电气设备和线路的绝缘情况，尽量防止短路事故的发生。此外，通常还在电路中接入熔断器等保护装置，以便在发生短路时能迅速切除故障，达到保护电源及电路器件的目的。

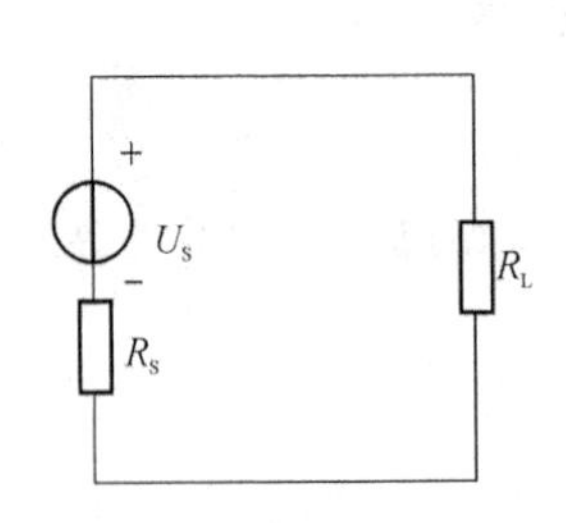

图 2-3 电路的额定工作状态

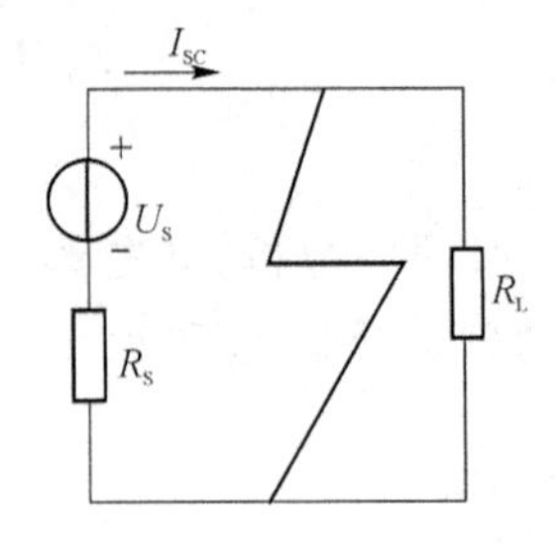

图 2-4 电路的短路故障

2.2 基尔霍夫定律

前面介绍了组成电路的基本元件以及每个元件的电流、电压约束关系。而整个电路的电流和电压的大小和关系还存在着一定的规律。基尔霍夫定律就阐明了任意电路中各处电流和电压的内在关系,包括基尔霍夫电流定律和基尔霍夫电压定律。

在分析基尔霍夫定律之前,需要先介绍电路的几个名词。

(1) 支路:电路中具有两个端钮且通过同一电流的电路分支,该分支上至少有一个元件,这个分支称为支路。在图 2-5 中,acb、adb、aeb 均为支路,eb 则不是支路。支路 acb 中有电源,称为含源支路;支路 aeb 中没有电源,称为无源支路。

(2) 节点:三条和三条以上支路的连接点叫做节点。在图 2-5 中,共 2 个节点,即 a、b。

(3) 回路:由支路构成的闭合路径称为回路。在图 2-5 中,acbea、adbea、adbca 都是回路。只有一个回路的电路叫做单回路电路。

(4) 网孔:内部不含有支路的回路称为网孔。在图 2-5 中,acbea 和 adbea 都是网孔,而 adbca 则不是网孔。

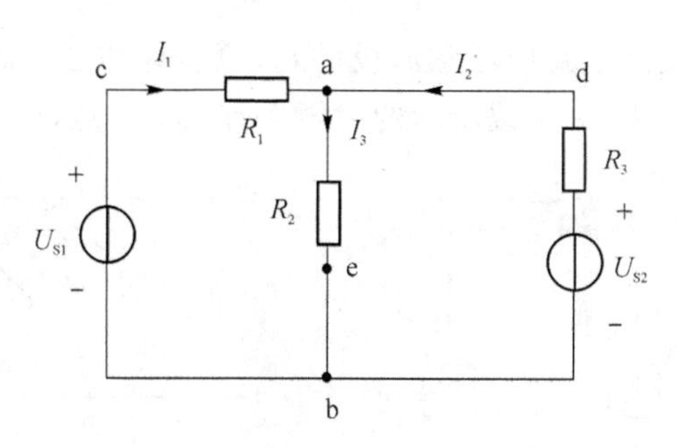

图 2-5　支路、节点、回路和网孔

2.2.1　基尔霍夫电流定律

基尔霍夫电流定律(KCL,Kirchhoff's Current Law):任一时刻在电路的任一节点上,所有支路电流的代数和恒等于零,其数学表达式为

$$\sum_{k=1}^{n} I_k = 0 \text{ 或 } \sum_{k=1}^{n} i_k = 0 \tag{2-1}$$

对电路某节点列写 KCL 方程时,流出该节点的支路电流取正号,流入该节点的支路电流取负号。

在图 2-6 所示电路中,对节点 a 写出的 KCL 方程为

$$I_4 + I_2 + I_3 - I_1 = 0 \tag{2-2}$$

由式(2-2)整理得

$$I_1 = I_3 + I_2 + I_4 \tag{2-3}$$

式(2-3)表明,在任一时刻,流入任一节点的电流之和等于流出该节点的电流之和。

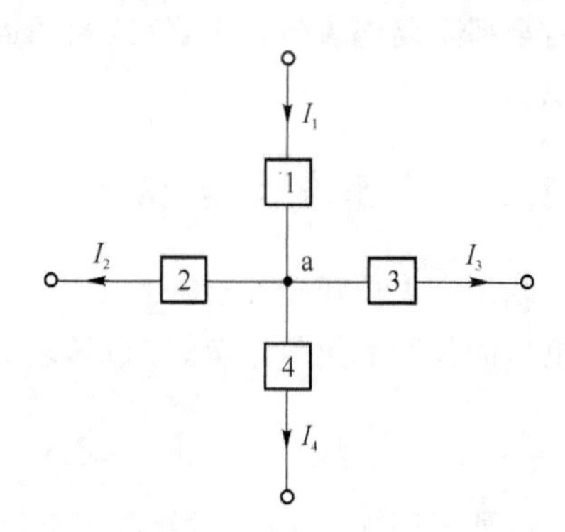

图 2-6　基尔霍夫电流定律

【例 2-2】　在图 2-7 所示电路中,若已知 $I_1 = 1\ \text{A}$,$I_3 = 3\ \text{A}$ 和 $I_5 = 5\ \text{A}$,求 I_2,I_4,I_6。

解　对于节点 a 列写 KCL 方程为

$$I_1+I_2+I_3=0$$

整理得

$$I_2=-I_1-I_3=-1\text{ A}-3\text{ A}=-4\text{ A}$$

对于节点 b 列写 KCL 方程为

$$-I_3+I_4+I_5=0$$

整理得

$$I_4=I_3-I_5=3\text{ A}-5\text{ A}=-2\text{ A}$$

由

$$-I_5+I_6=0$$

可得

$$I_6=I_5=5\text{ A}$$

KCL 还可以推广应用到电路中任意假设的封闭面，即在任一瞬间，通过任一封闭面的电流的代数和恒等于零。图 2-8 虚线所示的封闭面有三个节点，可列出三个 KCL 方程。

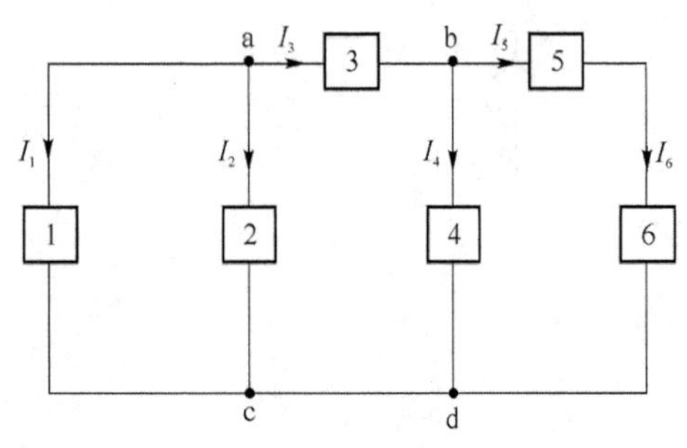

图 2-7　例 2-2 图

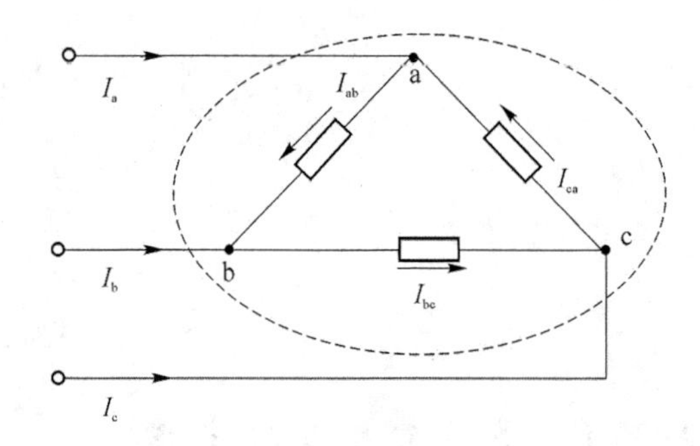

图 2-8　基尔霍夫电流定律的推广

对节点 a：　　$I_a=I_{ab}-I_{ca}$

对节点 b：　　$I_b=I_{bc}-I_{ab}$

对节点 c：　　$I_c=I_{ca}-I_{bc}$

上列三式相加，便得 $I_a+I_b+I_c=0$，即满足广义的 KCL。

综上所述，在任一时刻，流过任一节点(或封闭面)全部支路电流的代数和等于零，意味着由全部支路电流带入节点(或封闭面)内的总电荷量为零，这说明 KCL 是电荷守恒定律的体现。

2.2.2　基尔霍夫电压定律

基尔霍夫电压定律(KVL，Kirchhoff's Voltage Law)：在任一时刻，沿任一回路全部支路电压的代数和恒等于零，其数学表达式为

$$\sum_{k=1}^{m}U_k=0 \quad \text{或} \quad \sum_{k=1}^{n}u_k=0 \tag{2-4}$$

在列写回路 KVL 方程时，其电压参考方向与回路绕行方向相同的支路电压取正号，与绕行方向相反的支路电压取负号。

如图 2-9 所示，从 1 点开始按顺时针方向(也可按逆时针方向)绕行一周，有

$$U_1-U_2-U_3+U_4=0 \tag{2-5}$$

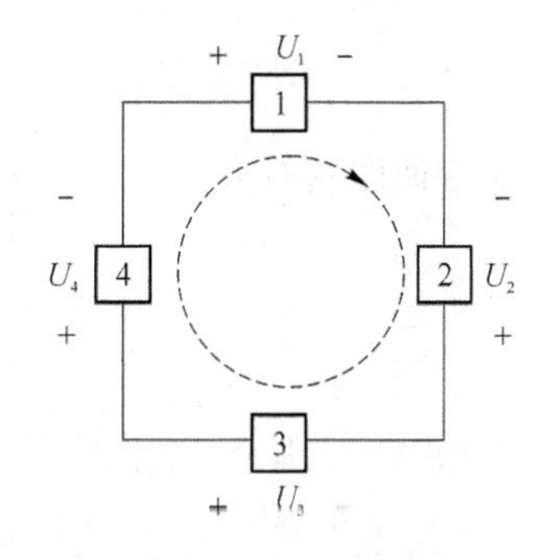

图 2-9　基尔霍夫电压定律

沿电路任一闭合路径(回路或闭合节点序列)各段电压代数和等于零,意味着单位正电荷沿任一闭合路径移动时能量不改变,这表明 KVL 也是能量守恒定律的体现。

【例 2-3】 电路如图 2-10 所示,已知:$U_1=U_3=1\ \mathrm{V}$,$U_2=4\ \mathrm{V}$,$U_4=U_5=2\ \mathrm{V}$,求 U。

解　选定回路绕行方向,对于网孔 I,根据 KVL 可列出电压方程

$$-U_1+U_2+U_6-U_3=0$$

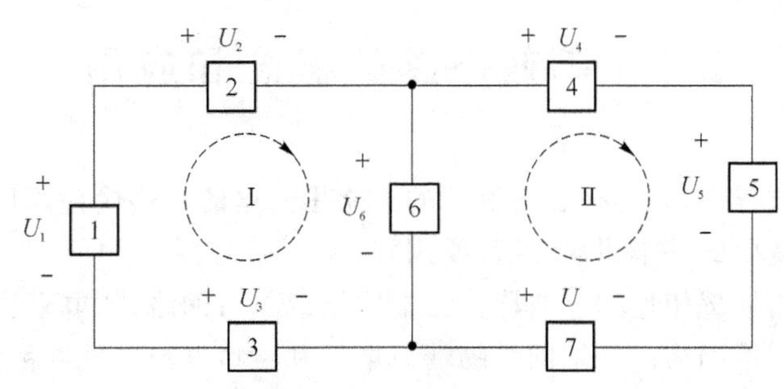

图 2-10　例 2-3 电路图

解得　$U_6=U_1-U_2+U_3=1\ \mathrm{V}-4\ \mathrm{V}+1\ \mathrm{V}=-2\ \mathrm{V}$

对于网孔 II,根据 KVL 可列出电压方程

$$U_4+U_5-U-U_6=0$$

解得　$U=U_4+U_5-U_6=2\ \mathrm{V}+2\ \mathrm{V}-(-2)\mathrm{V}=6\ \mathrm{V}$

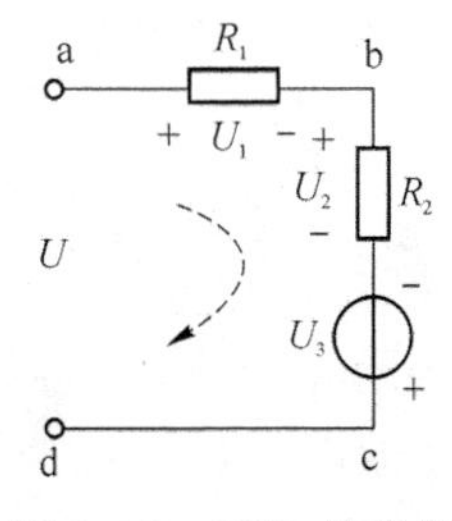

图 2-11　KVL 的推广

KVL 不仅适用于闭合回路,还可以推广到回路中的一段电路,如图 2-11 所示,电路在 ad 处开路,如果将开路电压 U_{ad} 加上,就构成一个回路。列写回路方程

$$U_1+U_2-U_3-U=0$$

整理得　$U=U_1+U_2-U_3$

有了 KVL 这个推论就可以很方便地求电路中任意两点间的电压。

KCL 和 KVL 阐述了电路中的电流、电压在结构上必须服从的约束关系,这一约束关系只与电路的结构有关,而与电路中元件的性质、种类无关,因此,不论是线性电路还是非线性电路,直流电路还是交流电路,基尔霍夫定律均适用。

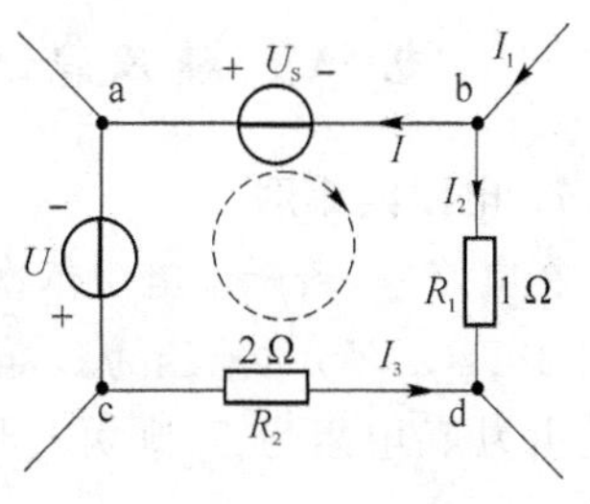

图 2-12　例 2-4 电路图

【例 2-4】 图 2-12 所示为某电路中的一个回路,通过 a、b、c、d 四个节点与电路的其他部分相连接,已知 $U_S=-5\ \mathrm{V}$,$I_1=4\ \mathrm{A}$,$I_2=1\ \mathrm{A}$,$I_3=2\ \mathrm{A}$,求电流 I、U、U_{ac}、U_{bd}。

解　对于节点 b,列 KCL 方程得

$$I+I_2-I_1=0$$

即
$$I=I_1-I_2=4\ \text{A}-1\ \text{A}=3\ \text{A}$$

选定回路绕行方向，如图 2-12 所示，根据 KVL 可列出电压方程

$$U_S+U_{R_1}-U_{R_2}+U=0$$

即
$$U=-U_S-U_{R_1}+U_{R_2}=-U_S-R_1I_2+R_2I_3$$
$$=5\ \text{V}-(1\times1)\ \text{V}+(2\times2)\ \text{V}=8\ \text{V}$$

根据 KVL 推论，可得

$$U_{ac}=U_{ab}+U_{bc}=-5\ \text{V}+1\ \text{V}=-4\ \text{V}$$
$$U_{bd}=U_{bc}+U_{cd}=1\ \text{V}-4\ \text{V}=-3\ \text{V}$$

2.3 等效电路的概念和应用

在分析电路的过程中，人们往往把复杂的电路用简单的电路代替，即等效。等效的概念是电路分析中一个重要的基本概念，经常要用到。

只有两个端钮与外部相连的电路称为二端网络或单口网络，如电阻、电容和电感等二端元件就是最简单的二端网络。二端网络的端口电压和端口电流的关系称为二端网络的伏安关系。

如果两个二端网络 N_1 与 N_2 的伏安关系完全相同，从而对连接到其上同样的外部电路的作用效果相同，则说 N_1 与 N_2 是等效的。在图 2-13 所示电路中，当 $R=R_1+R_2+R_3$ 时，则 N_1 与 N_2 是等效的。

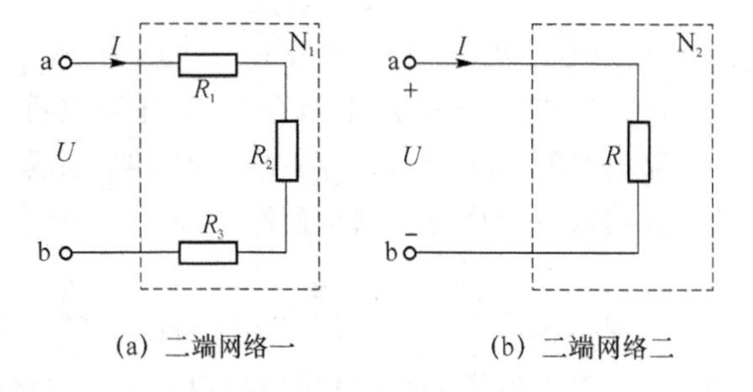

(a) 二端网络一　　(b) 二端网络二

图 2-13　等效电路

本节将介绍电阻电路中最常见的等效（电阻的串并联）和电源的等效变换。

2.3.1 电阻连接及等效变换

1. 电阻的串联

在电路中，若干个电阻依次连接，各电阻流过同一电流，这种连接方式称为电阻的串联。如图 2-14(a)所示，电压为 U，电流为 I，有 n 个电阻串联。图 2-14(b)中，如果电压也为 U，电流也为 I，电阻为 R，则两电路等效。其等效电阻为

$$R=(R_1+R_2+R_3+\cdots+R_n)=\sum_{k=1}^{n}R_k \tag{2-6}$$

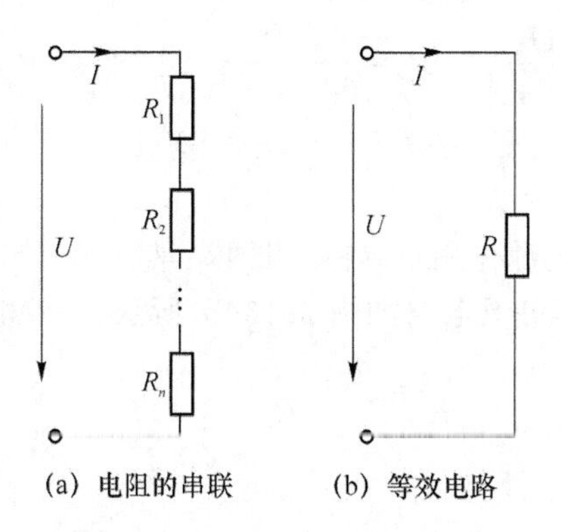

(a) 电阻的串联　(b) 等效电路

图 2-14　电阻的串联及其等效电路

在串联电路中，若已知电路总电压，则每个串联电阻的电压分别为

$$\begin{cases} U_1 = IR_1 = \dfrac{R_1}{R}U \\ U_2 = IR_2 = \dfrac{R_2}{R}U \\ \vdots \\ U_n = IR_n = \dfrac{R_n}{R}U \end{cases} \tag{2-7}$$

式(2-7)说明，在串联电路中，当外加电压一定时，各个电阻两端电压的大小与它的电阻值成正比。式(2-7)称为电压的分配公式，又叫分压公式。在应用分压公式时，应注意各电压的参考方向。

电阻串联的应用很多，例如，为了扩大电压表的量程，就需要与电压表(或电流表)串联分压电阻。

【例 2-5】　如图 2-15 所示电路中，要将一满刻度偏转电流 $I_g = 50\ \mu A$，内阻 $R_g = 2\ k\Omega$ 的电流表，制成量程为 10 V 和 50 V 的直流电压表，应如何设计电路？

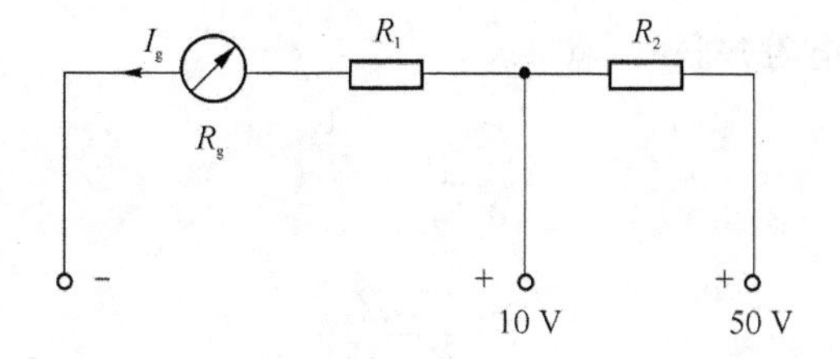

图 2-15　例 2-5 图

解　此电流表满偏时所能承受的最大电压为

$$U_g = I_g R_g = 50\times10^{-6}\ A\times2\times10^3\ \Omega = 0.1\ V$$

因此，为了制成量程为 10 V 和 50 V 的电压表，并保证表头承受的电压仍为 0.1 V，必须串联电阻分得多余电压，其原理图如图 2-15 所示，根据分压公式得

$$U_g = \frac{R_g}{R_1 + R_g}U_1$$

整理得

$$R_1 = \left(\frac{U_1}{U_g} - 1\right)R_g = \left(\frac{10\ V}{0.1\ V} - 1\right)\times2\times10^3\ \Omega = 198\ k\Omega$$

同理得 $$R_1+R_2=\left(\frac{U_2}{U_g}-1\right)R_g=\left(\frac{50\ \text{V}}{0.1\ \text{V}}-1\right)\times 2\times 10^3\ \Omega=998\ \text{k}\Omega$$

所以 $$R_2=998-R_1=800\ \text{k}\Omega$$

2. 电阻的并联

若干电阻并排连接，在电源作用下，各电阻两端具有同一电压，则这些电阻的连接称为并联，如图 2-16(a)所示。其等效电路如图 2-16(b)所示，等效电阻 R 为

$$\frac{1}{R}=\frac{1}{R_1}+\frac{1}{R_2}+\cdots+\frac{1}{R_n} \tag{2-8}$$

或用电导表示为

$$G=G_1+G_2+\cdots+G_n=\sum_{k=1}^{n}G_k \tag{2-9}$$

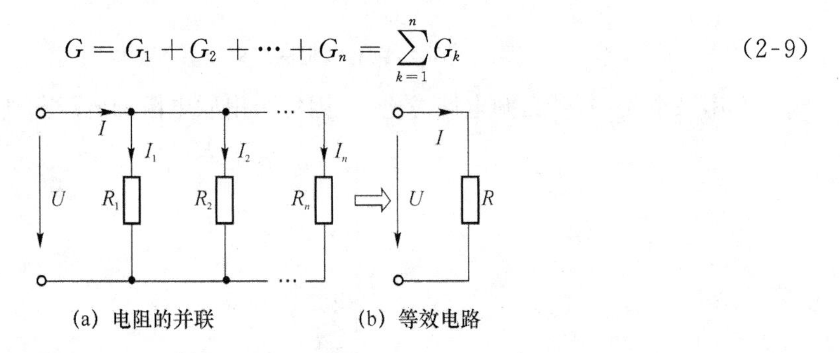

图 2-16　电阻的并联及其等效电路

并联电路中各支路电流的分配关系为

$$\begin{cases} I_1=G_1U=\dfrac{G_1}{G}I \\ I_2=G_2U=\dfrac{G_2}{G}I \\ \vdots \\ I_n=G_nU=\dfrac{G_n}{G}I \end{cases} \tag{2-10}$$

当电路中只有两个电阻并联时，有

$$\frac{1}{R}=\frac{1}{R_1}+\frac{1}{R_2} \tag{2-11}$$

即

$$R=\frac{R_1R_2}{R_1+R_2} \tag{2-12}$$

或以电导形式表示为

$$G=G_1+G_2 \tag{2-13}$$

其电流分配关系为

$$\begin{cases} I_1=\dfrac{R_2}{R_1+R_2}I \\ I_2=\dfrac{R_1}{R_1+R_2}I \end{cases} \tag{2-14}$$

或以电导形式表示为

$$\begin{cases} I_1=\dfrac{G_1}{G_1+G_2}I \\ I_2=\dfrac{G_2}{G_1+G_2}I \end{cases} \tag{2-15}$$

在实际应用中，利用电阻分流的特点对电流表扩大量程。

【例 2-6】 如图 2-17 所示，要将一满刻度偏转电流 $I_g=50\ \mu\text{A}$，内阻 $R_g=2\ \text{k}\Omega$ 的电流表，扩成量程为 50 mA 的直流电流表，该如何设计电路？

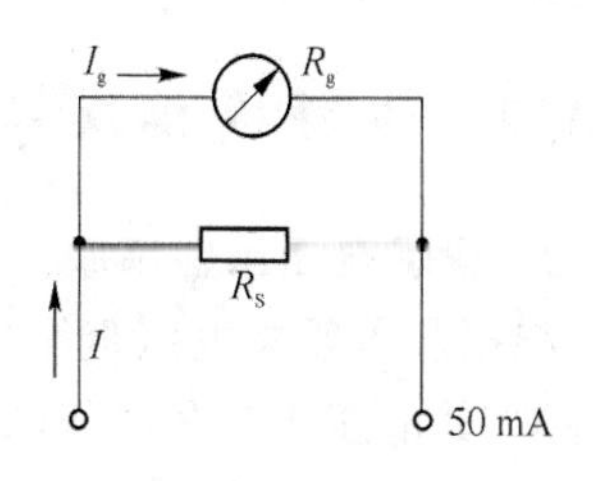

图 2-17　例 2-6 图

解 由题意可知此电流表满偏时所能承受的最大电流为 $I_g=50\ \mu\text{A}$。因此，为了制成量程为 50 mA 的直流电流表，并保证表头允许通过的的电流仍为 $I_g=50\ \mu\text{A}$，必须并联电阻分得多余电流，根据分流公式得

$$I_g=\frac{R_S}{R_S+R_g}I$$

$$R_S=\frac{I_gR_g}{I-I_g}=\frac{5\times10^{-6}\ \text{A}\times2\times10^{3}\ \Omega}{50\times10^{-3}\ \text{A}-50\times10^{-6}\ \text{A}}\approx2\ \Omega$$

由此可见，分流电阻为 2 Ω，量程越大，其内阻就越小。

3. 电阻的混联

电阻混联网络中，既含有电阻串联结构，又含有电阻并联结构。二端电阻混联网络简化的基本思路是：利用电阻串联、并联等效电阻原理，逐步进行化简，直到最简形式即单个电阻为止。如图 2-18 中(a)为原图，(b)、(c)为逐步简化的中间步骤，(d)为最终结果。

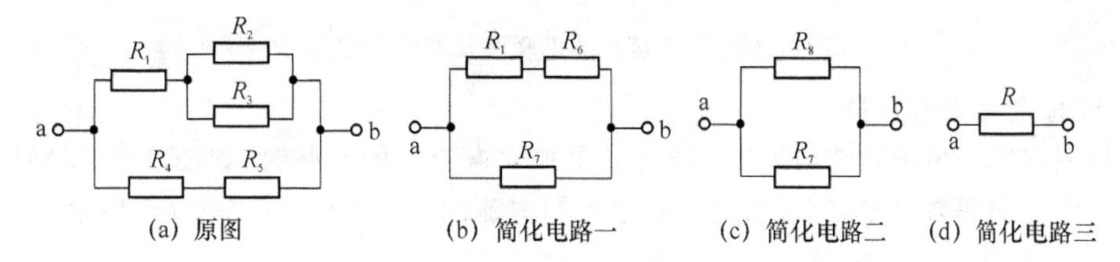

图 2-18　电阻的混联

图 2-18 中，$R_6=\dfrac{R_2R_3}{R_2+R_3}$；$R_7=R_4+R_5$；$R_8=R_1+R_6$；$R=\dfrac{R_7R_8}{R_7+R_8}$。

【例 2-7】 如图 2-19(a)所示电路，计算 ab 两端的等效电阻 R_{ab}。

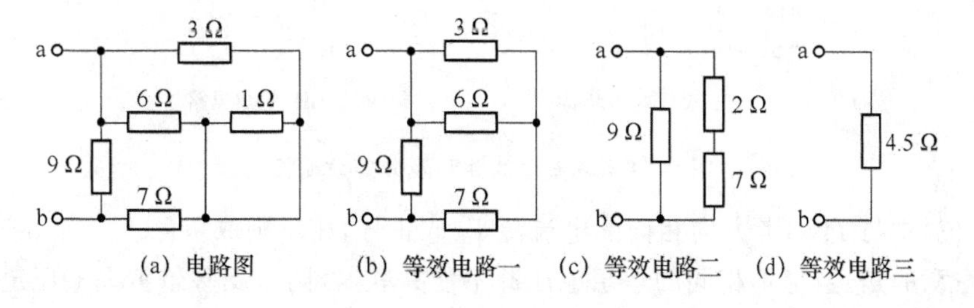

图 2-19　例 2-7 电路图

解 在图 2-19(a)中，1 Ω 的电阻两端被短路，可将原图简化为如图 2-19(b)所示的电

路，进一步观察可看出，3 Ω 和 6 Ω 的电阻相并联后与 7 Ω 的电阻串联，简化后的电路如图 2-19(c)所示。由图 2-19(c)可得等效电阻为

$$R_{ab}=\frac{(2\times7)\times9}{2+7+9}\ \Omega=4.5\ \Omega$$

最后将电路简化为一个电阻的等效电路，如图 2-19(d)所示。

2.3.2 电源连接及等效变换

1. 理想电压源的串联

根据基尔霍夫电压定律(KVL)，当有 n 个独立电压源的串联时，可以用一个电压源等效替换，其电压等于各电压源电压的代数和。

如图 2-20(a)所示，就端口特性而言，等效于一个独立电压源，如图 2-20(b)所示。

$$U_S=\sum_{k=1}^{n}U_{Sk} \tag{2-16}$$

式(2-16)中与 U_S 参考方向相同的电压源 U_{Sk} 取正号，相反则取负号。

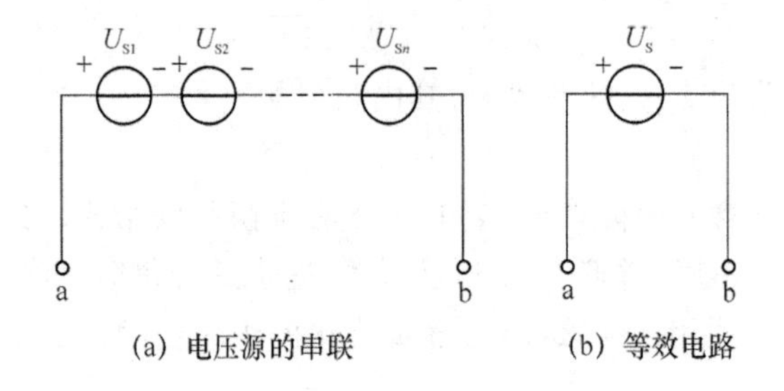

图 2-20 电压源的串联及其等效变换

2. 理想电流源的并联

根据基尔霍夫电流定律(KCL)，当有 n 个独立电流源的并联时，如图 2-21(a)所示，可以用一个电流源等效替换，其电流等于各电流源电流的代数和，如图 2-21(b)所示。

$$I_S=\sum_{k=1}^{n}I_{Sk} \tag{2-17}$$

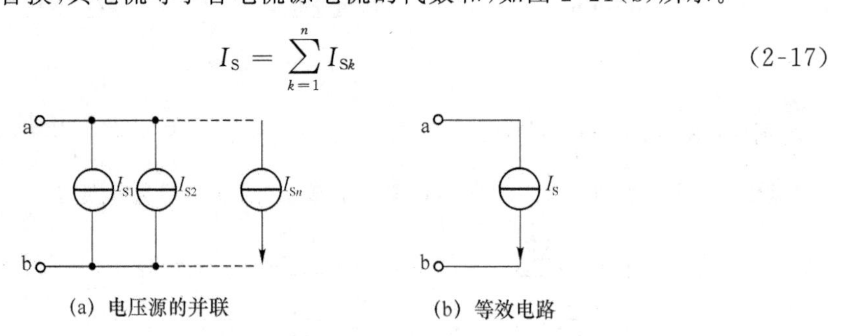

图 2-21 电流源的并联及其等效变换

式(2-17)中与 I_S 参考方向相同的电流源 I_{Sk} 取正号，相反则取负号。

需要注意的是，数值不相同的理想电压源不能并联，否则违反基尔霍夫电压定律。只有大小相等、方向一致的电压源才允许并联，并联后的等效电压源仍为原值；两个电流完全相同的电流源才能串联，否则将违反基尔霍夫电流定律。发生这种情况的原因往往是模型设置不当，需要修改电路模型。

根据电压源与电流源的特征，凡是与恒压源并联的元件或与恒流源串联的元件均可除去，即可将与恒压源并联的支路开路，如图 2-22 所示，将与恒流源串联的支路短路，如图 2-23 所示。

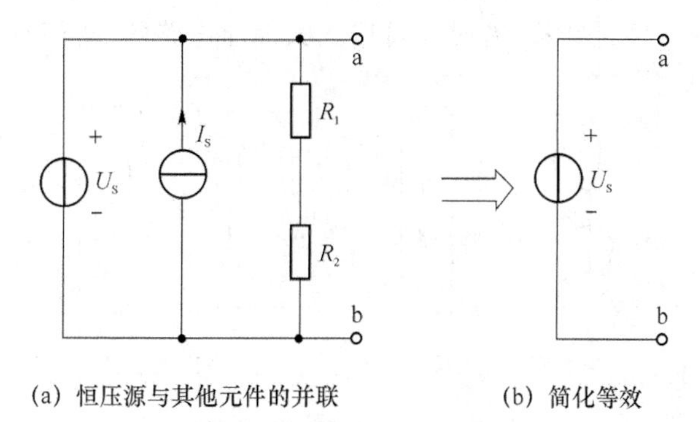

(a) 恒压源与其他元件的并联　　(b) 简化等效

图 2-22　恒压源与其他元件的并联

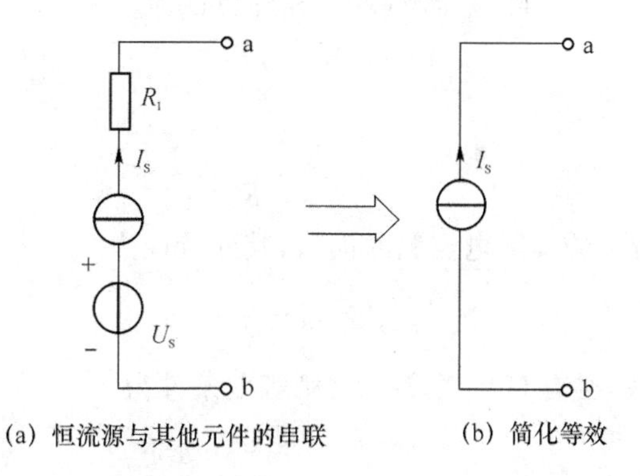

(a) 恒流源与其他元件的串联　　(b) 简化等效

图 2-23　恒流源与其他元件的串联

【例 2-8】 在图 2-24(a)所示电路中，已知 $I_{S1}=10\ \text{A}$，$I_{S2}=5\ \text{A}$，$I_{S3}=1\ \text{A}$，$G_1=1\ \text{S}$，$G_2=2\ \text{S}$，$G_3=3\ \text{S}$，求电流 I_1 和 I_3。

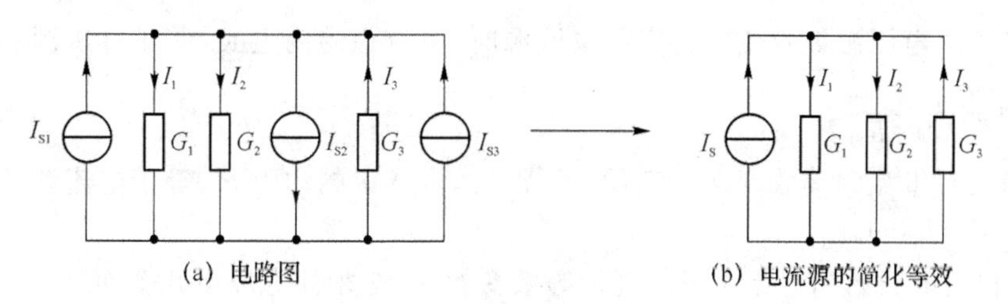

(a) 电路图　　(b) 电流源的简化等效

图 2-24　例 2-8 电路图

解　为求电流 I_1 和 I_3，可将三个并联的电流源等效为一个电流源，其电流为

$$I_S=I_{S1}-I_{S2}+I_{S3}=10\ \text{A}-5\ \text{A}+1\ \text{A}=6\ \text{A}$$

得到的等效电路如图 2-24(b)所示，用分流公式求得

$$I_1=\frac{G_1}{G_1+G_2+G_3}I_S=\frac{1\ \text{S}}{1\ \text{S}+2\ \text{S}+3\ \text{S}}\times 6\ \text{A}=1\ \text{A}$$

$$I_3=\frac{-G_3}{G_1+G_2+G_3}I_S=\frac{-3\ \text{S}}{1\ \text{S}+2\ \text{S}+3\ \text{S}}\times 6\ \text{A}=-3\ \text{A}$$

3. 两种实际电源模型的等效变换

实际电压源可以用理想电压源与电阻的串联来表示，如图 2-25(a)所示。实际电流源可以用理想电流源和电导的并联来表示，如图 2-25(b)所示。在电路分析中，这两种模型之间是可以相互转换的。经过转换，有时候可以大大简化电路的分析和计算。

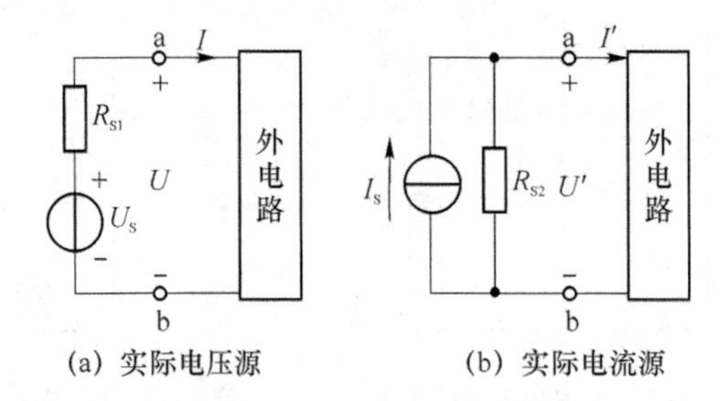

(a) 实际电压源　　(b) 实际电流源

图 2-25　两种实际电源

对于图 2-25(a)所示的实际电压源模型，其外特性为

$$U=U_S-IR_{S1} \tag{2-18}$$

整理式(2-18)得

$$I=\frac{U_S}{R_{S1}}-\frac{U}{R_{S1}} \tag{2-19}$$

对于图 2-25(b)所示的实际电流源的模型，其外特性为

$$I'=I_S-\frac{U'}{R_{S2}} \tag{2-20}$$

若这两个电源等效，必有 $U=U'$，$I=I'$，则等效条件为

$$R_{S1}=R_{S2} \tag{2-21}$$

$$U_S=I_SR_S \quad 或 \quad I_S=\frac{U_S}{R_S} \tag{2-22}$$

式(2-21)和式(2-22)就是两种实际电源等效变换的关系式。综合上述可得出以下结论。

(1) 当实际电压源等效变换为实际电流源时，电流源的内阻 R_{S2} 等于电压源的内阻 R_{S1}，电流源的电流 $I_S=\dfrac{U_S}{R_{S2}}$。

(2) 当实际电流源等效变换为实际电压源时，电压源的内阻 R_{S1} 等于电流源的内阻 R_{S2}，电压源的电压 $U_S=I_SR_{S2}$。

另外，利用电压源和电流源模型进行等效变换时，必须注意以下几个问题。

(1) 电压源和电流源的等效变换仅对外部电路而言，对电源内部不等效。

(2) 电压源与电流源进行等效变换时，必须注意两种电路模型的极性，即电压源和电流源的方向。

(3) 理想电压源($R_S=0$)和理想电流源($R_S=\infty$)之间不能等效变换。

(4) 凡与电压源串联的电阻，或与电流源并联的电阻，无论是否是电源内阻，均可当做内阻处理。

【例 2-9】 简化图 2-26(a)所示电路。

解　(1) 除去与恒流源串联的元件及与恒压源并联的元件，如图 2-26(b)所示。

(2) 将电压源化为电流源,如图 2-26(c)所示。

(3) 将两个电流源简化等效,如图 2-26(d)所示。

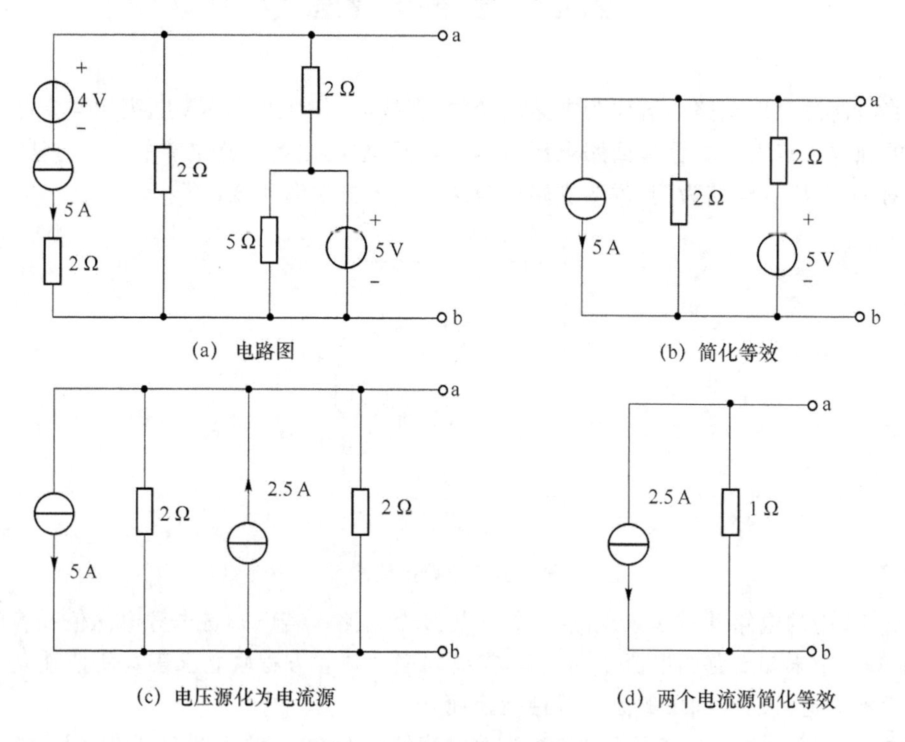

图 2-26　例 2-10 电路图

【例 2-10】 求解图 2-27(a)所示电路中的电流 I。

解　先将图 2-27(a)中的电压源与电阻串联支路等效变换为电流源与电阻并联形式,得图 2-27(b),进一步简化可得图 2-27(c)。由图 2-27(c),根据并联分流公式可得

$$I=\frac{\frac{6}{5}\ \Omega}{\left(2.4+\frac{6}{5}\right)\ \Omega}\times 3\ \text{A}=1\ \text{A}$$

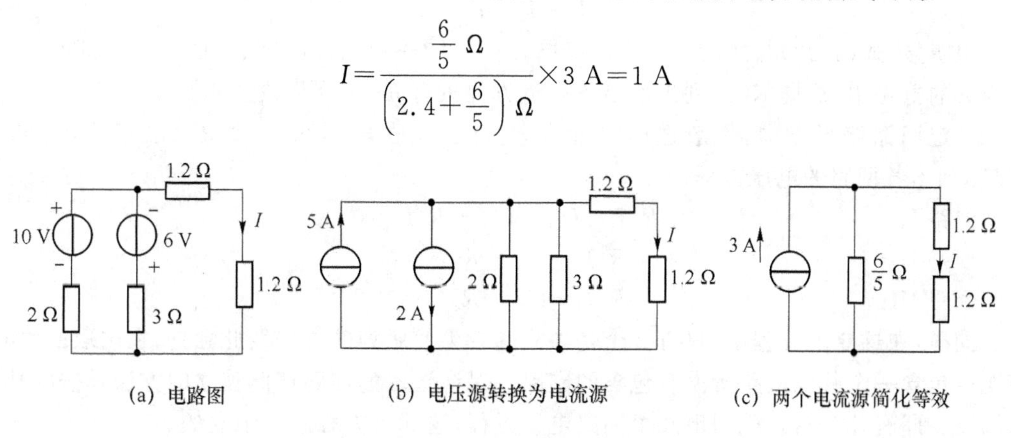

图 2-27　例 2-10 电路图

2.4 支路电流法

支路电流法是以支路电流作为电路的变量，直接应用 KCL 和 KVL，列出与支路电流数目相等的独立节点电流方程和回路电压方程，然后联立解出各支路电流的一种方法。

以图 2-28 所示电路为例，说明支路电流法的一般方法和步骤。

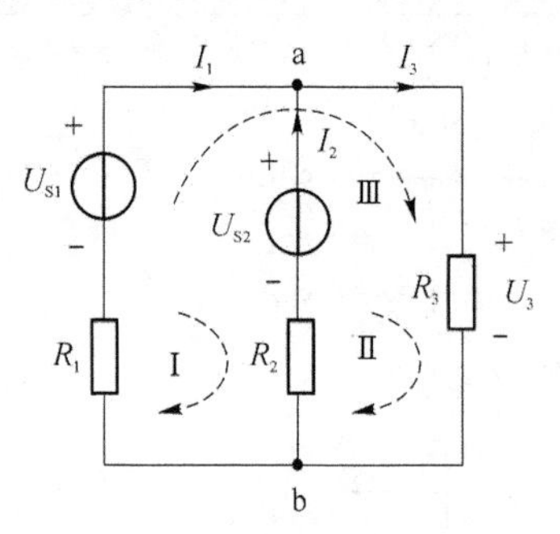

图 2-28 支路电流法

图 2-28 中的电路共有 3 条支路、2 个节点、3 个回路。若已知各电源电压值和各电阻的阻值，求解 3 个未知支路的电流 I_1、I_2、I_3，需要列三个独立方程联立求解。所谓独立方程是指该方程不能通过已经列出的方程线性变换而来。

列方程时，必须先在电路图上选定各支路电流的参考方向，并标明在电路图上，如图 2-28 所示，对节点 a 列写 KCL 方程为

$$-I_1-I_2+I_3=0 \tag{2-23}$$

对节点 b 列写 KCL 方程为

$$I_1+I_2-I_3=0 \tag{2-24}$$

很明显，式(2-23)与式(2-24)实际相同，所以只有一个方程是独立的。可以证明：节点数为 n 的电路中，根据 KCL 列出的节点电流方程只有 $n-1$ 个是独立的。

选定回路绕行方向，一般选顺时针方向，并标明在电路图上，如图 2-28 所示。根据 KVL，列出各回路的电压方程。

回路 I： $R_1I_1-U_{S1}+U_{S2}-R_2I_2=0$

回路 II： $R_2I_2-U_{S2}+R_3I_3=0$

回路 III： $R_1I_1-U_{S1}+R_3I_3=0$

同样，在这 3 个方程中，只有 2 个是独立的。为使所列的方程彼此独立，在选取回路时，应至少包含一个其他回路所没有包含的支路。保证选取的回路彼此独立的方法是按网孔选取回路。即有几个网孔就列出几个回路电压方程，这几个方程就是独立的。

根据以上分析，可列出独立方程如下：

$$\begin{cases}-I_1-I_2+I_3=0\\ R_1I_1-U_{S1}+U_{S2}-R_2I_2=0\\ R_2I_2-U_{S2}+R_3I_3=0\end{cases}$$

解方程组就可求得 I_1、I_2、I_3。

综上所述，支路电流法分析计算电路的一般步骤如下。

(1) 在电路图中选定并标注各支路电流的参考方向，b 条支路共有 b 个未知变量。

(2) 根据 KCL，对 n 个节点可列出 $n-1$ 个独立方程。

(3) 通常取网孔列写 KVL 方程，设定各网孔绕行方向，列出 $b-(n-1)$ 个 KVL 方程。

(4) 联立求解上述 b 个独立方程，便得出待求的各支路电流。

【例 2-11】 如图 2-29 所示，已知 $U_{S1}=12\ \text{V}$，$U_{S2}=8\ \text{V}$，$R_1=R_3=4\ \Omega$，$R_2=8\ \Omega$。试求各支路电流。

解　选定并标出各支路电流 I_1、I_2、I_3，如图 2-29 所示。

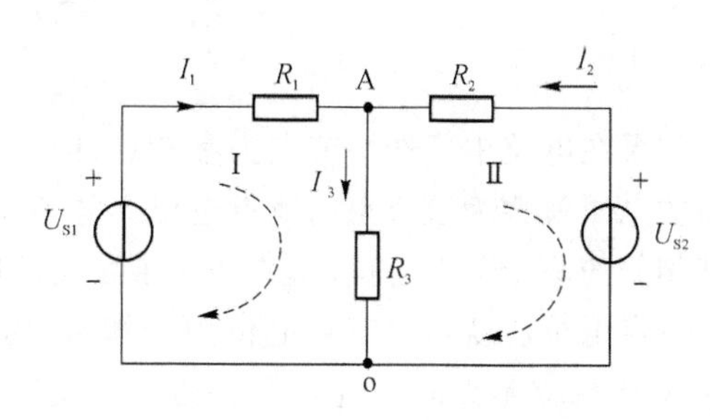

图 2-29　例 2-11 电路图

对于节点 A，列 KCL 方程

$$-I_1-I_2+I_3=0$$

选定网孔绕行方向，如图 2-29 所示，对两个网孔分别列 KVL 方程。

网孔 I：　$I_1R_1+I_3R_3-U_{S1}=0$

网孔 II：　$-I_2R_2+U_{S2}-I_3R_3=0$

将已知条件代入上述三个式子中，得到

$$\begin{cases}-I_1-I_2+I_3=0\\4I_1+4I_3-12=0\\-8I_2+8-4I_3=0\end{cases}$$

解方程组可得 $I_1=3.5\ \text{A}$，$I_2=-0.5\ \text{A}$，$I_3=3\ \text{A}$。

【例 2-12】 在图 2-30 所示电路中，已知 $R_1=R_4=1\ \Omega$，$R_2=2\ \Omega$，$R_3=3\ \Omega$，$I_S=8\ \text{A}$，$U_S=10\ \text{V}$，计算各支路电流。

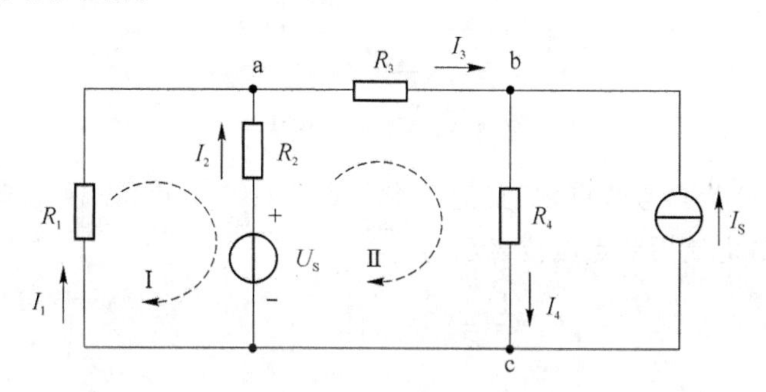

图 2-30　例 2 12 电路图

解　这个电路的支路数 $b=5$，节点数 $n=3$，选定各支路电流参考方向并标在图 2-30 中，设支路电流分别为 I_1、I_2、I_3、I_4。由于电流源 I_S 所在的支路电流等于电流源 I_S 的电流值，且为已知量，因而应用基尔霍夫定律列出下列 4 个方程。

对节点 a：　$-I_1-I_2+I_3=0$

对节点 b：　$-I_3+I_4-I_S=0$

对回路Ⅰ：　$I_1-R_2I_2+U_S=0$

对回路Ⅱ：　$R_2I_2+R_3I_3+R_4I_4-U_S=0$

将已知条件代入上述 4 式中，可得

$$-I_1-I_2+I_3=0$$
$$-I_3+I_4-8=0$$
$$I_1-2I_2=-10$$
$$2I_2+3I_3+I_4=10$$

解方程得 $I_1=-4\text{ A}$，$I_2=3\text{ A}$，$I_3=-1\text{ A}$，$I_4=7\text{ A}$。

2.5 节点电位法

如果在电路中任选一节点为参考点，即设其电位为零，那么，其他每个节点与参考节点之间的电压就称为该节点的节点电位。每条支路都是接在两节点之间，它的支路电压就是与其相关的两个节点电位之差，知道了各支路电压，应用欧姆定律就可求出各支路电流。

节点电位法就是以节点电位为未知量，将每条支路的电流用节点电位表示出来，应用KCL列出独立节点的电流方程，联立方程求得各节点电位，再根据节点电位与各支路电流的关系式，求得各支路电流。

图2-31所示为具有3个节点的电路。下面以该电路为例，说明用节点电压法进行电路分析的方法和求解步骤，导出节点电压方程式的一般形式。

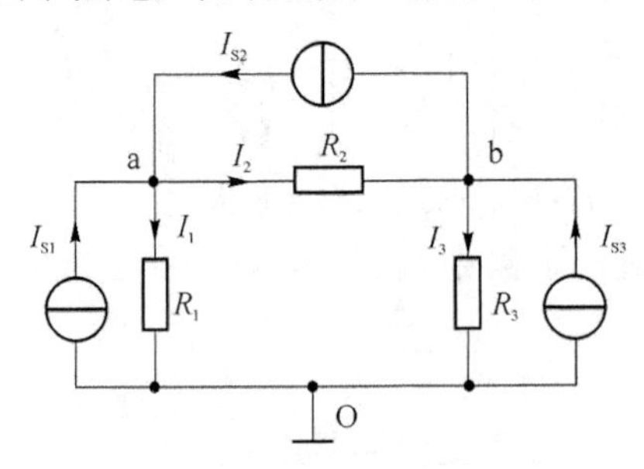

图 2-31　节点电压法

首先选择节点O为参考节点，则其他两个节点为独立节点，设独立节点的电位分别为U_a、U_b。则各支路的电流用节点电位表示为

$$\begin{cases} I_1=\dfrac{U_a-0}{R_1}=G_1U_a \\ I_2=\dfrac{U_a-U_b}{R_2}=G_2(U_a-U_b) \\ I_3=\dfrac{U_b-0}{R_3}=G_3U_b \end{cases} \tag{2-25}$$

对节点a、b分别列KCL方程

$$\begin{cases} I_1+I_2=I_{S1}+I_{S2} \\ -I_2+I_3=I_{S3}-I_{S2} \end{cases} \tag{2-26}$$

将式(2-25)代入式(2-26)中，可得

$$\begin{cases} (G_1+G_2)U_a-G_2U_b=I_{S1}+I_{S2} \\ -G_2U_a+(G_2+G_3)U_b=I_{S3}-I_{S2} \end{cases} \tag{2-27}$$

式(2-27)可以简写为如下形式：

$$\begin{cases} G_{aa}U_a + G_{ab}U_b = I_{Saa} \\ G_{ba}U_a + G_{bb}U_b = I_{Sbb} \end{cases} \tag{2-28}$$

式(2-28)中：

(1) G_{aa}、G_{bb}分别称为节点 a、b 的自导，其数值等于与该节点所连的各支路的电导之和，它们总是正值，$G_{aa}=G_1+G_2$，$G_{bb}=G_2+G_3$；

(2) G_{ab}、G_{ba}分别称为相邻两节点 a、b 间的互导，其数值等于连在两节点间的所有支路电导之和，互导均为负值，$G_{ab}=G_{ba}=-G_2$；

(3) I_{Saa}、I_{Sbb}分别为流入 a、b 节点的电流源电流的代数和，电流源的电流流向节点为"+"号，反之为"−"号。

这是具有两个独立节点电路的节点电压方程的一般形式，也可以将其推广到具有 n 个节点(独立节点为 $n-1$ 个)的电路。具有 n 个节点的节点电压方程的一般形式为

$$\begin{cases} G_{11}U_1 + G_{12}U_2 + \cdots + G_{1(n-1)}U_{(n-1)} = I_{S11} \\ G_{21}U_1 + G_{22}U_2 + \cdots + G_{2(n-1)}U_{(n-1)} = I_{S22} \\ \vdots \\ G_{(n-1)1}U_1 + G_{(n-1)2}U_2 + \cdots + G_{(n-1)(n-1)}U_{(n-1)} = I_{S(n-1)(n-1)} \end{cases} \tag{2-29}$$

综合以上分析，采用节点电压法对电路进行求解，可以根据节点电压方程的一般形式直接写出电路的节点电压方程，其步骤归纳如下。

(1) 指定电路中某一节点为参考点，标出各独立节点电位(符号)。

(2) 按照节点电压方程的一般形式，根据实际电路直接列出各节点的电压方程。

列写第 k 个节点的电压方程时，与 k 节点相连接支路上的电阻元件的电导之和(自电导)一律取"+"；与 k 节点相关联支路上的电阻元件的电导(互电导)一律取"−"。流入 k 节点的理想电流源的电流取"+"；流出的则取"−"。

【例 2-13】 用节点电压法求图 2-32 所示电路中的电压 U_{ao}。

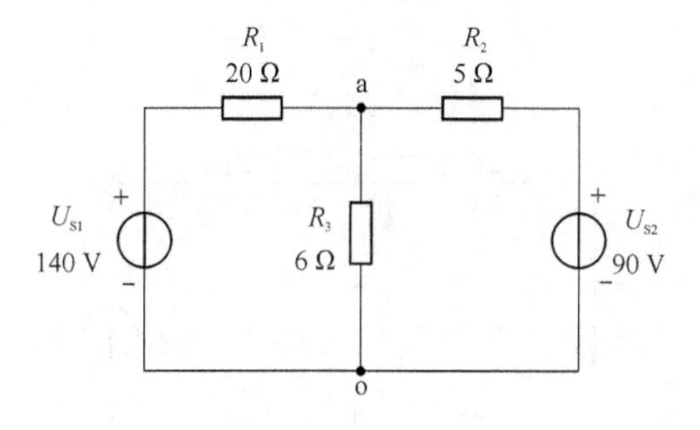

图 2-32　例 2-13 电路图

解　根据节点电位法，以 o 点为参考节点，该电路只有 1 个独立节点 a，U_{ao}就是节点 a 对节点 o 的节点电压，可列出下列方程：

$$\left(\frac{1}{R_1}+\frac{1}{R_2}+\frac{1}{R_3}\right)U_a=\frac{U_{S1}}{R_1}+\frac{U_{S2}}{R_2}$$

解出 U_a 为

$$U_a=\frac{\frac{U_{S1}}{R_1}+\frac{U_{S2}}{R_2}}{\frac{1}{R_1}+\frac{1}{R_2}+\frac{1}{R_3}}$$

代入数值，可求得

$$U_a=\frac{\frac{140\ V}{20\ \Omega}+\frac{90\ V}{5\ \Omega}}{\frac{1}{20\ \Omega}+\frac{1}{5\ \Omega}+\frac{1}{6\ \Omega}}=60\ V$$

由此例可得出求解一个独立节点电路中节点电位的一般表达式为

$$U=\frac{\sum_{k=1}^{n}\left(\frac{U_{Sk}}{R_k}+I_{Si}\right)}{\sum_{k=1}^{n}\frac{1}{R_k}} \tag{2-30}$$

式(2-30)称为弥尔曼定理，分子为流入该节点的等效电流源之和，分母为节点所连接各支路的电导之和。

2.6 网孔电流法

网孔电流法是以网孔电流作为电路的变量，利用基尔霍夫电压定律列写网孔电压方程，进行网孔电流的求解，然后再根据电路的要求，进一步求出其他量。

现以图 2-33 为例来说明网孔电流法。为了求得各支路电流，先选择一组独立回路，即选择两个网孔。假想每个网孔中都有一个网孔电流沿着网孔的边界流动，如 I_{m1}、I_{m2}。需要指出的是，I_{m1}、I_{m2} 是一个假象的电流，电路中实际存在的电流仍是支路电流 I_1、I_2、I_3。再观察电路可知，各支路电流与网孔电流的关系为

$$\begin{cases}I_1=I_{m1}\\ I_2=-I_{m1}+I_{m2}\\ I_3=-I_{m2}\end{cases} \tag{2-31}$$

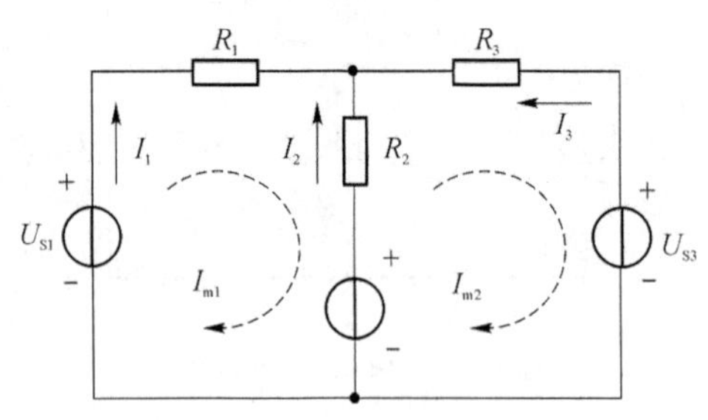

图 2-33　网孔电流法图例

选取网孔的绕行方向与网孔电流的参考方向一致，根据 KVL 可列网孔方程

$$\begin{cases}R_1I_1-R_2I_2=U_{S1}-U_{S2}\\ R_2I_2-R_3I_3=U_{S2}-U_{S3}\end{cases} \tag{2-32}$$

将式(2-31)代入式(2-32)，整理得

$$\begin{cases}(R_1+R_2)I_{m1}-R_2I_{m2}=U_{S1}-U_{S2}\\-R_2I_{m1}+(R_2+R_3)I_{m2}=U_{S2}-U_{S3}\end{cases}\tag{2-33}$$

方程组(2-33)可以进一步写成

$$\begin{cases}R_{11}I_{m1}+R_{12}I_{m2}=U_{S11}\\R_{21}I_{m1}+R_{22}I_{m2}=U_{S22}\end{cases}\tag{2-34}$$

式(2-34)就是当电路具有两个网孔电路的网孔电流方程的一般形式。其规律如下。

(1) R_{11}、R_{22}分别是网孔 1 与网孔 2 的电阻之和，称为各网孔的自电阻。因为选取自电阻的电压与电流为关联参考方向，所以自电阻都取正号。$R_{11}=R_1+R_2$，$R_{22}=R_2+R_3$。

(2) $R_{12}=R_{21}=-R_2$ 是网孔 1 与网孔 2 公共支路的电阻，称为相邻网孔的互电阻。互电阻可以是正号，也可以是负号。当流过互电阻的两个相邻网孔电流的参考方向一致时，互电阻取“+”号，反之取“−”号。

(3) $U_{S11}=U_{S1}-U_{S2}$、$U_{S22}=U_{S2}-U_{S3}$分别是各网孔中电压源电压的代数和，称为网孔电源电压。凡参考方向与网孔绕行方向一致的电源电压取“−”号，反之取“+”号。

式(2-34)推广到具有 m 个网孔电路的网孔电流方程的一般形式为

$$\begin{cases}R_{11}I_{m1}+R_{12}I_{m2}+\cdots+R_{1m}I_{mm}=U_{S11}\\R_{21}I_{m1}+R_{22}I_{m2}+\cdots+R_{2m}I_{mm}=U_{S22}\\R_{m1}I_{m1}+R_{m2}I_{m2}+\cdots+R_{mm}I_{mm}=U_{Smm}\end{cases}\tag{2-35}$$

综合以上分析，网孔电流法求解步骤归纳如下。

(1) 选定各网孔电流的参考方向。

(2) 按照网孔电流方程的一般形式列出各网孔电流方程。自电阻始终取正值。互电阻由通过互电阻上的两个网孔电流的流向而定，两个网孔电流的流向相同取正，否则取负。

(3) 等效电压源是电压源的代数和，当电压源的电压参考方向与网孔电流方向一致时取负号，否则取正号。

(4) 联立求解，解出各网孔电流。

(5) 根据网孔电流再求其他量。

【例 2-14】 如图 2-34 所示电路，已知 $U_{S1}=10\ \text{V}$，$U_{S2}=5\ \text{V}$，$R_1=1\ \Omega$，$R_2=2\ \Omega$，$R_3=1\ \Omega$，用网孔电流法求各支路电流。

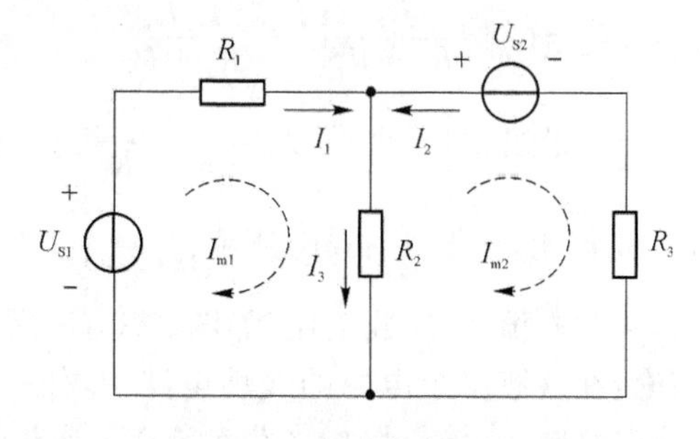

图 2-34　例 2-14 电路图

解　设网孔电流 I_{m1}、I_{m2}如图 2-34 所示，列网孔电流方程组

$$\begin{cases}(R_1+R_2)I_{m1}-R_2I_{m2}=U_{S1}\\-R_2I_{m1}+(R_2+R_3)I_{m2}=-U_{S2}\end{cases}$$

代入数据，可得

$$\begin{cases}3I_{m1}-2I_{m2}=10\\-2I_{m1}+3I_{m2}=-5\end{cases}$$

解方程组可得

$$\begin{cases}I_{m1}=4\ \text{A}\\I_{m2}=1\ \text{A}\end{cases}$$

所以各支路电流为

$$\begin{cases}I_1=I_{m1}=4\ \text{A}\\I_2=-I_{m2}=-1\ \text{A}\\I_3=I_{m1}-I_{m2}=4\ \text{A}-1\ \text{A}=3\ \text{A}\end{cases}$$

2.7 叠加定理

叠加定理是分析线性电路的一个重要定理，下面以图 2-35(a)所示电路为例介绍叠加定理的特点和内容。

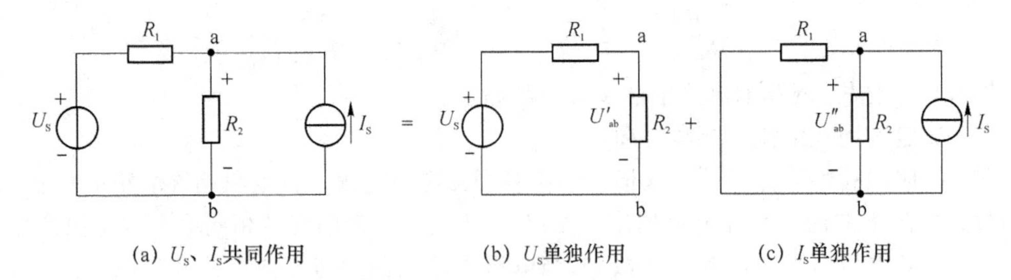

图 2-35 叠加定理

设 b 点为参考节点，根据节点分析法，得到

$$\frac{U_a}{R_2}=\frac{U_S-U_a}{R_1}+I_S$$

求解上述方程，得

$$U_{ab}=U_a=\frac{R_2}{R_1+R_2}U_S+\frac{R_1R_2}{R_1+R_2}I_S \tag{2-36}$$

分析式(2-36)，U_{ab} 由两个分量组成，一个是 $U'_{ab}=\frac{R_2}{R_1+R_2}U_S$，是当 $I_S=0$ 时，电压源单独作用的结果，它与电压源 U_S 成正比，如图 2-35(b)所示；另一个 $U''_{ab}=\frac{R_1R_2}{R_1+R_2}I_S$，是当 $U_S=0$ 时，电流源单独作用的结果，它与电流源 I_S 成正比，如图 2-35(c)所示。

综合以上分析，得出结论：在含有多个电源的线性电路中，任一支路的电流(或电压)等于各理想电源单独作用在该电路时，在该支路中产生的电流(或电压)的代数和。线性电路的这一性质称为叠加定理。

应用叠加定理求解电路时要注意以下几点。

(1) 叠加定理仅适用于线性电路，不适用于非线性电路。

(2) 当一个电源单独作用时，其他的独立电源不起作用，即独立电压源用短路代替，独立电流源用开路代替，其他元件的连接方式都不应有变动。

(3) 叠加时要注意电流和电压的方向。若分电流(或电压)与原电路待求的电流(或电压)的参考方向一致时，取正号；相反时取负号。

(4) 叠加定理不能用于计算电路的功率，因为功率是电流或电压的二次函数。

【例 2-15】 用叠加定理求图 2-36(a)中的 U_{ab}。

解 先把图 2-36(a)分解成图 2-36(b)和图 2-36(c)所示的电源单独作用的电路，然后按下列步骤计算。

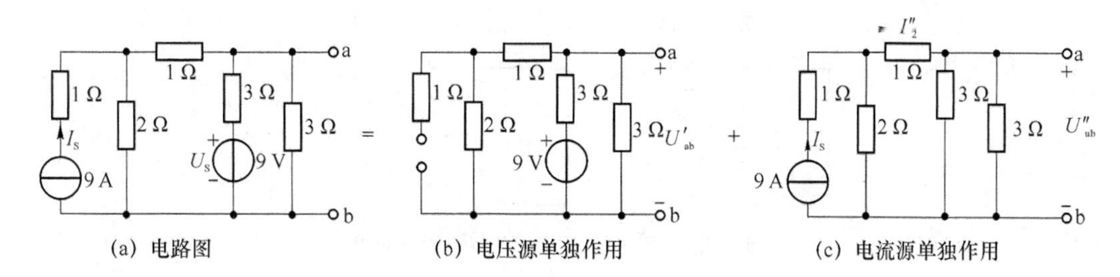

图 2-36　例 2-15 电路图

① 如图 2-36(b)所示，当电压源单独作用时

$$U'_{ab}=\frac{\frac{(1+2)\times 3}{1+2+3}\ \Omega}{3\ \Omega+\frac{(1+2)\times 3}{1+2+3}\ \Omega}\times 9\ \text{V}=3\ \text{V}$$

② 如图 2-36(c)所示，当电流源单独作用时

$$I''_2=\frac{2\ \Omega}{2\ \Omega+1\ \Omega+\frac{3\times 3}{3+3}\ \Omega}I_S=\frac{2}{4.5}\times 9=4\ \text{A}$$

$$U''_{ab}=\frac{3\times 3}{3+3}I''_2=1.5\ \Omega\times 4\ \text{A}=6\ \text{V}$$

所以

$$U_{ab}=3\ \text{V}+6\ \text{V}=9\ \text{V}$$

2.8　戴维南定理

当对电路进行分析、计算时，有时只需要计算某一特定支路的电流，而不需要把所有的支路电流都计算出来，就可以用戴维南定理。

戴维南定理又叫有源二端网络定理，所谓有源二端网络就是内部含有电源的二端网络；而不含电源的二端网络称为无源二端网络。

任何一个有源二端网络，不论它的繁简程度如何，当与外电路相连时，它就会像电源一样向外供给电能，也就是说，对外电路而言，它相当于一个电源。因此，有源二端网络可以化简为一个等效电源。一个电源可以用两种电路模型表示：一种是理想电压源和电阻串联的实际电压源模型；另一种是理想电流源和电阻并联的实际电流源模型。由两种等效电源模型分别得出戴维南定理和诺顿定理。在这里只讲解戴维南定理。

戴维南定理指出：对于任意一个线性有源二端网络，如图 2-37(a)所示，可用一个电压源和电阻串联的电路模型来等效替代，如图 2-37(b)所示。电压源的电压等于该网络 N_S 的

开路电压 U_{oc}，如图 2-37(c)所示；电阻等于该网络 N_0 中所有理想电源为零时，从网络两端看进去的电阻 R_{eq}，如图 2-37(d)所示。

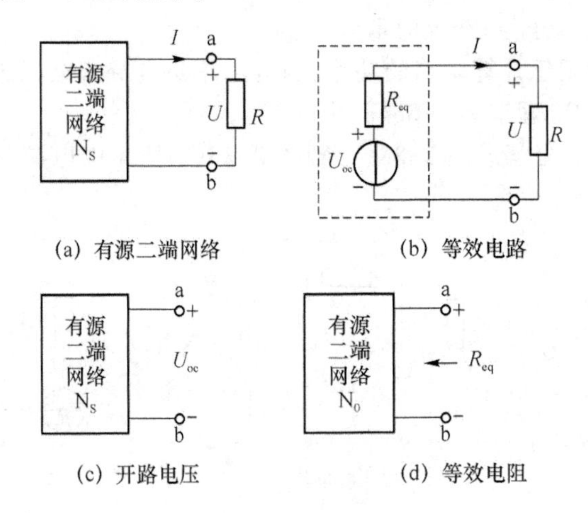

图 2-37 戴维南定理

利用戴维南定理可以将一个复杂电路化简成简单电路，尤其是只需要计算复杂电路中某一条电路的电流或电压时，应用这一定理极其方便。待求支路为无源支路或有源支路均可。

用戴维南定理分析电路的步骤如下。

(1) 断开待求量的支路，得到一有源二端网络。

(2) 根据有源二端网络的具体电路，计算出二端网络的开路电压 U_{oc}。

(3) 将有源二端网络中的全部电源除去(即理想电压源短路，理想电流源开路)，画出所得无源二端网络的电路图，计算其等效电阻，得到等效电源的内阻 R_{eq}。

(4) 画出由等效电压源与待求支路组成的简单电路，计算出待求电流。

【例 2-16】 图 2-38(a)所示电路中的 $R_1=2\ \Omega$，$R_2=4\ \Omega$，$R_3=6\ \Omega$，$U_{S1}=10\ V$，$U_{S2}=15\ V$，试用戴维南定理求 I_3。

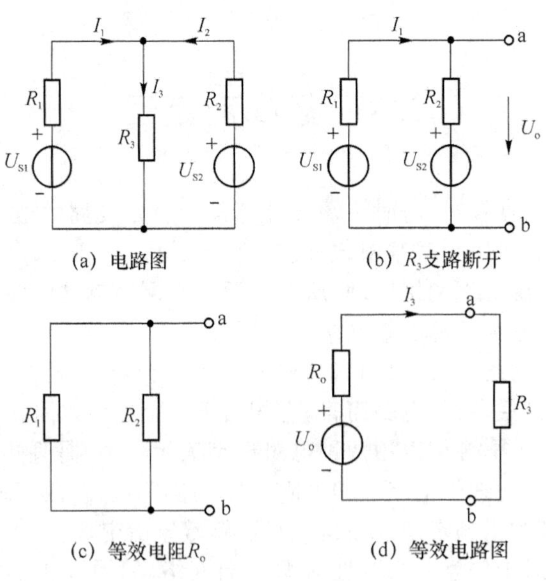

图 2-38 例 2-16 电路图

解　(1) 求开路电压 U_o。将 R_3 支路断开，如图 2-38(b)所示。

因为
$$I=\frac{U_{S1}-U_{S2}}{R_1+R_2}=\frac{10\ \text{V}-15\ \text{V}}{2\ \Omega+4\ \Omega}=-\frac{5}{6}=-0.83\ \text{A}$$

所以
$$U_o=IR_2+U_{S2}=-0.83\ \text{A}\times 4\ \Omega+15\ \text{V}=11.68\ \text{V}$$

(2) 将电压源短路，求等效电阻 R_o，如图 2-38(c)所示。

$$R_o=\frac{R_1R_2}{R_1+R_2}=\frac{2\ \Omega\times 4\ \Omega}{2\ \Omega+4\ \Omega}=1.33\ \Omega$$

(3) 利用等效电路图 2-38(d)，求出 I_3。

$$I_3=\frac{U_o}{R_o+R_3}=\frac{11.68\ \text{V}}{1.33\ \Omega+6\ \Omega}=1.59\ \text{A}$$

可见由戴维南定理得到的等效电路只是对外部电路等效，但对于网络内部是不等效的。在运用戴维南定理时避免了在原电路中直接求解未知量，大大简化了电路的运算过程。

2.9　最大功率传输定理

实际电路中，许多电子设备所用的电源，其内部结构都相当复杂，但向外供电时皆引出两端与负载相连，所以可将它们看做一个有源二端网络。一般地，所接电路负载不同，向负载输出的功率就不同。那么，在什么条件下负载可以获得最大功率呢？

根据戴维南定理，任何线性有源二端网络都可用一个电压源等效代替，所以，负载在任意线性电路中与其他部分的关系可用图 2-39 中的等效电路来表示，其中 R_L 为负载电阻，负载所获得的功率为

$$P_L=I^2R_L=\left(\frac{U_{oc}}{R_{eq}+R_L}\right)^2R_L$$

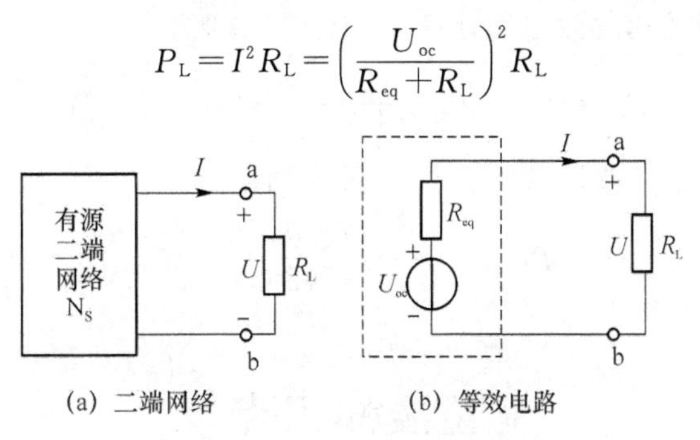

(a) 二端网络　　(b) 等效电路

图 2-39　最大功率传输定理图解

要使 P 最大，应使 $\frac{dP_L}{dR_L}=0$，即

$$\frac{dP_L}{dR_L}=U_{oc}^2\frac{(R_{eq}+R_L)^2-2R_L(R_{eq}+R_L)}{(R_{eq}+R_L)^4}=\frac{R_{eq}-R_L}{(R_{eq}+R_L)^3}U_{oc}^2=0$$

由此可知，当 $R_L=R_{eq}$ 时，即负载电阻与有源二端网络的戴维南等效电阻相等时，负载将获得最大功率值，这被称之为最大功率传输定理。通常称 $R_L=R_{eq}$ 为最大功率匹配条件，此时负载 R_L 获得的最大功率为

$$P_{L\max}=\frac{U_{oc}^2}{4R_{eq}} \tag{2-37}$$

在工程上,把满足最大功率传输的条件称为阻抗匹配。阻抗匹配的概念在实际中很常见。例如,在有线电视接收系统中,由于同轴的传输阻抗为 80 Ω,为了保证阻抗匹配以获得最大功率传输,就要求电视接收机的输入阻抗也为 80 Ω。有时候很难保证负载电阻与电源内阻相等,为了实现阻抗匹配就必须进行阻抗变换。常用的阻抗变换器有变压器、射极输出器等。

【例 2-17】 电路如图 2-40(a)所示,求 $R_L=6\ \Omega$ 时的负载功率。试问:R_L 为何值时能获得最大功率?此时的功率值是多少?

解 由戴维南定理,将电路中负载 R_L 以外的有源二端网络等效为一电压源。图 2-40(a)中,由 a、b 两端求有源二端网络的开路电压和无源二端网络的等效电阻分别为:

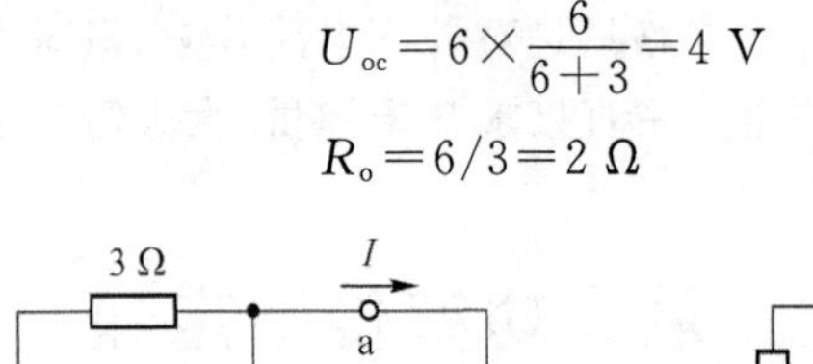

$$U_{oc}=6\times\frac{6}{6+3}=4\ \text{V}$$

$$R_o=6/3=2\ \Omega$$

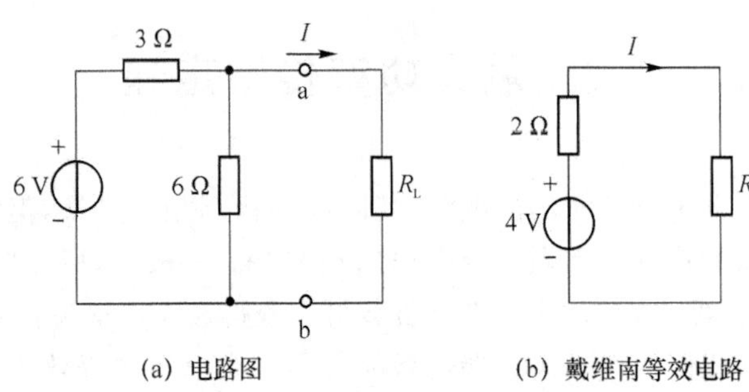

(a) 电路图　　(b) 戴维南等效电路

图 2-40　例 2-17 电路图

由图 2-40(b)的戴维南等效电路计算,当 $R_L=6\ \Omega$ 时,

$$R_L=I^2R_L=\left(\frac{4\ \text{V}}{2\ \Omega+6\ \Omega}\right)^2\times 6\ \Omega=1.5\ \text{W}$$

当 $R_L=2\ \Omega$ 时,负载可获得最大功率,　最大功率为

$$P_{\text{Lmax}}=\frac{U_{oc}^2}{4R_o}=\frac{(4\ \text{V})^2}{4\times 2\ \Omega}=2\ \text{W}$$

重要知识点

- **开路:** 若电路中某点断开,则称该电路开路。
- **短路:** 用导线将元件两端连起来,即元件两端的电压为零,那么此时元件就处于短路状态。
- **支路:** 电路中具有两个端钮且通过同一电流的电路分支,该分支上至少有一个元件,这个分支称为支路。
- **串联:** 若干电阻依次连接,各电阻流过同一电流,这种连接方式称为电阻的串联。
- **并联:** 若干电阻并排连接,各电阻两端具有同一电压,这种连接方式称为电阻的并联。

- **回路**：由支路构成的闭合路径称为回路。
- **节点**：三条和三条以上支路的连接点叫做节点。
- **网孔**：内部不含有支路的回路称为网孔。

本章小结

本章主要介绍了直流电阻性电路的一般分析与计算方法，主要包括等效变换法、网络方程法和网络定理法，另外还介绍了基尔霍夫定律、最大功率传输定理。

1. 基尔霍夫定律

基尔霍夫定律是电路分析中最基本的定律，它描述的是各个支路之间的约束关系。

基尔霍夫电流定律(KCL，Kirchhoff's Current Law)：任一时刻在电路的任一节点上，所有支路电流的代数和恒等于零。

基尔霍夫电流定律：$\sum_{k=1}^{n} I_k = 0$ 或 $\sum_{k=1}^{n} i_k = 0$

基尔霍夫电压定律(KVL，Kirchhoff's Voltage Law)：在任一时刻，沿任一回路全部支路电压的代数和恒等于零。

基尔霍夫电压定律：$\sum_{k=1}^{m} U_k = 0$　或　$\sum_{k=1}^{n} u_k = 0$

2. 等效电路的概念

(1) 等效网络的概念：若两个二端网络具有完全相同的伏安关系，则称这两个网络对外部而言彼此等效。

(2) 串联电路的等效电阻等于各电阻之和，即

$$R = (R_1 + R_2 + R_3 + \cdots + R_n) = \sum_{k=1}^{n} R_k$$

并联电路的等效电导等于各支路电导之和，即

$$G = G_1 + G_2 + \cdots + G_n = \sum_{k=1}^{n} G_k$$

简单混联电路的等效电阻可通过电路化简，然后根据串、并联等效公式求得。

(3) 实际电压源和实际电流源可以等效变换，等效条件是 $U_S = I_S R_S$、$R_{S1} = R_{S2}$。

3. 网络方程法

(1) 支路电流法是以支路电流为未知量，直接应用 KCL、KVL 列方程，进而求解的方法，支路电流法一般适于分析支路较少的电路。

支路电流法：支路电流法是以支路电流作为电路的变量，直接应用 KCL 和 KVL，列出与支路电流数目相等的独立节点电流方程和回路电压方程，然后联立解出各支路电流的一种方法。

(2) 网孔电流法是以网孔电流为未知量，应用 KVL 列写网孔电流方程组，进而求解的方法，网孔电流法一般用于支路较多而网孔较少的平面电路。

(3) 节点电位法是在电路中先选出一个参考节点，以其余节点电位为独立变量，根据

KCL 列写节点电位方程组,进而求解的方法。

节点电位法:节点电位法是以节点电位为未知量,将每条支路的电流用节点电位表示出来,应用 KCL 列出独立节点的电流方程,联立方程求得各节点电位,再根据节点电位与各支路电流关系式,求得各支路电流。

4. 网络定理法

(1) 叠加定理:在线性电路中,任一支路电流(或电压)都是电路中各独立电源单独作用时在该支路产生的电流(或电压)的代数和,当独立电源不作用时,理想电压源短路,理想电流源开路。

(2) 戴维南定理说明了线性含源单口网络可以用一个实际电压源等效代替,该电压源的电压等于网络的开路电压 U_{oc},等效电阻 R_o 等于网络内部独立电源不起作用时从端口看进去的等效电阻,此实际电压源称为戴维南等效电路,诺顿定理可用两种实际电源等效变换从戴维南定理推出。

(3) 最大功率传输定理表达了有源二端网络 N_S 向负载 R_L 传输功率,当 $R_L=R_{eq}$时,负载 R_L 将获得最大功率,其功率为

$$P_{Lmax}=\frac{U_{oc}^2}{4R_{eq}}$$

思考题与习题

2-1 以客观存在的支路电流为未知量,直接应用__________定律和__________定律求解电路的方法,称为__________法。

2-2 当复杂电路的支路数较多、节点数较少时,应用________电压法可以适当减少方程式数目。这种解题方法中,是以______的______电压为未知量,直接应用______定律和__________定律求解电路的方法。

2-3 在多个电源共同作用的______电路中,任一支路的响应均可看成是由各个激励单独作用下在该支路上所产生的响应的______,称为叠加定理。

2-4 具有两个引出端钮的电路称为________网络,其内部含有电源的称为__________网络,内部不包含电源的称为__________网络。

2-5 “等效”是指对____________以外的电路作用效果相同。戴维南等效电路是指一个电阻和一个电压源的串联组合,其中电阻等于原有源二端网络______后的电阻,电压源等于原有源二端网络的______电压。

2-6 晶体管元件有三个引脚,分别称为 e、b、c,其外形图如图 2-41 所示。已测得 $I_b=0.02$ mA,$I_c=0.8$ mA,试求引脚 e 的电流 I_e,并判断是流入还是流出。

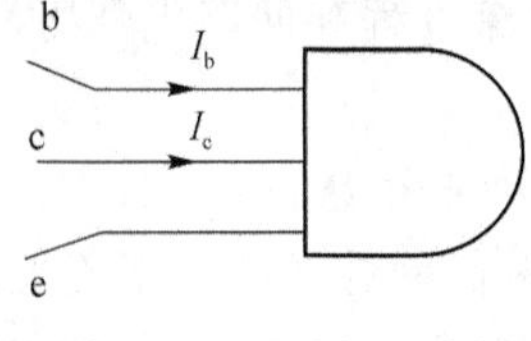

图 2-41 习题 2-6 图

2-7　求图 2-42 所示电路中的电流 I。

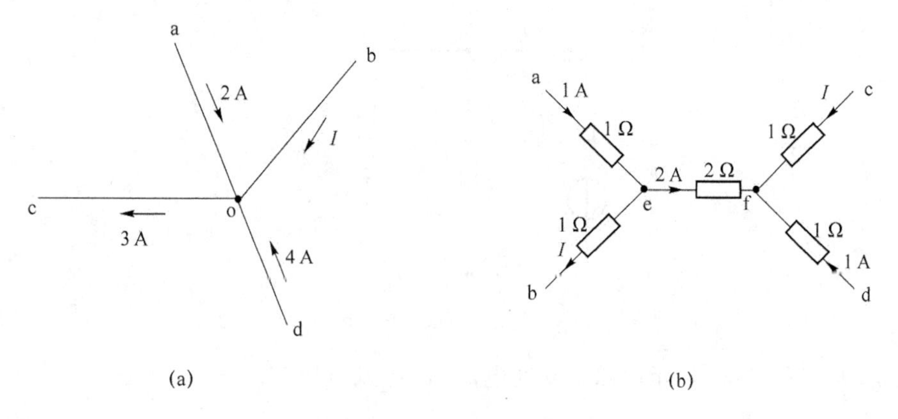

图 2-42　习题 2-7 图

2-8　如图 2-43 所示，已知：$U_1=10$ V，$U_2=2$ V，$U_3=1$ V，$R_1=1$ Ω，$R_2=1$ Ω。求电路中的电压 U。

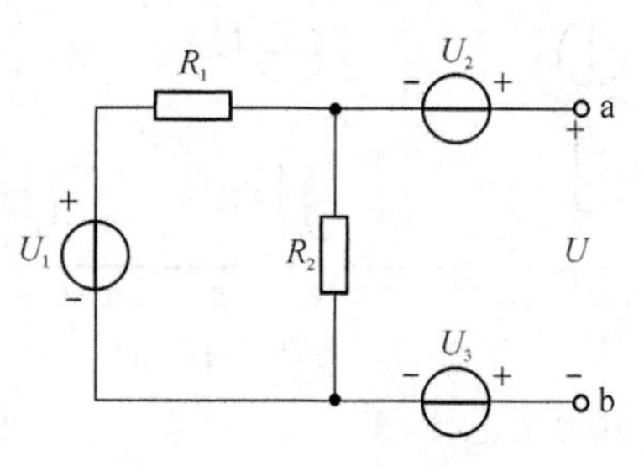

图 2-43　习题 2-8 图

2-9　化简图 2-44 所示各电路。

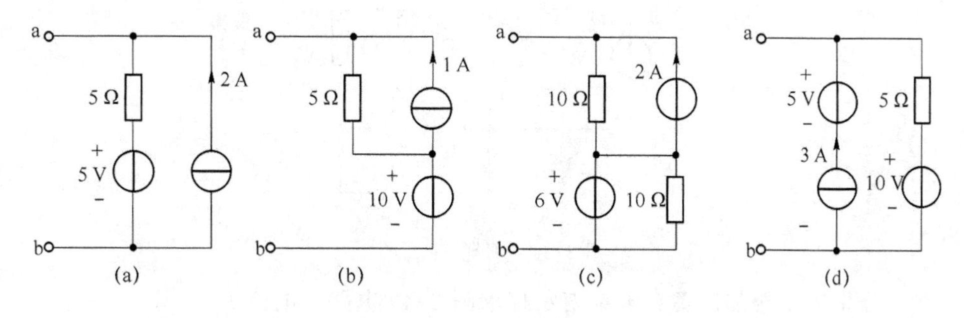

图 2-44　习题 2-9 图

2-10　求图 2-45 所示电路中的电压 U_{ab}。

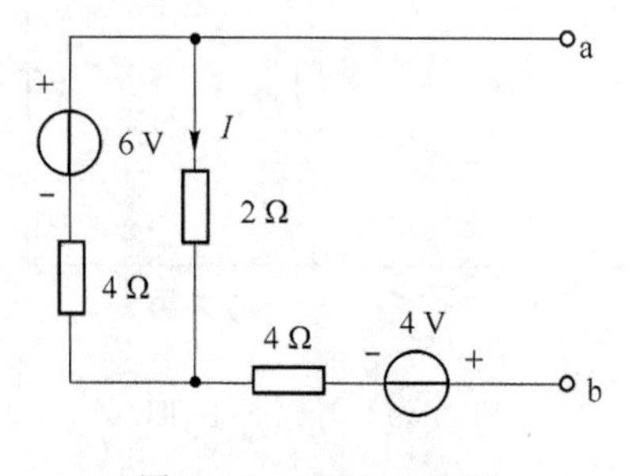

图 2-45　习题 2-10 图

2-11　用支路电流法求图 2-46 中各支路电流。

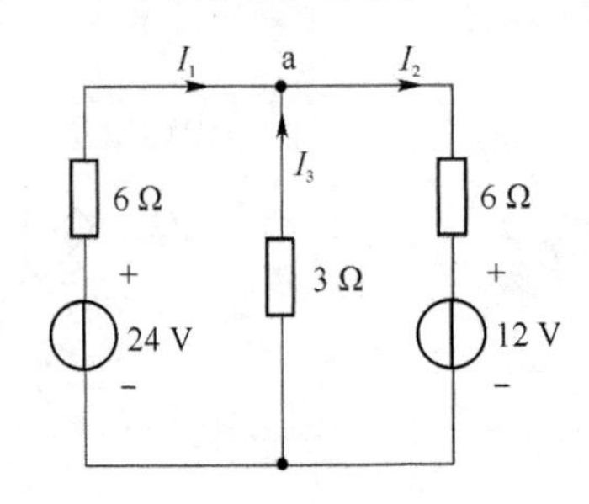

图 2-46　习题 2-11 图

2-12　求解图 2-47 所示电路中支路电流 I_1、I_2 及电压 U。

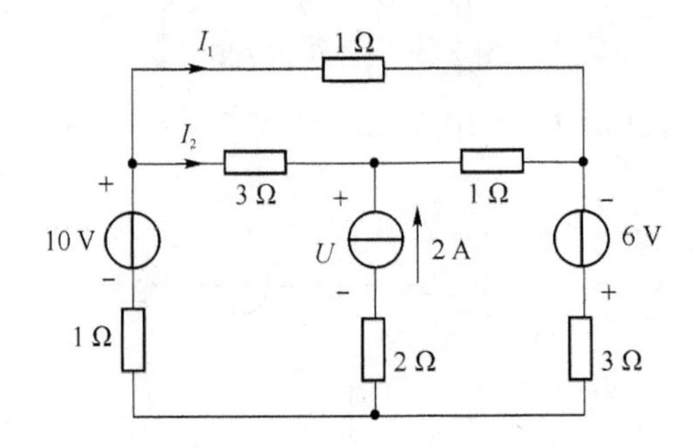

图 2-47　习题 2-12 图

2-13　求解图 2-48 电路中所示电流 I。

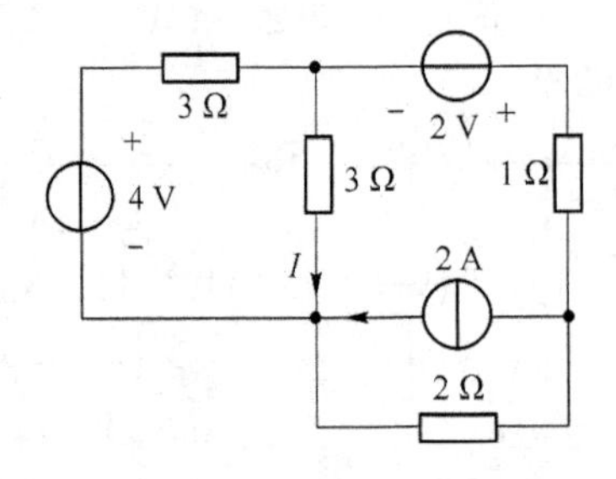

图 2-48　习题 2-13 图

2-14　分别应用叠加定理和戴维南定理求图 2-49 电路中电流 I。

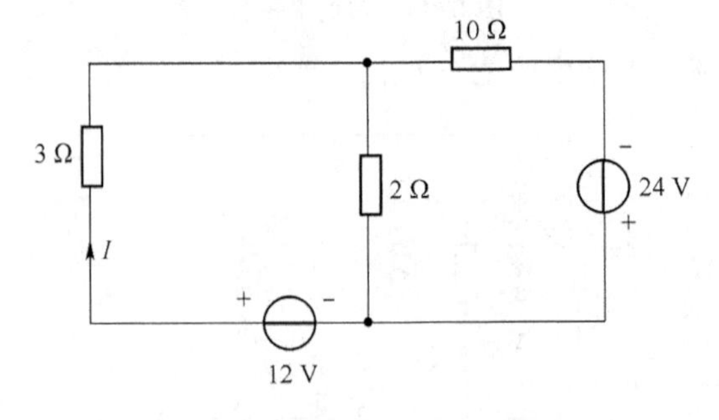

图 2-49　习题 2-14 图

2-15　用叠加定理求图 2-50 中的 I_0。

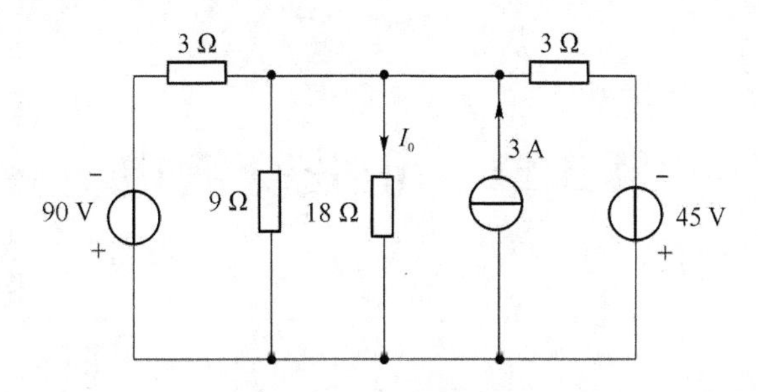

图 2-50　习题 2-15 图

2-16　求图 2-51 所示电路的戴维南等效电路。

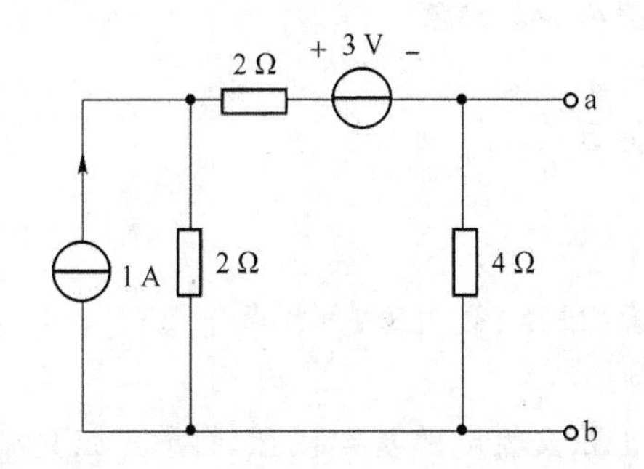

图 2-51　习题 2-16 图

2-17　图 2-52 所示电路中，R_L 为何值时，可获得最大功率？最大功率值为多少？

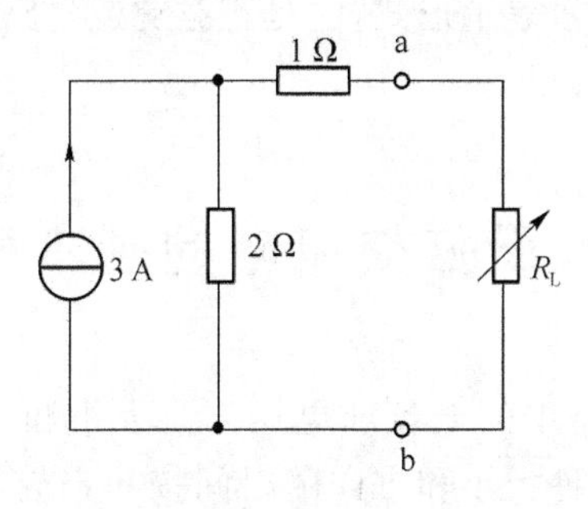

图 2-52　习题 2-17 图

第3章　正弦交流电

【本章要点】

- 正弦交流电的基本特征和三要素。
- 正弦量的相量表示法。
- 基尔霍夫定律的相量形式。

【本章重点难点】

- 正弦交流电的三要素(幅值、初相位、角频率等)。
- 正弦量的相量表示法。

通过本章的学习,了解正弦交流电的基本概念,熟悉正弦交流电的基本特征及基尔霍夫定律相量表示,掌握正弦交流电三要素及相量表示。

本章从交流电的基本概念入手,由浅入深地介绍正弦交流电的基本特征及三要素、正弦量的相量和基尔霍夫定律的相量表示形式,它是正弦交流电路的入门内容,为后续课程提供有关正弦交流电方面的基础知识。

3.1　正弦交流电的基本概念

在前面讨论的问题中,电路中的电流和电压均是大小和方向不随时间变化的直流电。但实际生产中广泛应用的是一种大小和方向随时间按一定规律周期性变化,且在一个周期内的平均值为零的周期电流或电压,称为交变电流或电压,简称交流。如果电路中电流或电压随时间按正弦规律变化,称为正弦交流电路。一般所说的交流电指正弦交流电。

3.1.1　交流电概述

交流电与直流电的区别在于:直流电的方向、大小不随时间变化;而交流电的方向、大小都随时间变化。图 3-1 所示为直流电和几种交流电的波形。图(a)为恒定直流电,大小和方向均不随时间变化;图(b)的电流大小随时间变化,但是方向不变化,是单向脉动电流;图(c)的电流随时间作正弦规律的变化,是正弦交流电;图(d)的电流大小和方向均随时间作方波的规律变化,也叫做交流电。在这里只讨论最常见的正弦交流电。

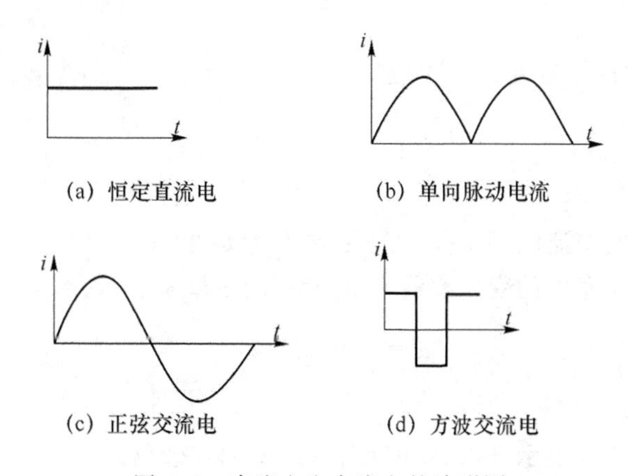

图 3-1　直流电和交流电的波形图

3.1.2　正弦交流电的基本特征和三要素

随时间按正弦规律变化的电压和电流称为正弦电压和正弦电流。在电路分析中，把正弦电流、正弦电压统称为正弦量。对正弦量的数学描述，可以采用正弦函数，也可以采用余弦函数。在这里统一采用正弦函数。

下面以电流为例来介绍正弦量的基本特征。设某支路中正弦电流 i 在选定参考方向下的瞬时值表达式为

$$i=I_m\sin(\omega t+\varphi) \tag{3-1}$$

把电流随时间的变化用图形表示出来，叫做电流的波形图，如图 3-2 所示。

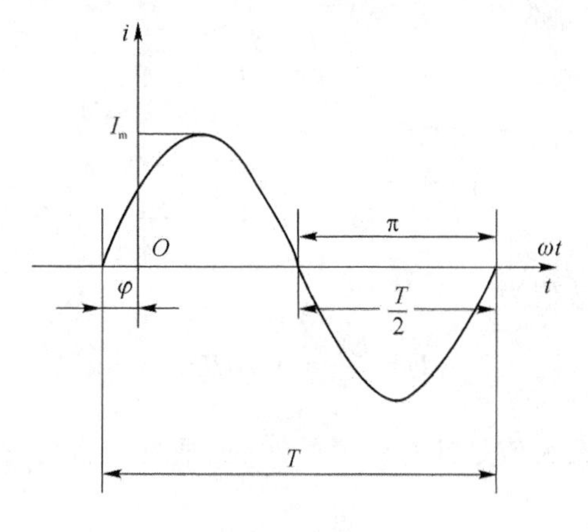

图 3-2　正弦交流电波形

在式(3-1)中，ω 表示正弦交流电变化的快慢，称为角速度；I_m 表示正弦交流电的最大值，称为幅值；φ 表示正弦交流电的起始位置，称为初相位。如果已知幅值 I_m、角频率 ω 和初相位 φ，则上述正弦量就能唯一地确定，所以称幅值 I_m、角频率 ω 和初相位 φ 为正弦量的三要素。下面分别介绍正弦量的三要素。

1. 交流电变化的快慢

正弦交流电变化的快慢可用三种方式表示。

周期 T：交流电量往复变化一周所需的时间称为周期，用字母 T 表示，单位是秒(s)，如

图 3-2 所示。

频率 f:每秒内波形重复变化的次数称为频率,用字母 f 表示,单位是赫兹(Hz)。频率和周期互为倒数,即

$$f=\frac{1}{T} \tag{3-2}$$

我国电网所供给的交流电频率是 50 Hz,周期为 0.02 s。

角频率 ω:交流电量角度的变化率称为角频率,用字母 ω 表示,单位是弧度/秒(rad/s),即

$$\omega=\frac{\varphi}{t}=\frac{2\pi}{T}=2\pi f \tag{3-3}$$

2. 交流电的大小

交流电的大小有三种表示方式:瞬时值、最大值和有效值。

瞬时值:是正弦量任一时刻的值,例如 i、u,都用小写字母表示,它们都是时间的函数。

最大值:指交流电量在一个周期中最大的瞬时值,它是交流电波形的振幅,又称幅值或峰值,用大写字母加下标 m 表示,即 I_{m}、U_{m}。

有效值:平常所说的电压高低、电流大小或用电器上的标称电压、电流指的是有效值。有效值是由交流电在电路中作功的效果来定义的。叙述为:一个交流量和一个直流量,分别作用于同一个电阻 R,如果在一个周期 T 内产生相等的热量,则这个交流量的有效值等于这个直流量的大小。电流、电压有效值用大写字母 I 和 U 表示。

根据有效值的定义有

$$I^2RT=\int_0^T i^2R\mathrm{d}t \tag{3-4}$$

则有效值表达式为

$$I=\sqrt{\frac{1}{T}\int_0^T i^2\mathrm{d}t} \tag{3-5}$$

将式(3-1)的正弦量代入式(3-5)可得

$$I=\sqrt{\frac{1}{T}\int_0^T I_{\mathrm{m}}^2\sin^2(\omega t+\varphi)\mathrm{d}t}=\frac{I_{\mathrm{m}}}{\sqrt{2}}=0.707I_{\mathrm{m}} \tag{3-6}$$

同理,正弦电压的有效值为

$$U=\frac{U_{\mathrm{m}}}{\sqrt{2}}=0.707U_{\mathrm{m}} \tag{3-7}$$

可见,正弦交流量的最大值是其有效值的$\sqrt{2}$倍,通常所说的交流电压 220 V 是指有效值,其最大值约为 311 V。

3. 相位

(1) 相位和初相位

正弦电量的表达式中的 $\omega t+\varphi$ 称为交流电的相位。$t=0$ 时,$\omega t+\varphi=\varphi$ 称为初相位,它是确定交流电量初始状态的物理量。在波形上,φ 表示在计时前的那个由负值向正值增长的零点到 $t=0$ 的计时起点之间所对应的最小电角度,如图 3-2 所示。不知道 φ 就无法画出交流电量的波形图,也写不出完整的表达式。

(2) 相位差

相位差是指两个同频率的正弦电量在相位上的差值。由于讨论的是同频正弦交流电,

因此相位差实际上等于两个正弦电量的初相之差，例如

$$u=U_{m}\sin(\omega t+\varphi_{1})$$
$$i=I_{m}\sin(\omega t+\varphi_{2})$$

则相位差 $$\Delta\varphi=(\omega t+\varphi_{1})-(\omega t+\varphi_{2})=\varphi_{1}-\varphi_{2}$$

当 $\varphi_1>\varphi_2$ 时，u 比 i 先达到正的最大值或先达到零值，此时它们的相位关系是 u 超前于 i（或 i 滞后于 u），如图 3-3(a)所示。

当 $\varphi_1<\varphi_2$ 时，u 滞后于 i（或 i 超前于 u），如图 3-3(b)所示。

当 $\varphi_1=\varphi_2$ 时，u 与 i 同相，如图 3-3(c)所示。

当 $\Delta\varphi=\pm\pi/2$ 时，称 u 与 i 正交，如图 3-3(d)所示。

当 $\Delta\varphi=\pm\pi$ 时，称 u 与 i 反相，如图 3-3(e)所示。

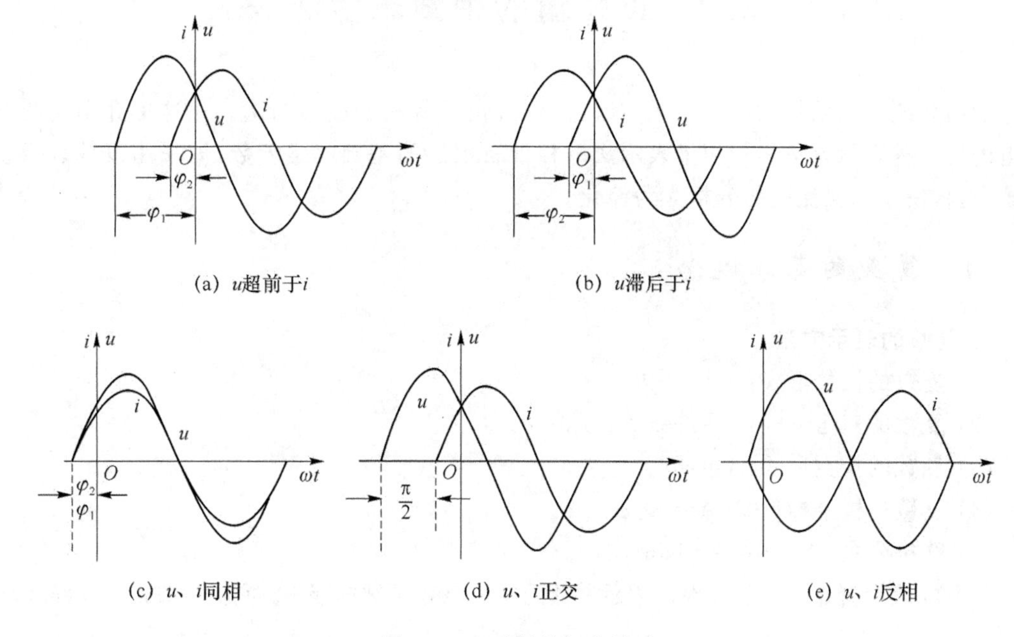

图 3-3　正弦量的相位关系

注意：只有两个同频率的正弦量才能比较相位差。

习惯上，相位差的绝对值规定不超过 π。

【例 3-1】　一个正弦电流的初相位 $\varphi=15°$，$t=T/4$ 时，$i(t)=0.5\ \text{A}$，试求该电流的有效值 I。

解　由 $$i=\sqrt{2}I\sin\left(\frac{2\pi}{T}t+15°\right)$$

可得 $$I=\frac{i}{\sqrt{2}\sin\left(\frac{2\pi}{T}t+15°\right)}=\frac{0.5\ \text{A}}{\sqrt{2}\sin\left(\frac{2\pi}{T}\times\frac{T}{4}+15°\right)}=0.366\ \text{A}$$

【例 3-2】　已知：$i_1=10\sin(314t-60°)\text{A}$，$i_1=20\sin(314t+150°)\text{A}$，试问：

(1) i_1 与 i_2 的相位差是多少？

(2) 在相位上 i_1 与 i_2 谁超前，谁滞后？

解　由已知可得 i_1、i_2 的相位分别为

$$\varphi_{i_1}=-60°,\quad \varphi_{i_2}=150°$$

所以 i_1 与 i_2 的相位差为

$$\varphi_{12}=\varphi_1-\varphi_2=-60°-150°=-210°$$

又由于

$$|\varphi_{12}|=|-210°|=210°>180°$$

故 i_1 与 i_2 的相位差应为

$$\varphi'_{12}=\varphi_{12}+360°=-210°+360°=150°$$

由此可得，i_1 比 i_2 超前 150°。

3.2 正弦量的相量表示法

前面介绍了正弦量的两种表示方法：正弦三角函数法和波形图法。在这里介绍正弦交流电的另一种表示方法——相量表示法。相量表示法的基础就是复数，即采用复数表示正弦量，这将使正弦交流电的分析大为简化。

3.2.1 复数的基本概念

1. 复数的表示方法

(1) 复数的代数形式：$A=a+\mathrm{j}b$。

(2) 复数的三角形式：$A=r\cos\varphi+\mathrm{j}r\sin\varphi$。

(3) 复数的指数形式：$A=r\mathrm{e}^{\mathrm{j}\varphi}$。

(4) 复数的极坐标形式：$A=r\angle\varphi$。

(5) 欧拉公式：$\mathrm{e}^{\mathrm{j}\varphi}=\cos\varphi+\mathrm{j}\sin\varphi$。

其中，a 表示实部，b 表示虚部，r 表示复数的模，φ 表示复数的辐角。它们的关系可以表示为

$$\begin{cases} r=\sqrt{a^2+b^2} \\ \varphi=\arctan\dfrac{b}{a} \\ a=r\cos\varphi \\ b=r\sin\varphi \end{cases}$$

2. 复数的四则运算

以上讨论的复数四种表示形式可以相互转换。在一般情况下，复数的加减运算用代数式进行，复数的乘除运算用指数形式或极坐标形式进行。

(1) 复数的加减运算

设复数 $A_1=a_1+\mathrm{j}b_1$，$A_2=a_2+\mathrm{j}b_2$，则

$$A_1\pm A_2=(a_1\pm a_2)+\mathrm{j}(b_1\pm b_2)$$

(2) 复数的乘除运算

设复数 $A_1=r_1\angle\varphi_1$，$A_2=r_2\angle\varphi_2$，则

$$A_1\cdot A_2=r_1\cdot r_2\angle(\varphi_1+\varphi_2)$$

$$\frac{A_1}{A_2}=\frac{r_1}{r_2}\angle(\varphi_1-\varphi_2)$$

3.2.2　正弦量的相量表示法

用三角函数式或波形图来表达正弦量是最基本的表示方法，但要用其进行电路分析与计算却是比较繁琐的。在这里介绍正弦交流电的另一种表示方法——相量表示法。采用相量表示法将使正弦交流电的分析大为简化。

1. 用旋转矢量表示正弦量

一个正弦量可以由幅值、频率和初相位来确定，如果旋转矢量能够把这三个要素表达出来，那么就可以用旋转矢量来表示正弦量。

设有一个正弦电压 $u=U_m\sin(\omega t+\varphi)$，其波形图如图 3-4(b)所示。图 3-4(a)是一旋转矢量，此旋转矢量的长度等于正弦函数的最大值 U_m，它在 $t=0$ 时和横坐标的夹角等于正弦函数的初相位 φ，它绕坐标原点沿逆时针方向旋转的角速度，等于正弦函数的角频率 ω。这就说明了正弦函数的三要素可以用旋转矢量完整地表示。这一旋转矢量任意时刻在纵坐标上的投影，与正弦函数的瞬时值对应。即

$$u=U_m\sin(\omega t+\varphi)$$

例如，在 $t=0$ 时，$u_0=U_m\sin\varphi$。在 $t=t_1$ 时，矢量与 x 轴正方向的夹角为 $\omega t_1+\varphi$，$u_1=U_m\sin(\omega t_1+\varphi)$。这样就可以用旋转矢量完整地表示一个正弦量。

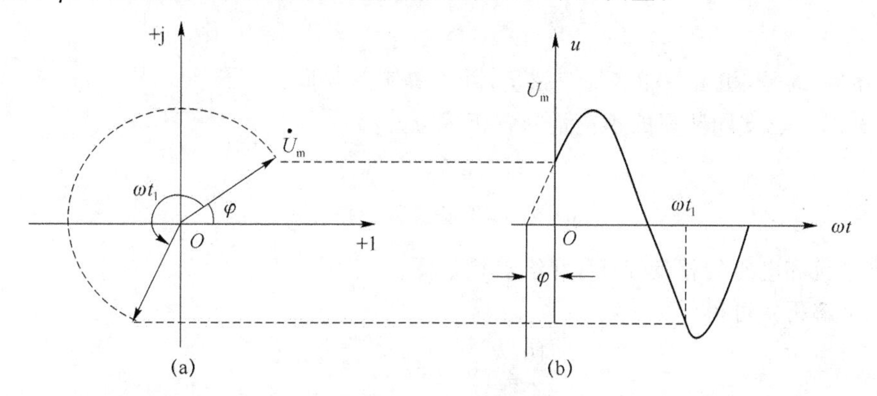

图 3-4　旋转矢量图

2. 正弦量的相量表示法

由于正弦交流电路中所有的电流和电压都是同频率的正弦量，表示它们的那些旋转矢量的角速度相同，相对位置始终不变，所以可以不考虑它们的旋转，只用起始位置的矢量就能表示正弦量。这样就可以用一个固定的矢量来代替图 3-4 中的旋转矢量，如图 3-5 所示，固定矢量的模为正弦量的最大值，与横轴的夹角为初相位。为与空间矢量区别，约定用大写字母头上加“·”表示。如图中的$\dot{U}_m$，称为最大值相量。

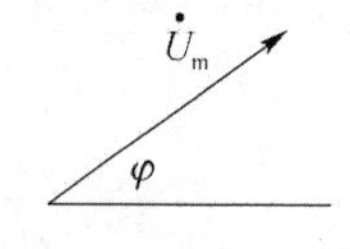

图 3-5　相量表示

按照正弦量的大小和相位关系，用初始位置的有向线段画出的若干个相量的图形，称为相量图。

正弦量可以用固定矢量表示，而固定矢量又可以用复数表示，所以正弦量也可以用复数

表示。所谓相量表示法就是用模值等于正弦量的最大值(或有效值),辐角等于正弦量的初相的复数对应地表示相应的正弦量。把这样的复数叫做正弦量的相量。

相量的模等于正弦量的最大值时,叫做最大值相量,用 $\dot{I}_m$、$\dot{U}_m$ 等表示。相量的模等于正弦量的有效值时,叫做有效值相量,用 $\dot{I}$、$\dot{U}$ 等表示。

设正弦交流电流 i 和电压 u 的瞬时值表达式分别为

$$i=I_m\sin(\omega t+\varphi_1)$$

$$u=U_m\sin(\omega t+\varphi_2)$$

其相量的指数形式如下。

最大值相量

$$\begin{aligned}\dot{I}_m&=I_m e^{j\varphi_1}\\ \dot{U}_m&=U_m e^{j\varphi_2}\end{aligned}\tag{3-8}$$

有效值相量

$$\begin{aligned}\dot{I}&=Ie^{j\varphi_1}\\ \dot{U}&=Ue^{j\varphi_2}\end{aligned}\tag{3-9}$$

习惯上多用正弦量的有效值相量的极坐标形式,即

$$\begin{aligned}\dot{I}&=I\angle\varphi_1\\ \dot{U}&=U\angle\varphi_2\end{aligned}\tag{3-10}$$

需要注意的是,相量只能表征正弦量,并不等于正弦量。

【例 3-3】 已知同频率的正弦量的解析式分别为

$$i=10\sin(\omega t+30°)$$

$$u=220\sqrt{2}\sin(\omega t-45°)$$

写出电流和电压的相量 $\dot{I}$、$\dot{U}$,并绘出相量图。

解 由解析式可得

$$\dot{I}=\frac{10}{\sqrt{2}}\angle 30°=5\sqrt{2}\angle 30°\ \text{A}$$

$$\dot{U}=\frac{220\sqrt{2}}{\sqrt{2}}\angle -45°\ \text{V}=220\angle -45°\ \text{V}$$

相量图如图 3-6 所示。

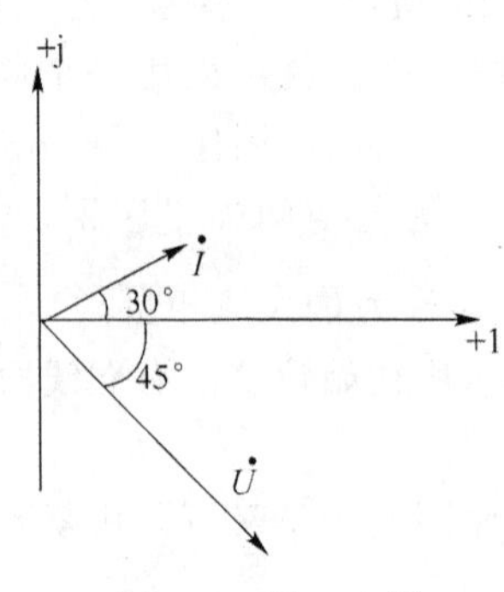

图 3-6 例 3-3 图

【例 3-4】 已知 $i_1=8\sqrt{2}\sin(\omega t+60°)$ A，$i_2=6\sqrt{2}\sin(\omega t-30°)$ A，求：$i=i_1+i_2$，并画出相量图。

解 将其写做有效值相量，用复数计算。

$$\dot{I}_1=8\angle 60°=8\cos 60°+\mathrm{j}8\sin 60°=8\left(\frac{1}{2}+\mathrm{j}\frac{\sqrt{3}}{2}\right)$$

$$\dot{I}_2=6\angle -30°=6[\cos(-30°)+\mathrm{j}\sin(-30°)]=6\left(\frac{\sqrt{3}}{2}-\mathrm{j}\frac{1}{2}\right)$$

则 $$\dot{I}=\dot{I}_1+\dot{I}_2=8\left(\frac{1}{2}+\mathrm{j}\frac{\sqrt{3}}{2}\right)+6\left(\frac{\sqrt{3}}{2}-\mathrm{j}\frac{1}{2}\right)=9.196+\mathrm{j}3.928=10\angle 23.1°\ \mathrm{A}$$

可得 $i=10\sqrt{2}\sin(\omega t+23.1°)$ A。

相量图如图 3-7 所示。

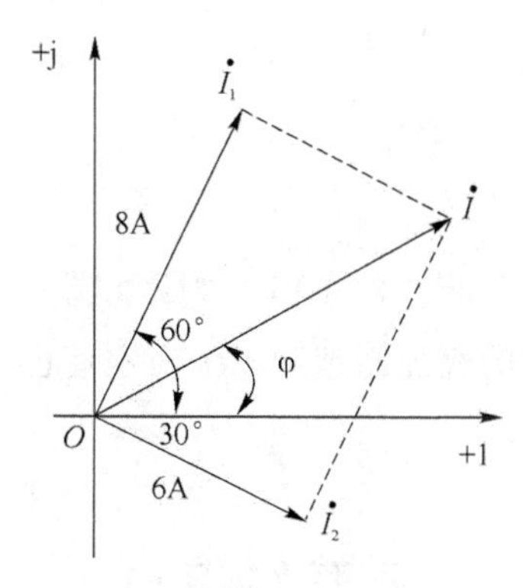

图 3-7　相量图

3.3　电路基本定律的相量形式

正弦电流电路中的各支路电流和支路电压都是同频率的正弦量，所以可以用相量法将 KCL 方程和 KVL 方程转换为相量形式。

3.3.1　基尔霍夫电流定律的相量形式

正弦交流电路中，连接在电路任一节点的各支路电流的相量的代数和为零，即

$$\sum \dot{I}=0 \tag{3-11}$$

式(3-11)即为相量形式的 KCL 方程。

由相量形式的 KCL 可知，正弦交流电路中连接在一个节点的各支路电流的相量组成一个闭合多边形。如图 3-8 所示，节点 o 的 KCL 相量表达式为

$$\dot{I}_1+\dot{I}_2+\dot{I}_3-\dot{I}_4=0$$

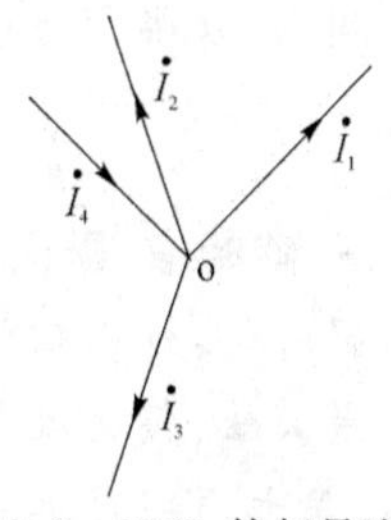

图 3-8　KCL 的相量形式

3.3.2 基尔霍夫电压定律的相量形式

在正弦交流电路中,任一回路的各支路电压的相量的代数和为零,即

$$\sum \dot{U} = 0 \tag{3-12}$$

式(3-12)即为相量形式的 KVL 方程。

正弦交流电路中,一个回路的各支路电压的相量组成一个闭合多边形。如图 3-9 所示,回路的 KVL 相量表达式为

$$\dot{U}_1 + \dot{U}_2 + \dot{U}_3 - \dot{U}_4 = 0$$

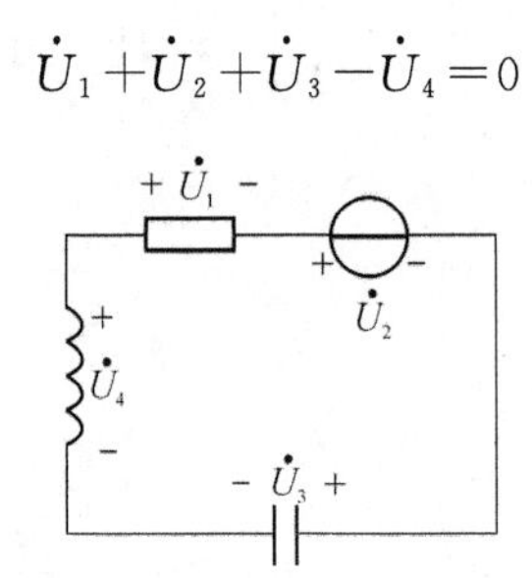

图 3-9　KVL 的相量形式

同理,由基尔霍夫定律推出的叠加原理和戴维南定理也适用于相量形式,仅仅需要把电压和电流都变成相量的形式即可。

重要知识点

- **交流电**

电路中的电流和电压均随时间按一定规律周期性地变化,且在一个周期内的平均值为零的周期电流或电压,称为交变电流或电压,简称交流电。

- **正弦量的三要素**

设某支路电流的瞬时值表达式为 $i = I_m \sin(\omega t + \varphi)$,其中幅值 I_m、角频率 ω 和初相位 φ 称为正弦量的三要素。

- **周期、频率、角频率**

周期:交流电量往复变化一周所需的时间称为周期,用 T 表示,单位是秒(s)。

频率:每秒内正弦电量波形重复变化的次数称为频率,用 f 表示,单位是赫兹(Hz)。

角频率:交流电量角度的变化率称为角频率,用 ω 表示,单位是弧度/秒(rad/s)。

周期、频率、角频率的关系为

$$\omega = \frac{2\pi}{T} = 2\pi f$$

- **瞬时值、最大值、有效值**

瞬时值:是正弦量任一时刻的值,例如 i、u,都用小写字母表示,它们都是时间的函数。

最大值:指交流电量在一个周期中最大的瞬时值,它是交流电波形的振幅,又称幅值或峰值,用大写字母加下标 m 表示,即 I_m、U_m。

有效值：平常所说的电压高低、电流大小或用电器上的标称电压、电流指的就是有效值。电流、电压有效值分别用大写字母 I 和 U 表示。

- **相位、初相位、相位差**

相位：正弦电量表达式中的 $\omega t+\varphi$ 称为交流电的相位。

初相位：$t=0$ 时，$\omega t+\varphi=\varphi$ 称为初相位，它是确定交流电量初始状态的物理量。

相位差：是指两个同频率的正弦电量在相位上的差值。

- **相量**

相量表示法就是用模值等于正弦量的最大值(或有效值)，辐角等于正弦量的初相的复数对应地表示相应的正弦量，这样的复数叫做正弦量的相量。

本章小结

1. 正弦量的三要素及其表示方法

以正弦电流为例，在确定的参考方向下它的解析式为

$$i(t)=I_{m}\sin(\omega t+\varphi)$$

交流电路在实际中的应用非常广泛，交流电的方向和大小是不断变化的，幅值 I_m(有效值 I)、角频率 ω(或频率 f、周期 T)和初相位 φ 是交流电的三要素，它们分别表示正弦量变化的范围、变化的快慢及其初始状态。

2. 相量表示法

在这里将表示交流的符号进行总结：

瞬时值——小写 u、i；

有效值——大写 U、I；

最大值——U_m、I_m。

正弦量的有效值、最大值相量的表示形式：

$$\dot{I}=I\angle\varphi_1,\qquad \dot{I}_m=I_m\angle\varphi_1$$

$$\dot{U}=U\angle\varphi_2,\qquad \dot{U}_m=U_m\angle\varphi_2$$

3. 电路定律的相量形式

前面讨论过的基尔霍夫定律和叠加定理等，在交流电路中也同样适用，只要把电压和电流的形式变成相量即可。

思考题与习题

3-1　交流电流是指电流的大小和________都随时间做周期性变化，且在一个周期内其平均值为零的电流。

3-2　角频率是指交流电在________时间内变化的电角度。

3-3　正弦交流电的三个基本要素是________、________和________。

3-4　我国工业及生活中使用的交流电频率为________，周期为__________。

3-5　已知 $u(t)=-4\sin(100t+270°)$ V，$U_m=$__________V，$\omega=$__________rad/s，$\varphi=$________rad，$T=$________，$f=$________Hz，$t=T/12$ 时，$u(t)=$________。

3-6　已知两个正弦交流电流 $i_1=10\sin(314t-30°)$ A，$i_2=310\sin(314t+90°)$ A，则 i_1 和 i_2 的相位差为________，________超前________。

3-7　已知正弦交流电压 $u=220\sqrt{2}\sin(314t+60°)$ V，它的最大值为________，有效值为________，角频率为________，相位为________，初相位为________。

3-8　额定电压为 220 V 的灯泡通常接在 220 V 交流电源上，若把它接在 220 V 的直流电源上行吗？

3-9　已知正弦电流最大值为 20 A，频率为 100 Hz，在 0.02 s 时，瞬时值为 15 A，求初相 φ，并写出解析式。

3-10　一个正弦电流的初相位 $\varphi=15°$，$t=T/4$ 时，$i(t)=0.5$ A，试求该电流的有效值 I。

3-11　已知选定参考方向下正弦量的波形图如图 3-10 所示，试写出正弦量的解析式。

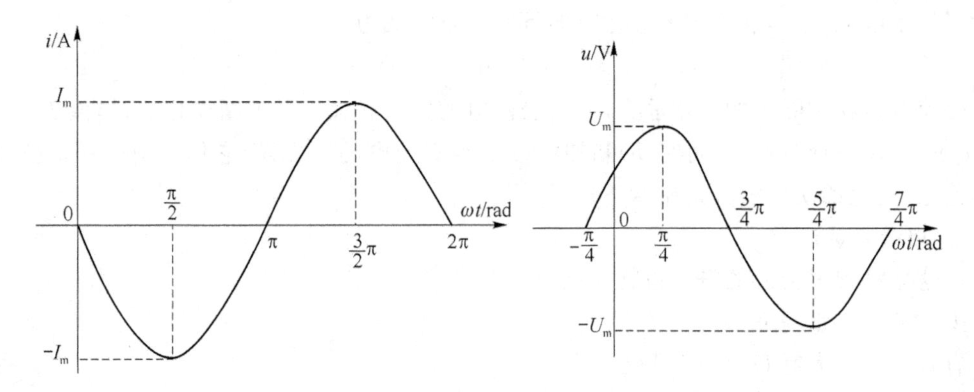

图 3-10　习题 3-11 图

3-12　按照图 3-11 所选定的参考方向，电流 i 的表达式为$i=20\sin\left(314t+\frac{2}{3}\pi\right)$A，如果把参考方向选成相反的方向，则 i 的表达式应如何改写？讨论把正弦量的参考方向改成相反方向时，对相位差有什么影响。

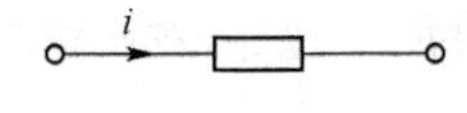

图 3-11　习题 3-12 图

3-13　已知 $u_A=220\sqrt{2}\sin 314t$ V，$u_B=220\sqrt{2}\sin(314t-120°)$ V。

(1) 各正弦量的振幅值、有效值、初相、角频率、频率、周期及两者之间的相位差各为多少？

(2) 画出 u_A、u_B 的波形。

3-14　如图 3-12 所示，已知 $u_1=10\cos(\omega t-30°)$ V、$u_2=5\cos(\omega t+120°)$ V。试写出相量 $\dot{U}_1$、$\dot{U}_2$，画出相量图，并求相位差 φ_{12}。

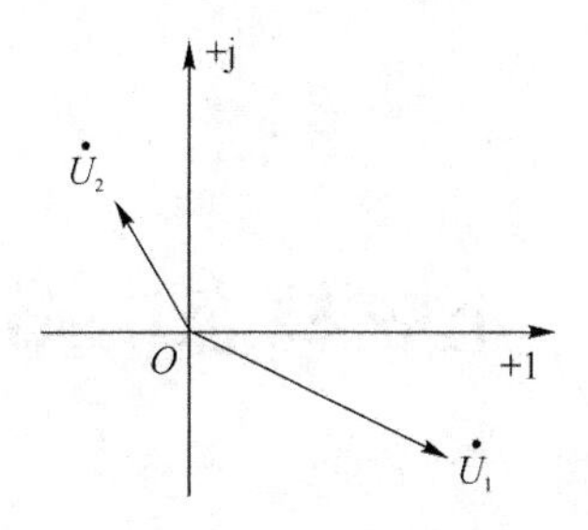

图 3-12　习题 3-14 图

3-15　请写出表示 $u_1=100\sqrt{2}\sin314t$ V、$u_2=100\sqrt{2}\sin(314t-120°)$ V、$u_3=100\sqrt{2}\sin(314t+120°)$ V 的相量，并画出相量图。

3-16　若已知两个同频正弦电压的相量分别为 $\dot{U}_1=50\angle30°$ V，$\dot{U}_2=100\angle-150°$ V，其频率 $f=100$ Hz。

(1) 写出 u_1、u_2 的表达式；

(2) 求 u_1 与 u_2 的相位差。

第4章　正弦稳态电路的分析

【本章要点】

- 单一元件的正弦交流电路。
- 电阻、电感与电容元件的串联电路。
- 阻抗的串联和并联。
- 正弦电路的谐振。
- 正弦交流电路的功率。

【本章重点难点】

- 正弦交流电路的相量计算方法。
- 正弦交流电路谐振的条件与参数的计算。
- 正弦交流电路功率的计算。

通过本章的学习，要掌握单一元件的正弦交流电路的特点及相量计算方法；掌握谐振电路的意义和条件；掌握正弦交流电路中不同功率的计算及相互之间的关系；理解提高功率因素的意义及方法。

分析交流电路，主要是研究电路中的电压与电流之间的大小和相位关系，并讨论电路中能量的转换和功率问题。

4.1　单一元件的正弦交流电路

本节主要讨论单一元件的电压与电流之间的关系，以及电路中能量的转换与功率问题，其他电路可以作为单一元件电路的组合来分析。这也是分析问题的一般方法。

4.1.1　纯电阻电路

1. 电压和电流的关系

在日常生活和工作中接触到的白炽灯、电炉、电烙铁等，都属于电阻性负载，它们与交流电源连接组成纯电阻电路。纯电阻电路是最简单的交流电路，如图 4-1 所示。

设电阻两端电压为　　$u(t)=U_{\mathrm{m}}\sin \omega t$

电压和电流取关联参考方向时，电流为

$$i(t)=\frac{u(t)}{R}=\frac{U_{\mathrm{m}}}{R}\sin \omega t=I_{\mathrm{m}}\sin \omega t \tag{4-1}$$

其中

$$U=RI \text{ 或 } U_{\mathrm{m}}=RI_{\mathrm{m}} \tag{4-2}$$

用相量表示电压与电流的关系为

$$\dot{U}=R\dot{I} \tag{4-3}$$

由式(4-1)和式(4-2)可以看出：

(1) 电阻两端电压 u 和电流 i 的频率相同，电阻元件电流和电压瞬时值、最大值、有效值关系都符合欧姆定律；

(2) 电阻元件的电流与电压同相(相位差 $\varphi=0$)，如图 4-2 所示。电阻上电压和电流的波形如图 4-3 所示。

图 4-1　纯电阻电路　　　　图 4-2　电阻上电压与电流的相量图

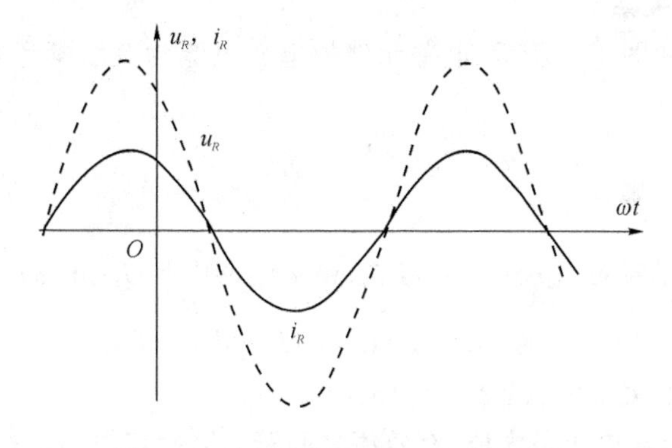

图 4-3　纯电阻电路电压、电流的波形

2. 电阻元件的功率

电阻中某一时刻消耗的电功率叫做瞬时功率，它等于电压 u 与电流 i 瞬时值的乘积，并用小写字母 p 表示。

$$\begin{aligned} p&=p_R=ui=U_{\mathrm{m}}I_{\mathrm{m}}\sin^2\omega t \\ &=U_{\mathrm{m}}I_{\mathrm{m}}\frac{1-\cos 2\omega t}{2} \\ &=UI(1-\cos 2\omega t) \end{aligned} \tag{4-4}$$

在任何瞬时，恒有 $p\geqslant 0$，说明电阻只要有电流通过，就消耗能量，将电能转为热能，它是一种耗能元件。

工程上都是计算瞬时功率的平均值，即平均功率，又称为有功功率，用大写字母 P 表示。周期性交流电路中的平均功率就是其瞬时功率在一个周期内的平均值，即

$$P=\frac{1}{T}\int_0^T p\mathrm{d}t=\frac{1}{T}\int_0^T u\cdot i\mathrm{d}t$$
$$=\frac{1}{T}\int_0^T UI(1-\cos 2\omega t)\mathrm{d}t \tag{4-5}$$
$$=UI=U^2/R=I^2R$$

平均功率的表达方式与直流电路中电阻功率的形式相同，但式中的U、I不是直流电压、电流，而是正弦交流电的有效值。

功率的单位是 W，平时所说的某灯泡的功率为 100 W，指的就是平均功率。

【例 4-1】 一个标称值为“220 V，25 W”的电烙铁，它的端电压 $u=220\sqrt{2}\sin(100t+30°)$V，试求其电流，并计算它使用 10 小时所耗电能的度数。

解 电流的有效值为

$$I=\frac{P}{U}=\frac{25\ \mathrm{W}}{220\ \mathrm{V}}\approx 0.12\ \mathrm{A}$$

因所加电压即为额定电压，功率为 25 W，所以 10 小时所耗电能为

$$W=25\times10\ \mathrm{W\cdot h}=0.25\ \mathrm{kW\cdot h}=0.25\ 度$$

4.1.2 纯电感电路

1. 电压和电流的关系

纯电感元件电路如图 4-4 所示，电感元件的电压电流为关联参考方向。设通过电感元件的正弦电流为

$$i=I_\mathrm{m}\sin\omega t$$

则电感元件两端的电压为

$$u=L\frac{\mathrm{d}i}{\mathrm{d}t}=\omega LI_\mathrm{m}\cos\omega t=\omega LI_\mathrm{m}\sin(\omega t+90°)=U_\mathrm{m}\sin(\omega t+90°)$$

所以

$$U_\mathrm{m}=\omega LI_\mathrm{m}\ 或\ U=\omega LI \tag{4-6}$$

比较电压和电流的关系可以看出：

(1) 电感元件电流和电压最大值、有效值之间符合欧姆定律形式；

(2) 电感元件电压的相位超前电流 90°。

表示电感电压、电流的波形如图 4-5 所示。

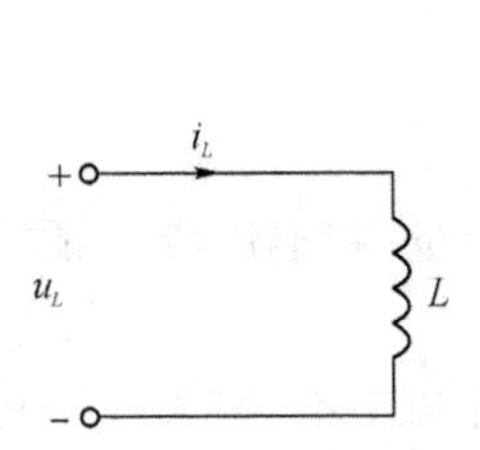

图 4-4 纯电感电路

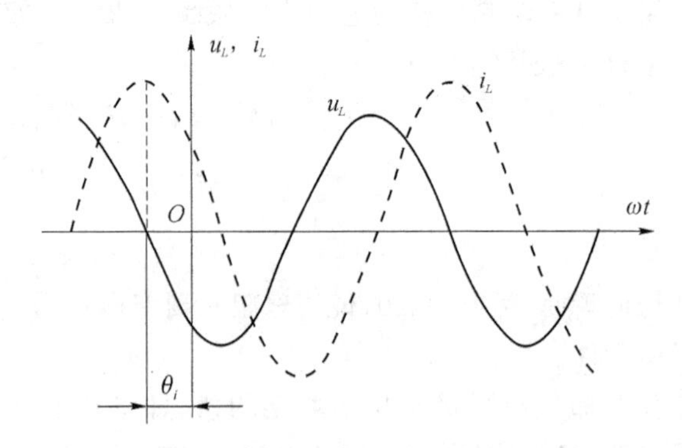

图 4-5 纯电感电路电压、电流的波形

2. 感抗的概念

电感具有对交流电流起阻碍作用的物理性质，所以称为感抗，用 X_L 表示，即

$$X_L=\omega L=2\pi fL \tag{4-7}$$

感抗表示电感线圈对交流电流阻碍作用的大小。当 $f=0$ 时，$X_L=0$，表明线圈对直流电流相当于短路。这就是线圈本身所固有的“直流畅通，高频受阻”作用。当 ω 的单位为 rad/s，L 的单位为 H 时，X_L 的单位为 Ω。

用相量表示电压与电流的关系为

$$\dot{U}=\mathrm{j}X_L\dot{I}=\mathrm{j}\omega L\dot{I} \tag{4-8}$$

电感元件的电压和电流相量图如图 4-6 所示。

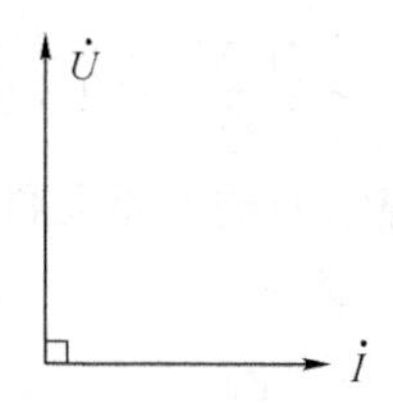

图 4-6　电感电压、电流的相量图

3. 功率

(1) 瞬时功率

$$\begin{aligned}p&=p_L=ui=U_{\mathrm{m}}\sin(\omega t+90°)I_{\mathrm{m}}\sin\omega t\\&=U_{\mathrm{m}}I_{\mathrm{m}}\sin\omega t\cos\omega t\\&=\frac{1}{2}U_{\mathrm{m}}I_{\mathrm{m}}\sin 2\omega t\\&=UI\sin 2\omega t\end{aligned} \tag{4-9}$$

可以看出，瞬时功率是一个以 UI 为幅值、以 2ω 为角频率的随时间变化的正弦量。

(2) 平均功率

纯电感不消耗能量，只和电源进行能量交换，这从平均功率可以看出来。

$$\begin{aligned}P&=\frac{1}{T}\int_0^T p\mathrm{d}t\\&=\frac{1}{T}\int_0^T UI\sin(2\omega t)\mathrm{d}t=0\end{aligned} \tag{4-10}$$

元件的平均功率为 0，即有功功率为 0，所以说电感元件不是耗能元件。

(3) 无功功率

电感元件上电压的有效值和电流的有效值的乘积叫做电感元件的无功功率，用 Q_L 表示，并把电感的无功功率定义为正值，即

$$Q_L=UI=I^2X_L=\frac{U^2}{X_L} \tag{4-11}$$

$Q_L>0$，表明电感元件是接受无功功率的。

无功功率的单位为“乏”(var)，工程中也常用“千乏”(kvar)。

$$1\ \text{kvar}=1\ 000\ \text{var}$$

无功功率不能理解为无用功率，它可衡量储能元件和外部电路交换能量的能力。

【例 4-2】 把一个 0.2 H 的电感元件接到频率为 10 Hz、电压有效值为 50 V 的正弦电压源上，问电流为多少？如保持电压不变，而频率调节为 1 000 Hz，此时电流变为多少？

解 当 $f=10\ \text{Hz}$ 时，感抗为

$$X_L=2\pi fL=2\times 3.14\times 10\ \text{Hz}\times 0.2\ \text{H}=12.56\ \Omega$$

电流为

$$I=\frac{U}{X_L}=\frac{50\ \text{V}}{12.56\ \Omega}=3.98\ \text{A}$$

当 $f=1\ 000\ \text{Hz}$ 时，感抗为

$$X_L=2\pi fL=2\times 3.14\times 1\ 000\ \text{Hz}\times 0.2\ \text{H}=1\ 256\ \Omega$$

电流为

$$I=\frac{U}{X_L}=\frac{50\ \text{V}}{1\ 256\ \Omega}=0.039\ 8\ \text{A}$$

由此例可见，电压一定时，频率越高，通过电感元件的电流越小。

4.1.3 纯电容电路

1. 元件的电压和电流关系

纯电容电路如图 4-7 所示。设电路电压为

$$u=U_{\mathrm{m}}\sin \omega t$$

当电压和电流取关联参考方向时，流过电容的电流为

$$\begin{aligned} i &=C\frac{\mathrm{d}u}{\mathrm{d}t}=CU_{\mathrm{m}}\frac{\mathrm{d}}{\mathrm{d}t}(\sin \omega t) \\ &=\omega CU_{\mathrm{m}}\cos \omega t=\omega CU_{\mathrm{m}}\sin(\omega t+90^\circ) \\ &=I_{\mathrm{m}}\sin(\omega t+90^\circ) \end{aligned} \tag{4-12}$$

电压与电流在数值上满足关系式

$$I_{\mathrm{m}}=\omega CU_{\mathrm{m}} \tag{4-13}$$

比较电压和电流的关系式可见：

(1) 电容元件电流和电压最大值、有效值关系符合欧姆定律形式；

(2) 电容元件电流的相位超前电压 90°，电容上的电压和电流的波形图如图 4-8 所示。

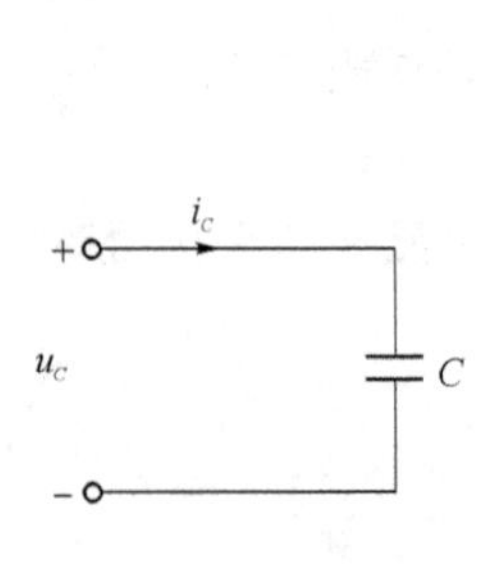

图 4-7 纯电容电路

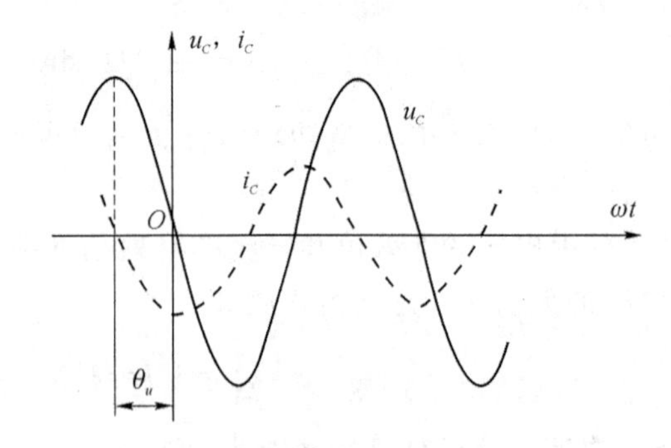

图 4-8 电容上电压、电流的波形

2. 容抗的概念

由式(4-13)可以看出，在纯电容电路中，电压和电流的大小之比为 $1/\omega C$，它也具有阻碍

电流的性质，故称为容抗，用 X_C 表示，即

$$X_C=\frac{1}{\omega C}=\frac{1}{2\pi fC} \tag{4-14}$$

电容元件对高频电流所呈现的容抗很小，相当于短路；而当频率 f 很低或 $f=0$（直流）时，电容就相当于开路。这就是电容的“隔直通交”作用。当 ω 的单位为 rad/s，C 的单位为 F 时，X_C 的单位为 Ω。用相量表示电压与电流的关系为

$$\dot{U}=-\mathrm{j}X_C\dot{I}=\frac{\dot{I}}{\mathrm{j}\omega C} \tag{4-15}$$

电容元件的电压、电流相量图如图 4-9 所示。

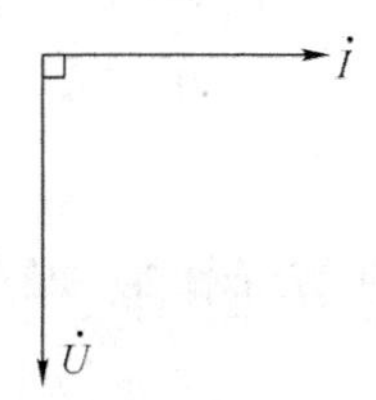

图 4-9　电容电压、电流的相量图

3. 功率

(1) 瞬时功率

$$\begin{aligned}p&=p_C=ui=U_m\sin\omega t I_m\sin\left(\omega t+\frac{\pi}{2}\right)\\&=U_mI_m\sin\omega t\cos\omega t\\&=\frac{U_mI_m}{2}\sin 2\omega t=UI\sin 2\omega t\end{aligned} \tag{4-16}$$

电容上的瞬时功率也是以 UI 为幅值，以 2ω 为角频率的正弦量。

(2) 平均功率

$$\begin{aligned}P&=\frac{1}{T}\int_0^T p\mathrm{d}t\\&=\frac{1}{T}\int_0^T UI\sin(2\omega t)\mathrm{d}t=0\end{aligned} \tag{4-17}$$

电容元件的平均功率也为 0，说明电容元件也不是耗能元件，只是与电源之间进行了能量的交换。

(3) 无功功率

为了表示能量交换的规模大小，将电容瞬时功率的最大值定义为电容的无功功率，或称容性无功功率，用 Q_C 表示，通常将电容的无功功率定义为负值，即

$$Q_C=-UI=-I^2X_C=-\frac{U^2}{X_C} \tag{4-18}$$

单位也是乏(var)。

【例 4-3】 一电容 $C=100\ \mu\mathrm{F}$，接于 $u=220\sqrt{2}\sin(1\,000t-45^\circ)$ V 的电源上。

(1) 求流过电容的电流 i_C；

(2) 求电容元件的有功功率 P_C 和无功功率 Q_C。

解 (1)

$$X_C=\frac{1}{\omega C}=\frac{1}{1\,000\times 100\times 10^{-6}}=10\ \Omega$$

$$\dot{U}_C=220\angle-45°\ \mathrm{V}$$

$$\dot{I}_C=\frac{\dot{U}_C}{-\mathrm{j}X_C}=\frac{220\angle-45°}{10\angle-90°}=22\angle45°\ \mathrm{A}$$

所以

$$i_C=22\sqrt{2}\sin(1\,000t+45°)\ \mathrm{A}$$

(2)

$$P_C=0$$

$$Q_C=-U_CI_C=-220\times 22=-4\,840\ \mathrm{var}$$

4.2 阻抗的串联和并联

在本节将讨论混合元件的交流电路,并引出阻抗的概念。

4.2.1 *RLC* 串联交流电路

1. 电压和电流的关系

RLC 串联交流电路如图 4-10(a)所示。在外加正弦电压的作用下,电路中的各个元件通过相同的电流 i。设电流在各个元件上产生的压降分别为 u_R,u_L,u_C,根据 KVL,可以得到

$$u=u_R+u_L+u_C$$

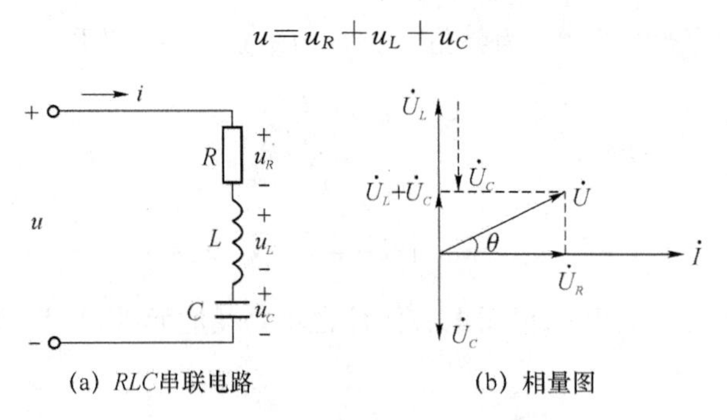

图 4-10 *RLC* 串联电路

设电路中的电流为 $i=I_m\sin\omega t$,则电阻元件上的电压 u_R 与电流同相,即

$$u_R=RI_m\sin\omega t=U_{Rm}\sin\omega t$$

电感元件上的电压 u_L 比电流超前 90°,即

$$u_L=\omega LI_m\sin(\omega t+90°)=U_{Lm}\sin(\omega t+90°)$$

电容元件上的电压 u_C 比电流滞后 90°,即

$$u_C=\frac{I_m}{\omega C}\sin(\omega t-90°)=U_{Cm}\sin(\omega t-90°)$$

电源电压为

$$u=u_R+u_L+u_C=U_{\mathrm{m}}\sin(\omega t+\varphi)$$

相量形式为

$$\dot{U}=\dot{U}_R+\dot{U}_L+\dot{U}_C \tag{4-19}$$

把电阻、电感、电容上的电压，以及电源电压的相量形式，画在复平面中，如图 4-10(b)所示。

2. 电路中的阻抗及相量图

由式(4-19)可得

$$\begin{aligned}\dot{U}&=\dot{U}_R+\dot{U}_L+\dot{U}_C\\&=\dot{I}R+\dot{I}(\mathrm{j}X_L)+\dot{I}(-\mathrm{j}X_C)\\&=\dot{I}[R+\mathrm{j}(X_L-X_C)]\end{aligned} \tag{4-20}$$

将式(4-20)写成

$$\frac{\dot{U}}{\dot{I}}=R+\mathrm{j}(X_L-X_C)$$

令

$$Z=R+\mathrm{j}(X_L-X_C)$$

称 Z 为电路的复阻抗，简称阻抗。可把 Z 的一般形式写为

$$Z=R+\mathrm{j}X$$

Z 实部为电阻，虚部为电抗，它表示了电路的电压和电流之间的关系。虚部为零时，表示纯电阻，实部为零时，表示纯电抗。

阻抗是一个复数，但并不是正弦交流量，上面不能加点。Z 在方程式中只是一个运算工具。式(4-20)可以写为

$$\dot{U}=\dot{I}Z \tag{4-21}$$

下面进一步来讨论阻抗。

$$\begin{aligned}Z&=\frac{\dot{U}}{\dot{I}}=R+\mathrm{j}(X_L-X_C)\\&=\frac{U}{I}\mathrm{e}^{\mathrm{j}(\varphi_u-\varphi_i)}=\sqrt{R^2+(X_L-X_C)^2}\,\mathrm{e}^{\mathrm{j}\arctan\frac{X_L-X_C}{R}}=|Z|\mathrm{e}^{\mathrm{j}\varphi}\end{aligned} \tag{4-22}$$

电路中电压与电流的有效值(或幅值)之比为阻抗的模值，用 $|Z|$ 表示，即

$$|Z|=\frac{U}{I}=\sqrt{R^2+(X_L-X_C)^2}=\sqrt{R^2+\left(\omega L-\frac{1}{\omega C}\right)^2} \tag{4-23}$$

阻抗的幅角即为电压与电流之间的相位差。

$$\varphi=\varphi_u-\varphi_i=\arctan\frac{X_L-X_C}{R} \tag{4-24}$$

当 $X_L>X_C$ 时，$\varphi>0$，表示 u 领先 i，电路呈感性。

当 $X_L<X_C$ 时，$\varphi<0$，表示 u 落后 i，电路呈容性。

当 $X_L=X_C$ 时，$\varphi=0$，表示 u、i 同相，电路呈电阻性。

可以得到

$$Z=\frac{\dot{U}}{\dot{I}}=\frac{U\angle\varphi_u}{I\angle\varphi_i}=|Z|\angle\varphi=\frac{U}{I}\angle\varphi_u-\varphi_i$$

因此可以有结论，Z 的模为电路总电压和总电流有效值之比，而 Z 的幅角则为总电压和总电流的相位差。

$|Z|$、R、X_L-X_C 三者之间的关系也可用一个直角三角形，即阻抗三角形来表示，如图 4-11 所示。

电压相量之间的关系也可以用直角三角形来表示，如图 4-12 所示。电压三角形和阻抗三角形是相似三角形。

图 4-11　阻抗三角形　　　　图 4-12　电压三角形

【例 4-4】　有一 RLC 串联电路，其中 $R=30\ \Omega$，$L=382\ \text{mH}$，$C=39.8\ \mu\text{F}$，外加电压 $u=220\sqrt{2}\sin(314t+60°)\text{V}$。

(1) 求复阻抗 Z，并确定电路的性质；

(2) 求 $\dot{I}$、$\dot{U}_R$、$\dot{U}_L$、$\dot{U}_C$。

(3) 绘出相量图。

解　(1)
$$Z=R+\text{j}(X_L-X_C)=R+\text{j}\left(\omega L-\frac{1}{\omega C}\right)$$
$$=30+\text{j}\left(314\times0.382-\frac{10^6}{314\times39.8}\right)$$
$$=30+\text{j}(120-80)=30+\text{j}40=50\angle53.1°\ \Omega$$

$\varphi>0$，所以电路呈感性。

(2)
$$\dot{I}=\frac{\dot{U}}{Z}=\frac{220\angle60°}{50\angle53.1°}=4.4\angle6.9°\ \text{A}$$
$$\dot{U}_R=\dot{I}R=4.4\angle6.9°\times30=132\angle6.9°\ \text{V}$$
$$\dot{U}_L=\dot{I}\text{j}X_L=4.4\angle6.9°\times120\angle90°=528\angle96.9°\ \text{V}$$
$$\dot{U}_C=-\dot{I}\text{j}X_C=4.4\angle6.9°\times80\angle-90°=352\angle-83.1°\ \text{V}$$

(3) 相量图如图 4-13 所示。

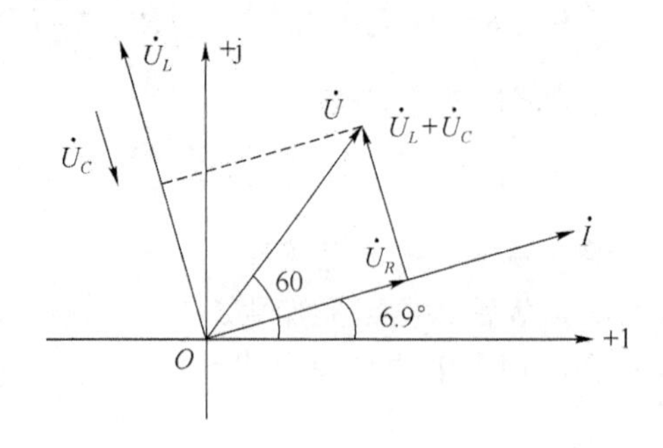

图 4-13　例 4-4 图

4.2.2 阻抗的串联

阻抗的串联和并联的计算，在形式上与电阻的串联和并联相似。如图 4-14(a)所示为两个阻抗构成的串联电路，图(b)是其等效电路。该电路总的电压表达式为

$$\dot{U}=\dot{U}_1+\dot{U}_2=\dot{I}(Z_1+Z_2)=\dot{I}Z$$

其等效阻抗为串联阻抗相加，即

$$Z=Z_1+Z_2 \tag{4-25}$$

结果与电阻电路类似。

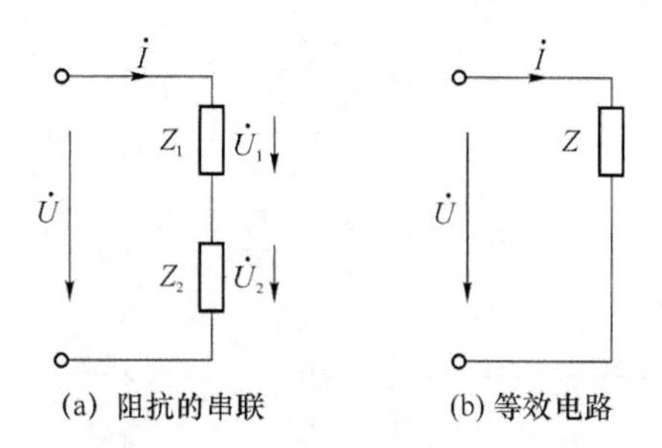

图 4-14　阻抗的串联和等效电路

同样，可以得到串联阻抗的分压公式

$$\dot{U}_1=\frac{Z_1}{Z_1+Z_2}\dot{U} \tag{4-26}$$

$$\dot{U}_2=\frac{Z_2}{Z_1+Z_2}\dot{U} \tag{4-27}$$

当 N 个阻抗串联的时候，有类似的结果：

$$Z=Z_1+Z_2+\cdots+Z_n \tag{4-28}$$

$$\begin{aligned}\dot{U}&=\dot{U}_1+\dot{U}_2+\cdots+\dot{U}_n\\&=\dot{I}Z_1+\dot{I}Z_2+\cdots+\dot{I}Z_n\\&=\dot{I}(Z_1+Z_2+\cdots+Z_n)\\&=\dot{I}Z\end{aligned} \tag{4-29}$$

要注意的是，在阻抗串联电路中，$|Z|\neq|Z_1|+|Z_2|+\cdots+|Z_n|$（阻抗模之和）；$U\neq U_1+U_2+\cdots+U_n$（各阻抗上的电压有效值之和）。

【例 4-5】 如图 4-14(a)所示电路，$Z_1=(6+\text{j}9)\ \Omega$，$Z_2=(2.66-\text{j}4)\ \Omega$，它们串接在 $\dot{U}=220\angle30^\circ$ V 的电源上，试计算电路中的电流和各阻抗上的电压。

解　由于阻抗串联，有

$$Z=Z_1+Z_2=(6+\text{j}9+2.66-\text{j}4)\ \Omega=(8.66+\text{j}5)\ \Omega=10\angle30^\circ\ \Omega$$

所以

$$\dot{I}=\frac{\dot{U}}{Z}=\frac{220\angle30^\circ}{10\angle30^\circ}\ \text{A}=22\ \text{A}$$

各阻抗上的电压分别为：

$$\dot{U}_1=\dot{I}Z_1=22\times(6+\mathrm{j}9)\ \mathrm{V}=237.97\angle 56.3^\circ\ \mathrm{V}$$

$$\dot{U}_2=\dot{I}Z_2=22\times(2.66-\mathrm{j}4)\ \mathrm{V}=105.68\angle -56.4^\circ\ \mathrm{V}$$

4.2.3 阻抗的并联

图 4-15(a)为阻抗并联电路,图(b)为其等效电路,电路的总电流表达式为

$$\dot{I}=\dot{I}_1+\dot{I}_2=\frac{\dot{U}}{Z_1}+\frac{\dot{U}}{Z_2}=\dot{U}\left(\frac{1}{Z_1}+\frac{1}{Z_2}\right) \tag{4-30}$$

即

$$\dot{U}=\frac{Z_1Z_2}{Z_1+Z_2}\dot{I} \tag{4-31}$$

并联的等效阻抗为

$$Z=\frac{Z_1\cdot Z_2}{Z_1+Z_2} \tag{4-32}$$

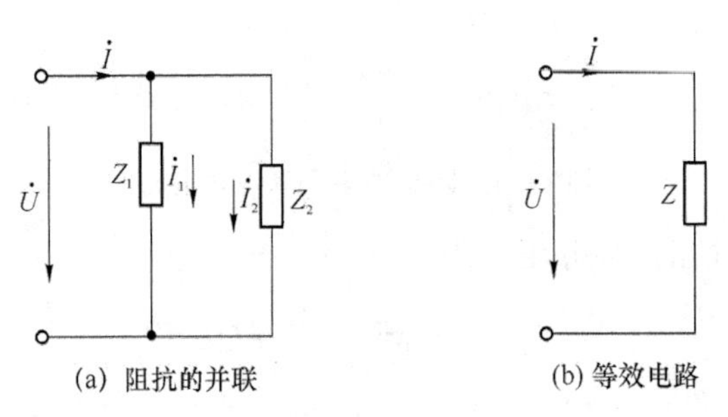

(a) 阻抗的并联　　(b) 等效电路

图 4-15 阻抗的并联及其等效电路

由式(4-30)和式(4-31),可以得到分流公式

$$\dot{I}_1=\frac{Z_2}{Z_1+Z_2}\dot{I} \tag{4-33}$$

$$\dot{I}_2=\frac{Z_1}{Z_1+Z_2}\dot{I} \tag{4-34}$$

在电阻电路中有电导的概念,在这里引出导纳的概念。设阻抗的表达式为

$$Z=R+\mathrm{j}X$$

令

$$Y=\frac{1}{Z}$$

则

$$Y=\frac{1}{R+\mathrm{j}X}=\frac{R-\mathrm{j}X}{R^2+X^2}=\frac{R}{R^2+X^2}-\mathrm{j}\frac{X}{R^2+X^2}$$

定义 Y 为导纳,实部称为电导,虚部为电纳。导纳的单位为西门子(S),简称西。式(4-31)可以改写为

$$\dot{I}=\dot{U}(Y_1+Y_2) \tag{4-35}$$

并联电路总的导纳为

$$Y=\frac{\dot{U}}{\dot{I}}=\frac{1}{Z_1}+\frac{1}{Z_2}=Y_1+Y_2 \tag{4-36}$$

分流公式可以写为

$$\dot{I}_1=\frac{Y_1}{Y_1+Y_2}\dot{I} \tag{4-37}$$

$$\dot{I}_2=\frac{Y_2}{Y_1+Y_2}\dot{I} \tag{4-38}$$

【例 4-6】 图 4-16 所示电路，已知电压 $u=220\sqrt{2}\sin(314t-30°)$ V，$X_L=X_C=8\ \Omega$，$R_1=R_2=6\ \Omega$。试求：

(1) 总导纳 Y；

(2) 各支路电流 $\dot{I}_1$、$\dot{I}_2$ 和总电流 $\dot{I}$。

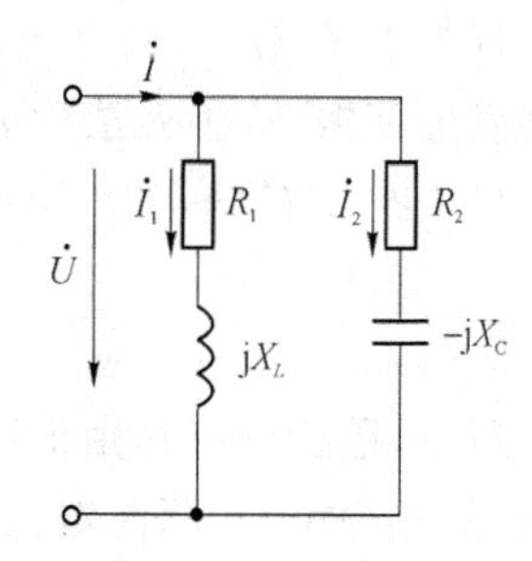

图 4-16　例 4-6 图

解　选 u、i、i_1、i_2 的参考方向如图 4-16 所示。电压的相量为

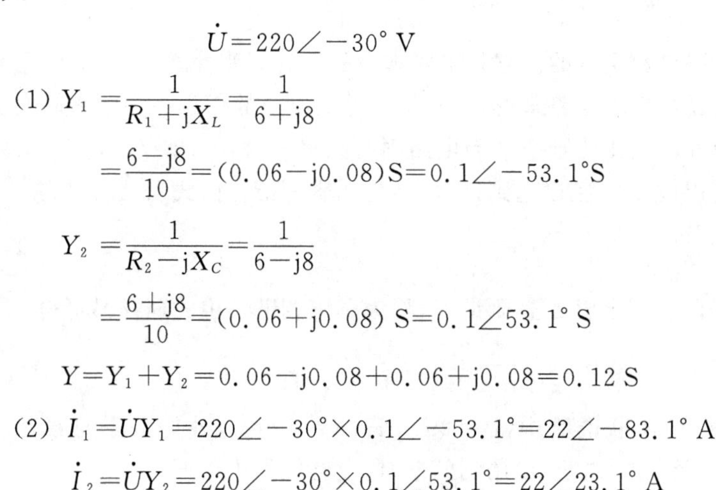

$$\dot{U}=220\angle-30°\ \mathrm{V}$$

(1) $Y_1=\dfrac{1}{R_1+\mathrm{j}X_L}=\dfrac{1}{6+\mathrm{j}8}$

$=\dfrac{6-\mathrm{j}8}{10}=(0.06-\mathrm{j}0.08)\mathrm{S}=0.1\angle-53.1°\mathrm{S}$

$Y_2=\dfrac{1}{R_2-\mathrm{j}X_C}=\dfrac{1}{6-\mathrm{j}8}$

$=\dfrac{6+\mathrm{j}8}{10}=(0.06+\mathrm{j}0.08)\ \mathrm{S}=0.1\angle53.1°\ \mathrm{S}$

$Y=Y_1+Y_2=0.06-\mathrm{j}0.08+0.06+\mathrm{j}0.08=0.12\ \mathrm{S}$

(2) $\dot{I}_1=\dot{U}Y_1=220\angle-30°\times0.1\angle-53.1°=22\angle-83.1°\ \mathrm{A}$

$\dot{I}_2=\dot{U}Y_2=220\angle-30°\times0.1\angle53.1°=22\angle23.1°\ \mathrm{A}$

$\dot{I}=\dot{U}Y=220\angle-30°\times0.12=26.4\angle-30°\ \mathrm{A}$

4.3　谐振电路

谐振是正弦交流电的一种特定的工作状态，应用非常广泛。在无线电技术中经常应用谐振的选频特性来选择信号。

4.3.1　串联谐振

1. 谐振现象

在正弦交流电路中，感抗与容抗的大小随频率变化并有相互补偿的作用，因此在某一频率下，含有 L 和 C 的电路会出现电流与电压同相的情况，这种现象称为谐振。

2. 串联电路的谐振条件

如图 4-10(a)所示的 RLC 串联电路，其总阻抗为

$$Z=R+\mathrm{j}\omega L-\mathrm{j}\frac{1}{\omega C}=R+\mathrm{j}(X_L-X_C)=R+\mathrm{j}X=|Z|\angle\varphi$$

其中
$$\varphi=\arctan\frac{X_L-X_C}{R}$$

若电源电压与回路电流同相位，即 $\varphi=0$ 时，电路发生谐振，则有
$$X_L-X_C=0$$

即
$$\omega L-\frac{1}{\omega C}=0 \text{ 或 } \omega L=\frac{1}{\omega C} \tag{4-39}$$

式(4-39)即为串联电路产生谐振的条件：感抗等于容抗。由式(4-39)可见，谐振的发生不仅与 L、C 有关，而且与电源的角频率 ω 有关。因此，通过改变 L、C 或 ω 的方法都可使电路发生谐振，这种做法称为调谐。在实际中有三种调谐方法。

(1) 当 L、C 固定时，可以改变电源频率达到谐振，谐振的角频率为
$$\omega_0=\frac{1}{\sqrt{LC}} \quad \text{或 } f_0=\frac{1}{2\pi\sqrt{LC}} \tag{4-40}$$

可见，谐振频率是由电路参数决定的。它是电路本身的一种固有性质，所以又称之为电路的"固有频率"。因此对 RLC 串联电路来说，并不是对外加电压的任意一种频率都能发生谐振。要做到谐振，必须使外加电压的频率 f 与电路固有频率 f_0 相等，即 $f=f_0$。

(2) 当 L、ω 固定时，可以改变电容 C 达到谐振，称为调容调谐。由式(4-40)可得
$$C=\frac{1}{\omega_0^2 L} \tag{4-41}$$

(3) 当 C、ω 固定时，可以改变电感 L 达到谐振，称为调感调谐。由式(4-40)可得
$$L=\frac{1}{\omega_0^2 C} \tag{4-42}$$

【例 4-7】 某收音机 RLC 串联电路中，$L=250\ \mu\text{H}$，$R=100\ \Omega$，外加电压的频率 $f=820\ \text{kHz}$，电容为一可变电容器，试求电容 C 调到何值时，电路能发生谐振。

解 由公式 $\omega L=\frac{1}{\omega C}$，可推导得 $C=\frac{1}{\omega^2 L}$，将已知代入，得
$$C=\frac{1}{\omega^2 L}=\frac{1}{(2\pi\times820\times10^3)^2\times250\times10^{-6}}\approx150\ \text{pF}$$

当电容 C 调到 150 pF 时，电路发生串联谐振。

3. 串联谐振的特点

(1) 谐振时，电路阻抗最小且为纯电阻。由于电路发生谐振时，$X=0$，因此 $|Z|=\sqrt{R^2+X^2}=R$，电路的阻抗最小，且为纯电阻，即
$$Z_0=R \tag{4-43}$$

(2) 谐振时，电路中的电流最大，且与外加电源电压同相，其数值为
$$I_0=\frac{U}{R} \tag{4-44}$$

电路的电压和电流同相，电路呈电阻性，电源供给电路的能量全部被电阻消耗，电感和电容只发生能量交换。

(3) 谐振时，电感电压与电容电压大小相等、相位相反。
$$U_{L0}=X_L I_0=\frac{\omega_0 L}{R}U$$

$$U_{C0}=X_C I_0=\frac{1}{\omega_0 CR}U \tag{4-45}$$

谐振时，电感(或电容)上的电压与电源电压之比 Q 称为电路的品质因数，若 $Q>>1$，则 U_L 和 U_C 将远远超过电源电压 U。所以串联谐振也称电压谐振。由式(4-45)可得

$$Q=\frac{\omega_0 L}{R}=\frac{1}{\omega_0 CR}=\frac{1}{R}\sqrt{\frac{L}{C}} \tag{4-46}$$

品质因数是一个非常重要的概念，Q 值越大，电路的选择性越强。

(4) 电路在发生谐振时，由于感抗等于容抗，所以感性无功功率与容性无功功率相等，电路的无功功率为零。这说明电感与电容之间有能量交换，而且达到完全补偿，不与电源进行能量交换，电源供给电路的能量全部消耗在电阻上。

【例 4-8】 在电阻、电感、电容串联谐振电路中，$L=0.05$ mH，$C=200$ pF，品质因数 $Q=100$，交流电压的有效值 $U=1$ mV。试求：

(1) 电路的谐振频率 f_0；

(2) 谐振时电路中的电流 I_0；

(3) 电容上的电压 U_C。

解 (1) 电路的谐振频率

$$f_0=\frac{1}{2\pi\sqrt{LC}}=\frac{1}{2\times 3.14\times\sqrt{5\times 10^{-5}\times 2\times 10^{-10}}}\ \text{Hz}=1.59\ \text{MHz}$$

(2) 由于品质因数

$$Q=\frac{1}{R}\sqrt{\frac{L}{C}}$$

可得

$$R=\frac{1}{Q}\sqrt{\frac{L}{C}}=\frac{1}{100}\sqrt{\frac{0.05\times 10^{-3}}{200\times 10^{-12}}}=5\ \Omega$$

故电流

$$I_0=\frac{U}{R}=\frac{1\times 10^{-3}}{5}\ \text{A}=0.2\ \text{mA}$$

(3) 电容两端的电压是电源电压的 Q 倍，即

$$U_C=QU=100\times 10^{-3}\ \text{V}=0.1\ \text{V}$$

4.3.2 并联谐振

串联谐振电路适用于电源低内阻的情况。如果电源内阻很大，采用串联谐振电路将严重地降低回路的品质因数，使电路的谐振特性变差。此时宜采用并联谐振电路，电源内阻越大，对并联谐振电路品质因数的影响越小。

1. 并联电路的谐振条件

RLC 并联谐振电路如图 4-17 所示。在外加电压 U 的作用下，电路的总电流相量为

$$\begin{aligned}\dot{I}&=\dot{I}_R+\dot{I}_L+\dot{I}_C=\frac{\dot{U}}{R}+\frac{\dot{U}}{\text{j}\omega L}+\text{j}\omega C\dot{U}\\&=\dot{U}\left[\frac{1}{R}+\text{j}\left(\omega C-\frac{1}{\omega L}\right)\right]\end{aligned}$$

要使电路发生谐振，即电流和电压同相位，应满足下列条件：

$$\omega L-\frac{1}{\omega C}=0 \tag{4-47}$$

谐振的角频率为

$$\omega_0=\frac{1}{\sqrt{LC}} \text{或} f_0=\frac{1}{2\pi\sqrt{LC}} \tag{4-48}$$

并联时的谐振频率与串联时的谐振频率具有相同的表达式。

2. 并联谐振的特点

① 并联谐振时，回路阻抗为纯电阻，且回路的总阻抗最大。

$$|Z|=R \tag{4-49}$$

② 在外加电流不变的情况下，回路端电压最大，且与总电流同相。

$$U=RI_0 \tag{4-50}$$

③ 并联谐振时，电感中的电流与电容中的电流大小相等、方向相反，且为电源电流的 Q 倍。其大小为

$$I_L=\frac{U}{X_L}=\frac{R}{\omega_0 L}I$$

$$I_C=\frac{U}{X_C}=\omega_0 CRI \tag{4-51}$$

并联谐振时，电路的品质因数 Q 为

$$Q=\frac{I_L}{I}=\frac{I_C}{I}=\frac{R}{\omega_0 L}=\frac{1}{\omega_0 CR}=\frac{1}{R}\sqrt{\frac{L}{C}} \tag{4-52}$$

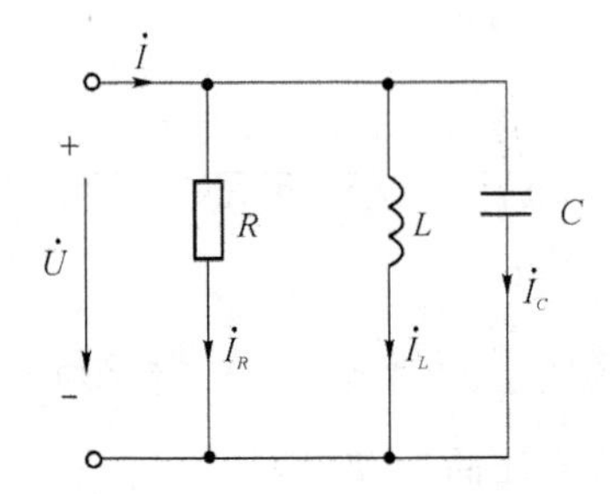

图 4-17　RLC 并联谐振电路

(4) 谐振时，电感与电容进行完全的能量交换。

【例 4-9】 已知 RLC 并联谐振回路的 $R=10\ \Omega$，$L=200\ \mu\text{H}$，$C=50\ \text{pF}$，谐振时总电流 $I_0=100\ \mu\text{A}$。试求：

(1) 电路的谐振频率；

(2) 谐振时电感支路和电容支路的电流。

解　该电路的品质因数为

$$Q=\frac{1}{R}\sqrt{\frac{L}{C}}=\frac{1}{10}\sqrt{\frac{200\times10^{-6}}{50\times10^{-12}}}=200$$

该电路的谐振频率为

$$f_0=\frac{1}{2\pi\sqrt{LC}}=\frac{1}{2\times3.14\sqrt{200\times10^{-6}\times50\times10^{-12}}}=1.6\times10^{-6}\ \text{Hz}$$

谐振时电感支路和电容支路的电流相等，且为

$$I_{L0}=I_{C0}=QI_0=200\times100\times10^{-6}=2\times10^{-2}\ \text{A}=20\ \text{mA}$$

4.4　正弦交流电路中的功率

直流电路中的功率等于电压与电流的乘积，计算比较简单。而在交流电路中消耗的功率不仅与电压、电流的大小有关，还与负载功率因数有关，在相同的有功功率下，如果功率因数不相同，电路上的消耗是不同的。有必要对正弦交流电流中的功率有比较清晰的认识。

1. 瞬时功率

如图 4-18 所示的交流电路，$i=I_m\sin\omega t$，阻抗 Z 的幅角为 φ，则负载两端的电压为 $u=U_m\sin(\omega t+\varphi)$，其参考方向如图所示。在电流、电压关联参考方向下，瞬时功率为

$$\begin{aligned}p&=ui=U_m\sin(\omega t+\varphi)I_m\sin\omega t\\&=UI\cos\varphi-UI\cos(2\omega t+\varphi)\end{aligned}\tag{4-53}$$

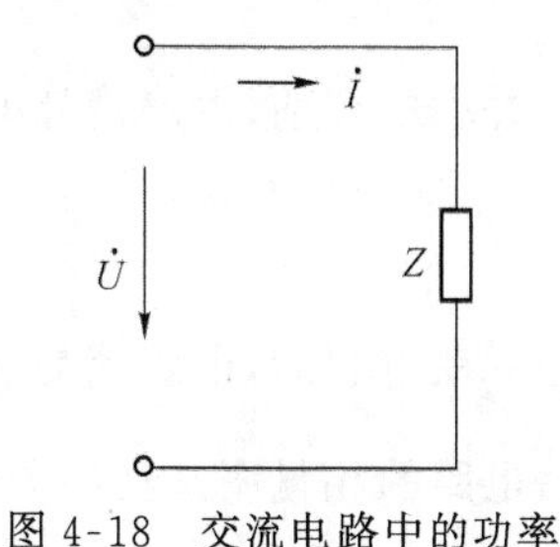

图 4-18　交流电路中的功率

式(4-53)表明，二端电路的瞬时功率由两部分组成，第一项为常量，第二项是两倍于电压角频率而变化的正弦量。

2. 有功功率

$$\begin{aligned}P&=\frac{1}{T}\int_0^T p\mathrm{d}t\\&=\frac{1}{T}\int_0^T[UI\cos\varphi+UI\cos(2\omega t+\varphi)]\mathrm{d}t\\&=UI\cos\varphi\end{aligned}\tag{4-54}$$

式(4-54)中 $\cos\varphi$ 称为电路的功率因数，功率因数的值取决于电压与电流之间的相位差 φ(也称功率因数角)。

在生产和生活中使用的电气设备大多属于感性负载，它们的功率因数都较低。如供电系统的功率因数是由用户负载的大小和性质决定的，在一般情况下，供电系统的功率因数总是小于 1。例如，变压器容量 1 000 kV·A，$\cos\varphi=1$ 时能提供 1 000 kW 的有功功率，而在 $\cos\varphi=0.7$时则只能提供 700 kW 的有功功率。在 P、U 一定的情况下，$\cos\varphi$ 越低，I 越大，线路损耗越大。为此，我国电力行政法规中对用户的功率因数有明确的规定(0.85 以上)。

功率因数是电力系统很重要的经济指标。它关系到电源设备能否充分利用。为提高电源设备的利用率、减小线路压降及功率损耗，应设法提高功率因数。提高感性负载功率因数的常用方法之一是在其两端并联电容器。感性负载并联电容器后，它们之间相互补偿，进行一部分能量交换，减少了电源和负载间的能量交换。其电路图和相量图如图 4-19 所示。

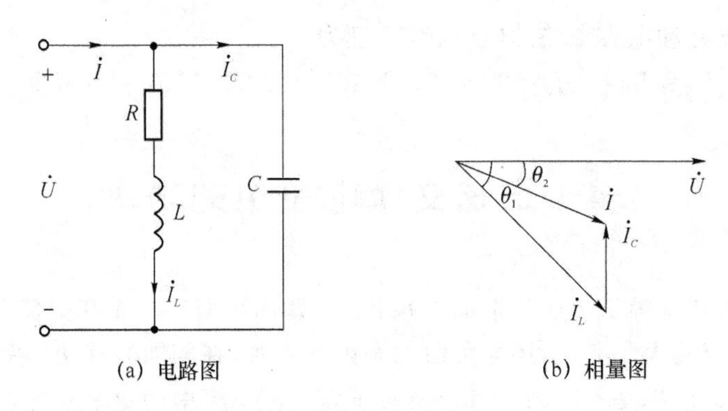

(a) 电路图 (b) 相量图

图 4-19 提高功率因数

并联电容前,电路消耗的功率为 $P=UI_L\cos\varphi_1$,电路中的总电流为

$$I=I_L=\frac{P}{U\cos\varphi_1}$$

并联电容后,电路消耗的功率变为 $P=UI_1\cos\varphi_2$,总电流变为 $I=\frac{P}{U\cos\varphi_2}$。把加了电容后电路的相量图画在图 4-19(b),可以看出

$$I_C=I_L\sin\varphi_1-I\sin\varphi_2=\frac{P\sin\varphi_1}{U\cos\varphi_1}-\frac{P\sin\varphi_2}{U\cos\varphi_2}$$

$$=\frac{P}{U}(\tan\varphi_1-\tan\varphi_2)$$

又知 $I_C=\frac{U}{X_C}=\omega CU$,代入上式可得

$$\omega CU=\frac{P}{U}(\tan\varphi_1-\tan\varphi_2)$$

即

$$C=\frac{P}{\omega U^2}(\tan\varphi_1-\tan\varphi_2) \tag{4-55}$$

当需要把功率角从 φ_1 提高到 φ_2 时,需要并联的电容大小可以用式(4-55)计算出来。

在感性负载 R_L 支路上并联电容器 C 后,在 U 不变的情况下,流过负载支路的电流、负载本身的功率因数及电路中消耗的有功功率是不变的。即

$$I_L=\frac{U}{\sqrt{R^2+X_L^2}}$$

$$\cos\varphi_1=\frac{R}{\sqrt{R^2+X_L^2}}$$

$$P=RI_L^2=UI_L\cos\varphi_1$$

但总电压 u 与总电流 i 的相位差 φ 减小了,总功率因数 $\cos\varphi$ 增大了。这里所讲的功率因数是指电源或电网的功率因数提高,而不是提高某个感性负载的功率因数。另外,由相量图可见,并联电容器以后线路电流也减小了,因而减小了功率损耗。

【例 4-10】 已知:$f=50$ Hz,$U=380$ V,$P=20$ kW,$\cos\varphi_1=0.6$(超前)。要使功率因数提高到 0.9,求并联电容 C。

解 由 $\cos\varphi_1=0.6$,得 $\varphi_1=53.13°$,由 $\cos\varphi_2=0.9$,得 $\varphi_2=25.84°$。

$$C=\frac{P}{\omega U^2}(\tan\varphi_1-\tan\varphi_2)$$
$$=\frac{20\times10^3}{314\times380^2}\times(\tan 53.13°-\tan 25.84°)$$
$$=375\ \mu F$$

3. 无功功率

电感元件、电容元件实际上不消耗功率,只是和电源之间存在着能量互换,把这种功率定义为无功功率,用 Q 表示。根据电感元件、电容元件的无功功率,考虑到 $\dot{U}_L$ 与 $\dot{U}_C$ 相位相反,于是有

$$Q=UI\sin\varphi \tag{4-56}$$

式中 φ 为电路中总阻抗的幅角(或电压超前电流的角度)。

对于电阻来说,幅角为零,所以无功功率为零。

对于纯电感电路,阻抗幅角为 90°,其无功功率为

$$Q_L=UI\sin\varphi=UI$$

对于纯电容电路,阻抗幅角为 −90°,其无功功率为

$$Q_C=UI\sin\varphi=-UI$$

在既有电感又有电容的电路中,总的无功功率为 Q_L 与 Q_C 的代数和,即

$$Q=Q_L+Q_C \tag{4-57}$$

4. 视在功率

用额定电压与额定电流的乘积来表示视在功率 S,即

$$S=UI \tag{4-58}$$

视在功率常用来表示电器设备的容量,其单位为伏安(V·A)。视在功率不是表示交流电路实际消耗的功率,而只能表示电源可能提供的最大功率,或指某设备的容量。

5. 功率三角形

将交流电路表示电压间关系的电压三角形(见图 4-12)的各边乘以电流 I 即成为功率三角形,如图 4-20 所示。

由功率三角形可得到 P、Q、S 三者之间的关系

$$P=UI\cos\varphi \tag{4-59}$$

$$Q=UI\sin\varphi \tag{4-60}$$

$$S=\sqrt{P^2+Q^2} \tag{4-61}$$

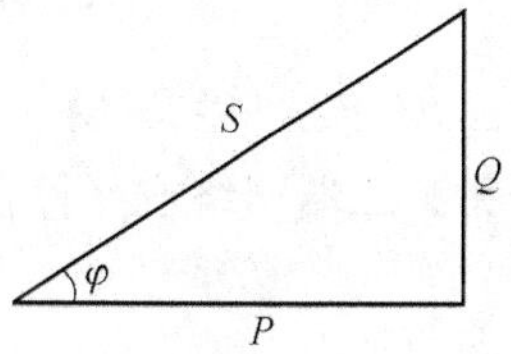

图 4-20　功率三角形

$$\varphi=\arctan\frac{Q}{P} \tag{4-62}$$

重要知识点

- **阻抗**:在具有电阻、电感和电容的电路里,对交流电所起的阻碍作用叫做阻抗。阻抗常用 Z 表示,阻抗的单位是欧姆。阻抗的实部称为电阻,虚部称为电抗。阻抗是电阻和电抗的统称。把 Z 的一般形式写为

$$Z=R+\mathrm{j}X$$

- **导纳**：导纳定义为阻抗的倒数，符号 Y，单位是西门子，简称西(S)。导纳的实部称为电导，虚部称为电纳。导纳是电导和电纳的统称。把 Y 的一般形式写为

$$Y=G+\mathrm{j}B$$

- **谐振**：在正弦交流电路中，在某一频率下，含有电感 L 和电容 C 的电路会出现电流与电压同相的情况，这种现象称为谐振。
- **品质因数**：串联(并联)谐振时，电感或电容上的电压(电流)与电源电压(电流)之比称为电路的品质因数。品质因数 Q 值越大，电路的选择性越强。
- **有功功率**：在交流电路中，电源在一个周期内发出瞬时功率的平均值称为有功功率，用 P 表示。
- **功率因数**：有功功率 $P=UI\cos\varphi$ 式子中的 $\cos\varphi$ 称为电路的功率因数。功率因数的值取决于电压与电流之间的相位差 φ(也称功率因数角)。
- **无功功率**：正弦交流电路中，电感元件、电容元件实际上不消耗功率，只是和电源之间存在着能量互换，这种功率称为无功功率，用 Q 表示。
- **视在功率**：额定电压与额定电流的乘积称为视在功率，用 S 表示。视在功率常用来表示电器设备的容量，其单位为伏安(V·A)。

本章小结

在这一章里主要介绍了正弦交流电路的分析，包括单一元件正弦交流电路和混合元件交流电路，并引出了阻抗的概念，最后介绍了在工程上应用非常广泛的谐振电路和功率的计算问题。

1. 在关联参考方向下，单一元件约束(伏安特性)的相量式

$$\dot{U}=R\dot{I},\quad \dot{U}_L=\mathrm{j}X_L\dot{I}_L,\quad \dot{U}_C=-\mathrm{j}X_C\dot{I}_C$$

2. 复阻抗与复导纳

无源二端网络或元件在电压电流关联参考方向下，二者关系的相量形式为

$$\dot{U}=Z\dot{I}\quad 或\quad \dot{I}=Y\dot{U}$$

网络的复阻抗

$$Z=\frac{\dot{U}}{\dot{I}}=|Z|\angle\varphi$$

复导纳

$$Y=\frac{\dot{I}}{\dot{U}}=|Y|\angle\varphi'$$

在同一个电路中

$$\varphi=-\varphi'$$

3. 电路的谐振

由电阻、电感、电容组成的电路，在正弦电源作用下，当电压与电流同相时，电路呈电阻性，此时电路的工作状态称为谐振。谐振的应用非常广泛，例如收音机输入回路就是利用谐振电路来选择频率的。RLC 串、并联谐振频率为

$$f_0=\frac{1}{2\pi\sqrt{LC}}$$

4. 正弦交流电路中的功率

有功功率　　$P=UI\cos\varphi$

无功功率　　$Q=UI\sin\varphi$

视在功率　　$S=\sqrt{P^2+Q^2}=UI$

功率因数　　$\cos\varphi=\frac{P}{S}$

感性负载并联电容器可提高功率因数。

思考题与习题

4-1　一个标称值为“220 V，75 W”的电烙铁，它的端电压 $u=220\sqrt{2}\sin(100t+30°)$ V，试求其电流和功率，并计算它使用 20 小时所耗电能的度数。

4-2　在电容为 318 μF 的电容器两端加 $u=220\sqrt{2}\sin(314t+120°)$V 的电压，试计算电容的电流及无功功率。

4-3　有一“220 V、1 000 W”的电炉，接在 220 V 的交流电流上。试求通过电炉的电流和正常工作时的电阻。

4-4　一个 $L=0.15$ H 的电感，先后接在 $f_1=50$ Hz，$f_2=1\,000$ Hz，电压为 220 V 的电源上，分别计算两种情况下的 X_L、I_L 和 Q_L。

4-5　RLC 串联电路，已知 $R=X_L=X_C=10\ \Omega$，$I=1$ A，求电路两端电压的有效值。

4-6　如图 4-21 所示电路，$Z_1=(3+j4)\Omega$，$Z_2=(6-j4)\Omega$，它们串接在 $\dot{U}=220\angle 60°$ V 的电源上，试计算电路中的电流。

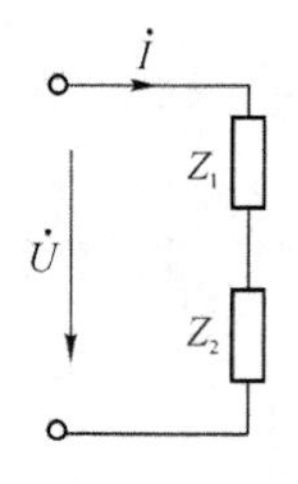

图 4-21　习题 4-6 图

4-7　某电器两端所加电压为 $u=80\sin(314t+45°)$ V，其中电流为 $i=4\sin(314t-30°)$ A，试确定该电器的阻抗，并指出该电器属于哪种性质的负载。

4-8　在 RLC 串联谐振电路中，已知 $L=0.05$ mH，$C=200$ pF。试求该电路的谐振频率。

4-9　收音机的中频放大耦合电路是一个 RLC 并联谐振回路，如图 4-22 所示，已知回路谐振频率为 465 kHz，电容 $C=200$ pF，其品质因数 $Q=100$。求线圈的电感 L 和电阻 R。

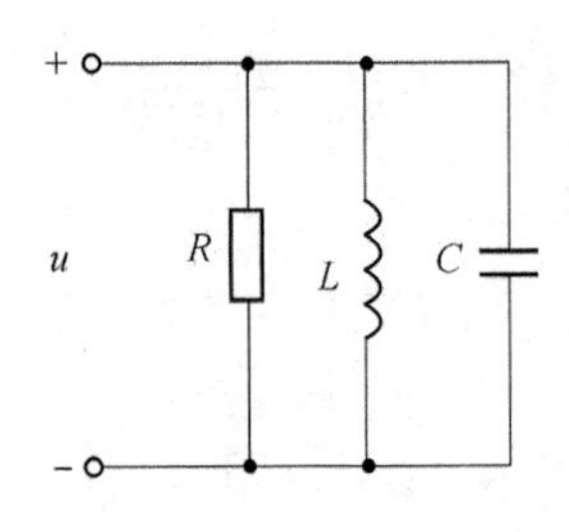

图 4-22　习题 4-9 图

4-10　一个 RLC 串联谐振电路，如图 4-23 所示，已知 $R=5\ \Omega$，$L=30\ \mu\text{H}$，$C=211\ \text{pF}$，电源电压 $U_S=1\ \text{mV}$。试求该谐振电路的谐振频率 f_0、品质因数 Q 及电容上的电压 U_{C0}。

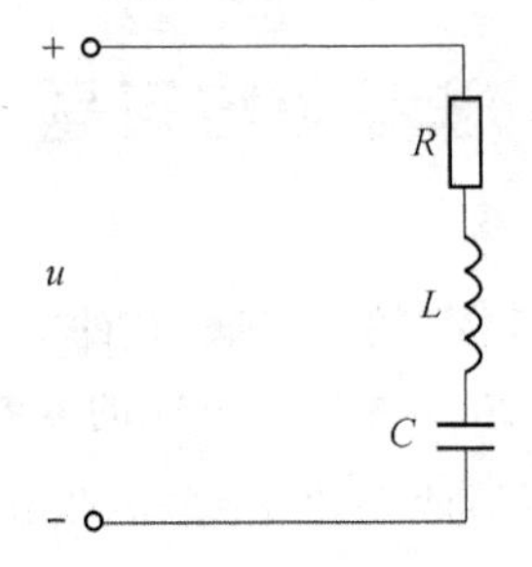

图 4-23　习题 4-10 图

4-11　某收音机 RLC 串联电路如图 4-23 所示，若已知 $C=150\ \mu\text{F}$，$R=250\ \Omega$，外加电压的频率 $f=1\ \text{kHz}$，电感 L 可调，试求电感 L 调到何值时，电路能发生谐振。

第5章　三相交流电路

【本章要点】

- 三相电源的基本概念。
- 三相电源和三相负载的连接方法。
- 三相电路中电压、电流与功率。
- 触电的基本常识。
- 预防触电的措施和触电急救常识。

【本章难点】

- 三相电路中电压、电流与功率的计算。
- 预防触电的措施和触电急救方法。

通过本章的学习，了解三相电源、三相负载的概念及触电的原因；掌握三相交流电路中的相电压、线电压、相电流、线电流及功率的概念与计算；理解电路中的工作接地、安全接地与安全接零的概念；熟悉三相电路的星形与三角形连接方式，三相三线制、三相四线制及三相五线制供电线路，触电方式及触电急救方式。

本章从三相电源和三相负载的基本概念入手，由浅入深地提出三相交流电路研究的基本物理量、基本计算和安全用电常识，它是三相交流电路理论及安全用电的入门内容，为三相交流电路的分析、计算及安全用电提供必要的基础知识。

5.1　三相交流电源

当前，世界上大多数国家电力系统中电能的生产、传送和供电方式都采用三相制，三相制是指3个同幅度、同频率，但相位差不同的电压源按一定的连接方式连接在一起的供电系统。从发电、输电及用电的设备性能和经济指标等方面考虑，三相供电制比同等功率的单相供电制具有更多的优越性。

5.1.1　三相电源的基本概念

产生三相电源的主要设备是三相发电机，对称三相电压是三相交流发电机产生的，三相交流电源是3个单相交流电源按一定方式进行的组合，这3个电源依次称为A相、B相和C相，各相的频率相同，振幅（最大值）相等，相位彼此相差120°。设第一相的初相位为0°，第

二相的初相位为$-120°$,第三相的初相位为$120°$,所以瞬时表达式为

$$\begin{cases}u_A=\sqrt{2}U\cos\omega t\\u_B=\sqrt{2}U\cos(\omega t-120°)\\u_C=\sqrt{2}U\cos(\omega t+120°)\end{cases}\tag{5-1}$$

式(5-1)这样的电源称为对称三相电源。对称三相电源也可以用相量的复数形式表示,即

$$\begin{cases}\dot{U}_A=U\angle 0°\\\dot{U}_B=U\angle -120°\\\dot{U}_C=U\angle 120°\end{cases}$$

对称三相交流电源的符号、波形图和相量图如图 5-1 所示。

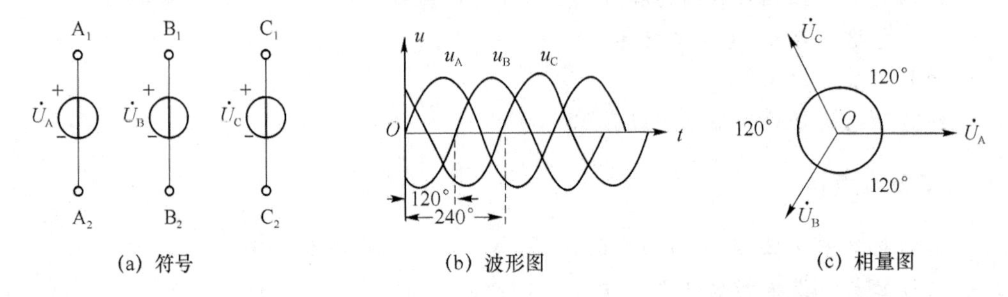

(a) 符号 (b) 波形图 (c) 相量图

图 5-1 对称三相电源

由图 5-1(b)可以看出,任意时刻三相电源的瞬时值之和为零。即

$$u_A+u_B+u_C=0\tag{5-2}$$

对称三相电压的相量和也为零,这从图 5-1(c)也可以看出来,即

$$\dot{U}_A+\dot{U}_B+\dot{U}_C=0\tag{5-3}$$

把三相电源中各相电源达到最大值的先后顺序称为相序。图 5-1(b)所示的相序是A—B—C—A,是正相序。反之,如果B相超前A相120°,A相超前C相120°,这种相序称为反相序或逆相序。对于三相电动机,如果相序反了,就会反转。今后,如果不加说明,都认为是正相序。

5.1.2 三相电源的连接方式

将三相电源按一定方式连接之后,再向负载供电。三相电源通常有两种连接方式,即星形(Y形)和三角形(△形)。

1. 三相电源的星形连接方式

三相电源通常采用星形连接方式,如图 5-2(a)所示。

星形连接方式是将三个单相电源的尾端(即负端 $A_2B_2C_2$)连接在一起成为一个公共端,称为中点,用N表示。从中点引出的导线称为中线或零线。从各相电源的首端(即正端 $A_1B_1C_1$)引出的线称为相线,又称为火线。在低压配电系统中,采用三根相线和一根中线输电,称为三相四线制;在高压输电工程中,由三根相线组成输电线路,称为三相三线制。

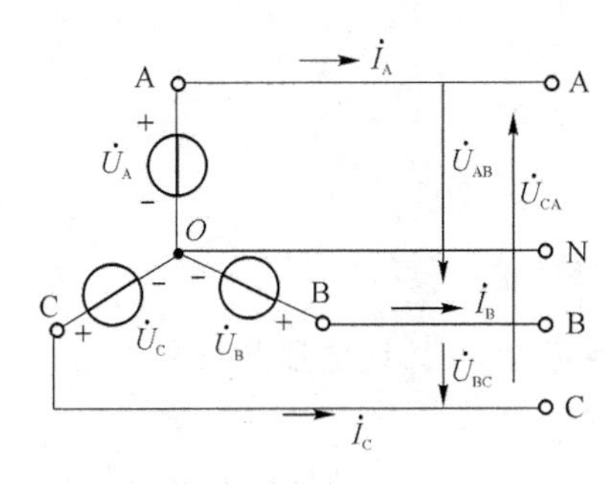

(a) Y形连接方式

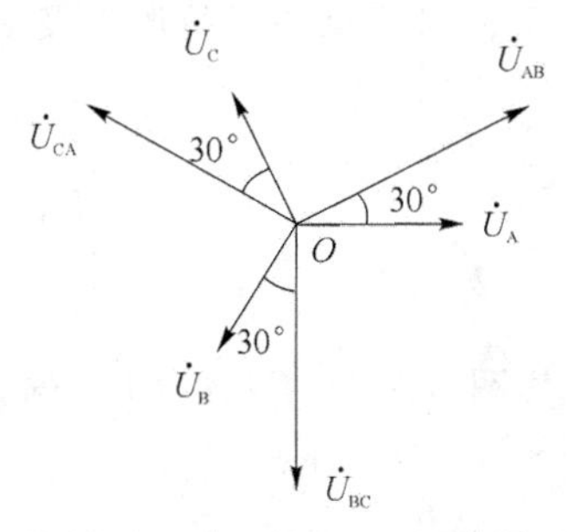

(b) 线电压与相电压的关系（相量图）

图 5-2　三相电源的星形连接

火线与中线之间的电压称为相电压，瞬时值用 u_{AN}，u_{BN}，u_{CN} 表示，相量分别用 $\dot{U}_{AN}$，$\dot{U}_{BN}$，$\dot{U}_{CN}$ 表示，有效值通用 U_P 表示。任意两相线之间的电压，称为线电压，瞬时值用 u_{AB}，u_{BC}，u_{CA} 表示，相量用 $\dot{U}_{AB}$，$\dot{U}_{BC}$，$\dot{U}_{CA}$ 表示，有效值通用 U_L 表示。

各相电压的方向为各个单相电源的首端指向中点。线电压的方向，对于 $\dot{U}_{AB}$ 来说，是由 A 线指向 B 线。

三相电源以星形连接时，相电压不等于线电压。在图 5-2 中，设各相电压分别为

$$\begin{cases}\dot{U}_{AN}=\dot{U}_A=U\angle 0^\circ\\ \dot{U}_{BN}=\dot{U}_B=U\angle -120^\circ\\ \dot{U}_{CN}=\dot{U}_C=U\angle 120^\circ\end{cases}$$

那么，可以得到各线电压的相量表达式为

$$\begin{cases}\dot{U}_{AB}=\dot{U}_{AN}-\dot{U}_{BN}=U\angle 0^\circ-U\angle -120^\circ=\sqrt{3}U\angle 30^\circ\\ \dot{U}_{BC}=\dot{U}_{BN}-\dot{U}_{CN}=U\angle -120^\circ-U\angle 120^\circ=\sqrt{3}U\angle -90^\circ\\ \dot{U}_{CA}=\dot{U}_{CN}-\dot{U}_{AN}=U\angle 120^\circ-U\angle 0^\circ=\sqrt{3}U\angle 150^\circ\end{cases}$$

做出线电压和相电压的相量图，如图 5-2(b)所示（以 $\dot{U}_A$ 的方向为参考方向）。

三相电源作星形连接时，三个相电压和三个线电压均为三相对称电压，线电压与相电压数值之间的关系为

$$U_L=\sqrt{3}U_P \tag{5-4}$$

各线电压的有效值为相电压有效值的 $\sqrt{3}$ 倍，且线电压相位比对应的相电压超前 30°。

我国工矿企业配电线路中普遍使用的相电压为 220 V，线电压为 380 V，就是由这种星形接法的三相电源供电的。

2. 三相电源的三角形连接方式

三相电源三角形连接的方式如图 5-3(a)所示，三个电源首尾相接（A 尾 B 首、B 尾 C 首、C 尾 A 首），构成三相电源的三角形连接。然后从三个连接点引出三根火线送至负载。

在如图 5-3(a)所示的三角形连接中有

$$\begin{cases}\dot{U}_{AB}=\dot{U}_{A}=U\angle 0^{\circ}\\ \dot{U}_{BC}=\dot{U}_{B}=U\angle -120^{\circ}\\ \dot{U}_{CA}=\dot{U}_{C}=U\angle 120^{\circ}\end{cases}$$

相量图如图 5-3(b)所示(以 $\dot{U}_A$ 的方向为参考方向)。线电压与相电压之间的关系为

$$\dot{U}_L=\dot{U}_P \tag{5-5}$$

即,线电压就是相电压。

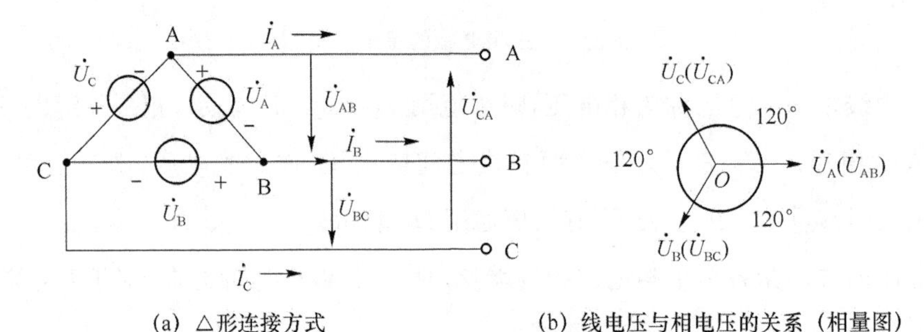

(a) △形连接方式 (b) 线电压与相电压的关系(相量图)

图 5-3 三相电源的三角形连接

在三角形连接中,三个单相电源构成一个回路,由式(5-3)可知回路的总电压为零,这样在回路中不会产生电流。

特别注意:如果有一个单相电源接错,那么回路的电压不为零,可知每一个单相电源都相当于发电机的一个绕组,而绕组的电阻是非常小的,这样回路中便会产生很大的电流,很容易造成设备的损坏。

5.2 三相负载

三相电路负载有星形连接和三角形连接两种方式。单相负载在接入电路时,可以选择接入线电压或者相电压。照明电路大多数选择的是接入相电压,大多时候需要中线。常见的三相电动机有三个阻抗相同的对称三相负载,分别接入三个线电压,三相负载的连接方式也有星形连接和三角形连接两种。

5.2.1 三相负载的连接方式

1. 三相负载的星形连接方式

三相负载的三相四线制星形(Y-Y 形)连接电路如图 5-4(a)所示,将三相负载的一端接成公共端,与电源的中线相连,三个负载的另外一端接到三相电源的三条火线上。

通过每根火线的电流称为线电流,用 $\dot{I}_L$ 表示。通过各相负载的电流称为相电流 $\dot{I}_P$,负载采用星形连接时,各个负载的相电流就是线电流,即 $\dot{I}_P=\dot{I}_L$。略去火线上的压降,则各相负载的相电压就等于电源的相电压。

在三相四线制电路中，当三相电源对称、三相负载相等时，设中线阻抗为 Z_N，可以求出中线电流 $\dot{I}_N$。

采用节点电位法，以 N 点为参考点，对 N′点列写节点电位方程有

$$\left(\frac{1}{Z_A}+\frac{1}{Z_B}+\frac{1}{Z_C}+\frac{1}{Z_N}\right)\dot{U}_{N'N}=\frac{1}{Z_A}\dot{U}_A+\frac{1}{Z_B}\dot{U}_B+\frac{1}{Z_C}\dot{U}_C$$

由于是对称三相负载，$Z_A=Z_B=Z_C=Z$，所以写为

$$\left(\frac{3}{Z}+\frac{1}{Z_N}\right)\dot{U}_{N'N}=\frac{1}{Z}(\dot{U}_A+\dot{U}_B+\dot{U}_C)$$

根据式(5-3)可得

$$\dot{U}_{N'N}=\frac{1}{Z}(\dot{U}_A+\dot{U}_B+\dot{U}_C)/\left(\frac{3}{Z}+\frac{1}{Z_N}\right)=0$$

N′，N 两点等电位，所以中线上电流为零，即

$$\dot{I}_N=0 \tag{5-6}$$

这是星形连接对称三相负载电路的一个最显著的特性。以 N 点为参考点，故可以分别求出各相电流。

设负载阻抗

$$Z_A=Z_B=Z_C=z\angle\varphi$$

$$\begin{cases}\dot{I}_A=\dfrac{\dot{U}_A-\dot{U}_{N'N}}{Z}=\dfrac{\dot{U}_A}{z}\angle-\varphi\\[2ex]\dot{I}_B=\dfrac{\dot{U}_B-\dot{U}_{N'N}}{Z}=\dfrac{\dot{U}_B}{z}\angle-\varphi\\[2ex]\dot{I}_C=\dfrac{\dot{U}_C-\dot{U}_{N'N}}{Z}=\dfrac{\dot{U}_C}{z}\angle-\varphi\end{cases} \tag{5-7}$$

各相电流和各相电压的相量图如图 5-4(b)所示(以 $\dot{U}_A$ 的方向为参考方向)。各相电流滞后对应相电压一个 φ 角。

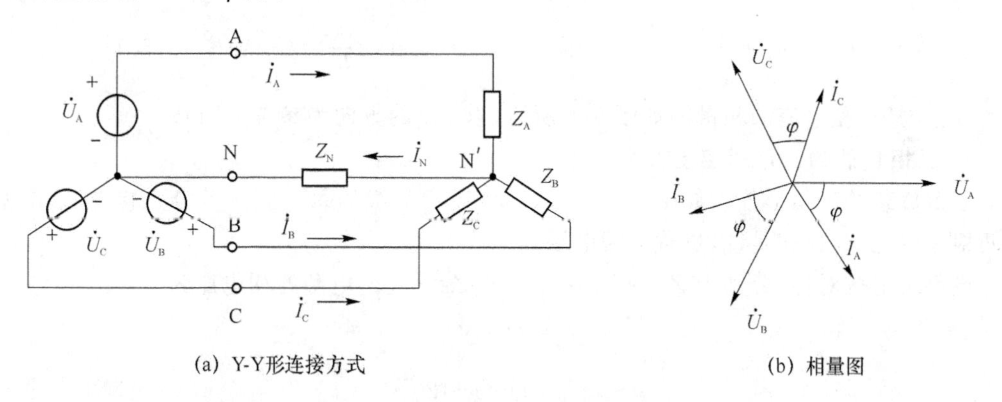

(a) Y-Y形连接方式　　(b) 相量图

图 5-4　三相负载三相四线制的星形连接

对称的三相负载作星形连接时，中线电流为零，可以省略中线而成为三相三线制，并不影响电路工作，电路如图 5-5 所示。

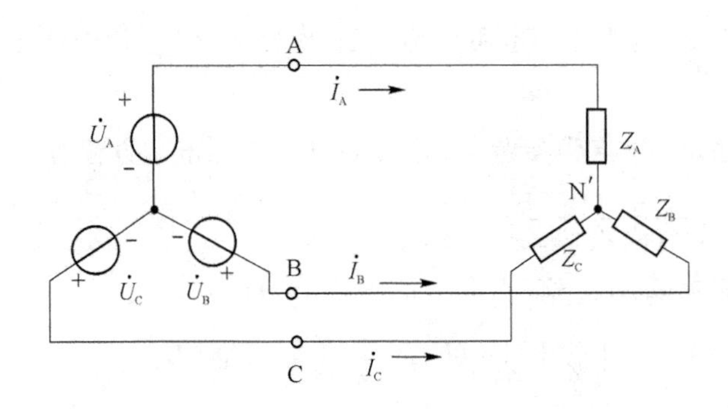

图 5-5　对称三相负载三相三线制的星形连接

特别注意:如果三相负载不对称,由式(5-7)可知,各相电流大小就不相等,相位差也不一定是 120°,中线电流不为零,此时就不能省去中线。否则会影响电路正常工作,甚至造成事故。所以三相四线制中除尽量使负载平衡运行之外,中线上还不准安装熔丝和开关。

【例 5-1】 对称三相负载星形连接电路(Y-Y 形连接)如图 5-5 所示,已知各相阻抗均为(6+j8) Ω,接在线电压为 380 V 的三相电源上。试求各相的相电流、线电流及相电流与线电流之间的相位差。

解　因为负载对称,所以只需要计算一相负载即可。相电压有效值为

$$U_P=\frac{U_L}{\sqrt{3}}=\frac{380}{\sqrt{3}}=220\ \text{V}$$

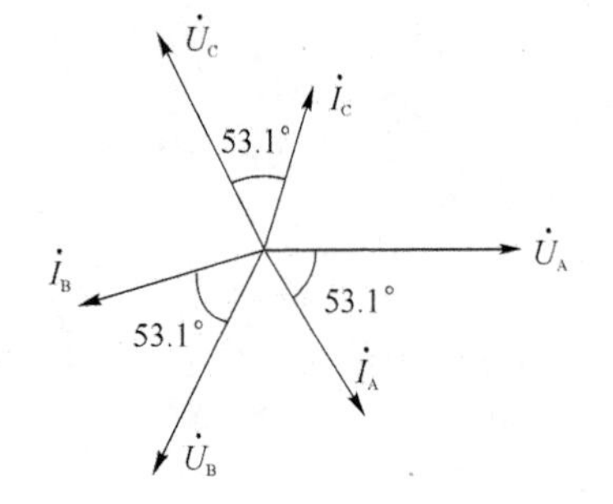

图 5-6　例 5-1 图

阻抗的模为

$$z=\sqrt{R^2+X_L^2}=\sqrt{6^2+8^2}=10\ \Omega$$

线电流等于相电流,即有效值为

$$I_L=I_P=\frac{U_P}{z}=\frac{220}{10}=22\ \text{A}$$

相电流滞后相应的相电压的角度为阻抗的幅角,即

$$\varphi=\arctan\frac{X}{R}=\arctan\frac{8}{6}=53.1^\circ$$

其相电压、相电流的相量图如图 5-6 所示(以 $\dot{U}_A$ 的方向为参考方向)。

2. 三相负载的三角形连接方式

三相负载的三角形连接如图 5-7 所示,它将三相负载的每一相负载分别接在三相电源的两根相线之间,也就是说,负载的相电压等于线电压。

设负载阻抗对称,分别为 $Z_{ab}=Z_{bc}=Z_{ca}=Z$,$Z=z\angle\varphi$,电源的相电压为

$$\begin{cases}\dot{U}_A=U\angle 0^\circ\\ \dot{U}_B=U\angle -120^\circ\\ \dot{U}_C=U\angle 120^\circ\end{cases}$$

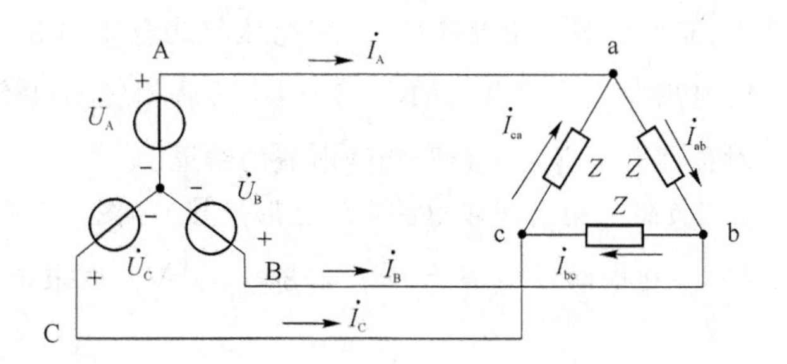

图 5-7　三相负载的三角形(△)连接

由图 5-7 可以看出,负载的相电压($\dot{U}_{ab}$)等于电源的线电压($\dot{U}_{AB}$),负载的相电压($\dot{U}_{bc}$)等于电源的线电压($\dot{U}_{BC}$),负载的相电压($\dot{U}_{ca}$)等于电源的线电压($\dot{U}_{CA}$),即

$$\begin{cases}\dot{U}_{ab}=\dot{U}_{AB}=\sqrt{3}U\angle 30^\circ\\ \dot{U}_{bc}=\dot{U}_{BC}=\sqrt{3}U\angle -90^\circ\\ \dot{U}_{ca}=\dot{U}_{CA}=\sqrt{3}U\angle 150^\circ\end{cases}$$

根据欧姆定律,可得相电流为

$$\begin{cases}\dot{I}_{ab}=\dfrac{\dot{U}_{ab}}{Z}=\dfrac{\sqrt{3}U}{z}\angle(30^\circ-\varphi)\\ \dot{I}_{bc}=\dfrac{\dot{U}_{bc}}{Z}=\dfrac{\sqrt{3}U}{z}\angle(-90^\circ-\varphi)\\ \dot{I}_{ca}=\dfrac{\dot{U}_{ca}}{Z}=\dfrac{\sqrt{3}U}{z}\angle(150^\circ-\varphi)\end{cases}\tag{5-8}$$

根据节点电流定律,可得线电流为

$$\begin{cases}\dot{I}_A=\dot{I}_{ab}-\dot{I}_{ca}=\sqrt{3}\,\dot{I}_{ab}\angle -30^\circ\\ \dot{I}_B=\dot{I}_{bc}-\dot{I}_{ab}=\sqrt{3}\,\dot{I}_{bc}\angle -30^\circ\\ \dot{I}_C=\dot{I}_{ca}-\dot{I}_{bc}=\sqrt{3}\,\dot{I}_{ca}\angle -30^\circ\end{cases}\tag{5-9}$$

各相电流也是对称的,即大小相等,相位差是 120°。对称负载的线电流与相电流的关系可以由图 5-8 所示的相量关系求出(以相电流 $\dot{I}_{ab}$的方向为参考方向)。

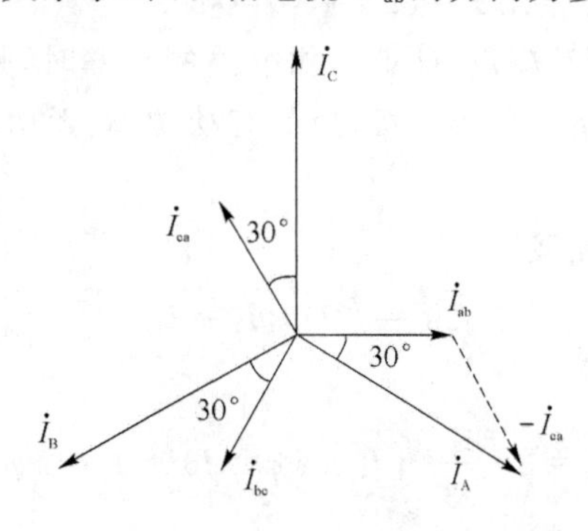

图 5-8　对称负载三角形连接线电流与相电流的相量图

综上分析得到结论，对称负载三角形连接时，相电压与线电压相等，且对称。线电流与相电流也是对称的。线电流大小是相电流的$\sqrt{3}$倍，相位落后相应相电流 30°。只需要计算一相线电流 $\dot{I}_A$，根据对称性即可得到其余两相线电流的结果。

【例 5-2】 对称三相负载三角形连接电路（Y-△形连接）如图 5-7 所示，已知各相阻抗均为 $Z=(4+j4)\ \Omega$，对称三相电源线电压为 $\dot{U}_{AB}=380\angle 30°$ V。试求负载的各相电流和线电流。

解 负载电压 $\dot{U}_{ab}=\dot{U}_{AB}=380\angle 30°$ V，负载阻抗 $Z=4+j4=5.7\angle 45°\ \Omega$，ab 相负载电流为

$$\dot{I}_{ab}=\frac{\dot{U}_{ab}}{Z_{ab}}=\frac{380\angle 30°}{5.7\angle 45°}=66.7\angle -15°\ \text{A}$$

根据对称性，可知另外两相的负载电流为

$$\dot{I}_{bc}=66.7\angle -135°\ \text{A}$$

$$\dot{I}_{ca}=66.7\angle 105°\ \text{A}$$

再根据相电流与线电流的关系以及对称性，可知各线电流为

$$\dot{I}_A=\sqrt{3}\,\dot{I}_{ab}\angle -30°=115.5\angle -45°\ \text{A}$$

$$\dot{I}_B=115.5\angle -165°\ \text{A}$$

$$\dot{I}_C=115.5\angle 75°\ \text{A}$$

注意：(1)电流的对称性是频率相同、振幅相等、相位相差 120°的三相电流；(2)相电流与线电流的关系是线电流大小是相电流的$\sqrt{3}$倍，相位落后相应相电流 30°。

5.2.2 对称三相电路的功率

三相电路总的有功功率为各相电路的有功功率之和，当负载对称时，各相的功率为

$$P_P=U_P I_P\cos\varphi \tag{5-10}$$

φ 为相电压与相电流的相位差角（阻抗角），$\cos\varphi$ 为各相负载的功率因数。

三相总功率为

$$P=3P_P=3U_P I_P\cos\varphi \tag{5-11}$$

通常，相电压和相电流不易测量，计算三相电路的功率时，是通过线电压和线电流来计算。不论负载作星形连接还是三角形连接，总的有功功率、无功功率和视在功率的计算公式是相同的。

当负载采用星形（Y 形）连接时

$$U_L=\sqrt{3}U_P,I_L=I_P$$

因此总的有功功率为

$$P=3\cdot\frac{1}{\sqrt{3}}U_L I_L\cos\varphi=\sqrt{3}U_L I_L\cos\varphi \tag{5-12}$$

当负载采用三角形（△形）连接时

$$U_L=U_P,I_L=\sqrt{3}I_P$$

总的有功功率为

$$P=3U_{\mathrm{L}}\cdot\frac{1}{\sqrt{3}}I_{\mathrm{L}}\cos\varphi=\sqrt{3}U_{\mathrm{L}}I_{\mathrm{L}}\cos\varphi \tag{5-13}$$

可以看到，不论是采用星形连接还是三角形连接，有功功率用线电压表示都是一样的。

同理可以得到总的无功功率和视在功率的表达式为

$$Q=3U_{\mathrm{P}}I_{\mathrm{P}}\sin\varphi=\sqrt{3}U_{\mathrm{L}}I_{\mathrm{L}}\sin\varphi \tag{5-14}$$

$$S=\sqrt{P^2+Q^2}=3U_{\mathrm{P}}I_{\mathrm{P}}=\sqrt{3}U_{\mathrm{L}}I_{\mathrm{L}} \tag{5-15}$$

在实际应用中，三相四线制三相电路功率的测量，可以分别测量每一相的功率然后相加。三相三线制功率的测量可以使用两个功率表的方法测量三相功率，电路如图 5-9 所示。W 表示功率表，其中测量结构主要由固定的电流线圈和可动的电压线圈组成，电流线圈与负载串联，反映负载的电流；电压线圈的非电源端（即无 * 端）共同接到非电流线圈所在的第三条端线上。电压线圈和电流线圈带有 * 标端应短接在一起，否则功率表除反偏外，还有可能损坏。这种测量方法叫做二瓦计法。

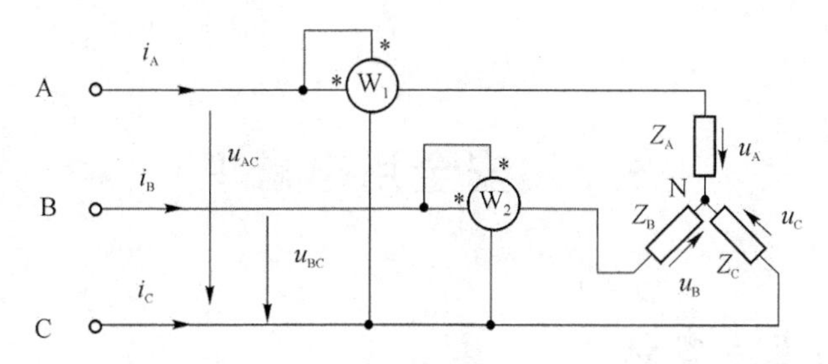

图 5-9　二瓦计法测量三相功率

单个功率表测量的功率为其电流线圈的电流与电压线圈的电压的乘积，如 W_1 表测量的功率为 $p_{\mathrm{A}}=i_{\mathrm{A}}u_{\mathrm{AC}}$，$W_2$ 表测量的功率为 $p_{\mathrm{B}}=i_{\mathrm{B}}u_{\mathrm{BC}}$，根据节点电流定律，对于 N 点，则有关系式 $i_{\mathrm{C}}=-i_{\mathrm{A}}-i_{\mathrm{B}}$，可以证明 2 个功率表的读数之和为三相电路的总功率。

$$\begin{aligned} p&=u_{\mathrm{A}}i_{\mathrm{A}}+u_{\mathrm{B}}i_{\mathrm{B}}+u_{\mathrm{C}}i_{\mathrm{C}}\\ &=i_{\mathrm{A}}(u_{\mathrm{A}}-u_{\mathrm{C}})+i_{\mathrm{B}}(u_{\mathrm{B}}-u_{\mathrm{C}})\\ &=i_{\mathrm{A}}u_{\mathrm{AC}}+i_{\mathrm{B}}u_{\mathrm{BC}} \end{aligned}$$

【例 5-3】 已知三相电动机（对称三相负载）的每一电阻 $R=6\ \Omega$，感抗 $X_L=8\ \Omega$，接在对称三相电源上，线电压的大小为 $U_{\mathrm{L}}=380$ V。试计算负载分别作星形和三角形连接时所取用的功率。

解　每一相负载的阻抗为

$$z=\sqrt{R^2+X_L^2}=\sqrt{6^2+8^2}=10\ \Omega$$

负载的功率因数为

$$\cos\varphi=\frac{R}{z}=\frac{6}{10}=0.6$$

（1）星形连接时

相电压为
$$U_{\mathrm{P}}=\frac{U_{\mathrm{L}}}{\sqrt{3}}=\frac{380}{\sqrt{3}}=220\ \mathrm{V}$$

线电流为
$$I_L = I_P = \frac{U_P}{z} = \frac{220}{10} = 22\ \text{A}$$

三相功率为
$$P = \sqrt{3} U_L I_L \cos\varphi = \sqrt{3} \times 380 \times 220 \times 0.6 = 8.67\ \text{kW}$$

(2) 三角形连接时

相电压与相电流为
$$U_P = U_L = 380\ \text{V}, I_P = \frac{U_P}{z} = \frac{380}{10} = 38\ \text{A}$$

线电流为
$$I_L = \sqrt{3} I_P = \sqrt{3} \times 38 = 66\ \text{A}$$

三相功率为
$$P = \sqrt{3} U_L I_L \cos\varphi = \sqrt{3} \times 380 \times 66 \times 0.6 = 26\ \text{kW}$$

从计算的结果可以看出，在同样的线电压下，负载作三角形连接时所取用的功率是星形连接时的 3 倍。

5.3 安全用电常识

5.3.1 触电的基本常识

1. 触电的伤害

触电是指人体接触或接近带电体，引起人体局部受伤或死亡的现象。一般可分为电击和电伤两种类型。

电击是指电流通过人体所造成的内部伤害，它会破坏人的心脏、呼吸及神经系统的正常工作，甚至危及生命。绝大部分触电死亡事故是由电击造成的。

电伤是指人体外部皮肤受到电流的伤害。电伤不损坏人体内部器官，但严重的电伤也可致人死亡。

2. 影响触电伤害程度的因素

触电对人体的伤害与通过人体电流大小、通电时间、电流途径及电流性质有关。触电的电压越高，电流越大，时间越长，对人体的危害越严重。关键是通过人体的电流越大，人体的生理反应越强烈，对人体的危害也就越大。

通过人体电流的大小主要取决于施加在人体上的电压及人体本身的电阻。在干燥环境中，人体电阻在 2～20 kΩ 范围内；皮肤出汗时，约为 1 kΩ；皮肤有伤口时，约为 800 Ω。人体触电时，皮肤与带电体的接触面积越大，人体电阻越小。当人体接触带电体时，人体就被当做一个电路元件接入回路。

人体阻抗通常包括外部阻抗(与触电者当时所穿衣服、鞋袜以及身体的潮湿情况有关)和内部阻抗(与触电者的皮肤阻抗和体内阻抗有关)。人体阻抗不是纯电阻，主要由人体电阻决定。手指某部位的皮肤还有角质层，角质层的电阻值更高，而不经常摩擦部位的皮肤的电阻值是最小的。当表皮受损暴露出真皮时，人体内因布满了输送盐溶液的血管而有很低的电阻。

一般认为，接触到真皮里，一只手臂或一条腿的电阻大约为500 Ω。因此，由一只手臂到另一只手臂或由一条腿到另一条腿的通路相当于一只1 kΩ的电阻。假定一个人用双手紧握带电体，双脚站在水坑里而形成导电回路，这时人体电阻基本上就是体内电阻，约为500 Ω。一般情况下，人体电阻可按1～2 kΩ考虑。

人体电阻还与触电电压有关。一般认为干燥的皮肤在低电压下具有相当高的电阻，约100 kΩ。当电压在500～1 000 V时，这一电阻便下降为1 kΩ。

如果电流流经人体的脑、心脏和中枢神经等重要部位，要比流经一般部位造成更严重的后果，容易导致死亡。

经研究和统计，频率为20～300 Hz的交流电对人体的危害比高频电流、直流电流及静电大。

人体对0.5 mA以下的工频电流一般是没有感觉的。实验资料表明，对不同的人引起感觉的最小电流是不一样的，成年男性约为1.0 mA，成年女性约为0.7 mA，这一数值称为感知电流。这时人体由于神经受刺激而感觉轻微刺痛。同样，不同的人触电后能自主摆脱电源的最大电流也不一样，成年男性约为16 mA，成年女性约为10.5 mA，这个数值称为摆脱电流。一般情况下，8 mA以下的工频电流，50 mA以下的直流电流可以当做人体允许的安全电流，但这么大的电流长时间通过人体也是有危险的。在装有防止触电的保护装置的场合，人体允许的工频安全电流约为30 mA。

注意：*大量触电事故资料分析和实验证实，触电时间与人体的电流之乘积如果超过30 mA·s，就会发生人体触电死亡。*

3. 安全电压

加在人体上一定时间内不致造成伤害的电压叫做安全电压。为了保障人身安全，使触电者能够自行脱离电源，不致引起人身伤亡，各国都规定了安全操作电压。

我国规定的安全电压为：50～500 Hz的交流电压额定值有36 V，24 V，12 V，6 V四种，直流电压额定值有48 V，24 V，12 V，6 V四种，以供不同场合使用。

还规定安全电压在任何情况下均不得超过50 V有效值，当使用大于24 V的安全电压时，必须有防止人身直接触及带电体的保护措施。在高温、潮湿场所使用的安全电压规定为12 V。

4. 触电原因

不同的场合，引起触电的原因也不一样，根据日常用电情况，触电原因有以下四种。

(1) 线路架设不合格

采用一线一地制的违章线路架设，当接地零线被拔出、线路发生短路或接地不良时，均会引起触电；室内导线破旧、绝缘损坏或敷设不合格时，容易造成触电或短路引起火灾；无线电设备的天线、广播线或通信线与电力线距离过近或同杆架设时，如发生断线或碰线，电力线电压就会传到这些设备上而引起触电；电气工作台布线不合理，使绝缘线被磨坏或被烙铁烫坏而引起触电等。

(2) 用电设备不合格

用电设备的绝缘损坏造成漏电，而外壳无保护接地线或保护接地线接触不良而引起触电；开关和插座的外壳破损或导线绝缘老化，失去保护作用，一旦触及就会引起触电；线路或用电器具接线错误，致使外壳带电而引起触电等。

(3) 电工操作不合要求

电工操作时，带电操作、冒险修理或盲目修理，且未采取切实的安全措施，均会引起触电；使用不合格的安全工具进行操作，如使用绝缘层损坏的工具，用竹竿代替高压绝缘棒，用普通胶鞋代替绝缘靴等，均会引起触电；停电检修线路时，闸刀开关上未挂警告牌，其他人员误合开关而造成触电等。

(4) 使用电器不谨慎

在室内违规乱拉电线，乱接用电器具，使用中不慎而造成触电；未切断电源就去移动灯具或电器，若电器漏电就会造成触电；更换保险丝时，随意加大规格或用铜丝代替熔丝，使之失去保险作用就容易造成触电或引起火灾；用湿布擦拭或用水冲刷电线和电器，引起绝缘性能降低而造成触电等。

5. 触电方式

(1) 单相触电

这是常见的触电方式。人体的一部分接触带电体的同时，另一部分又与大地或中性线(零线)相接，电流从带电体流经人体到大地(或中性线)形成回路，这种触电叫单相触电，如图 5-10 所示。

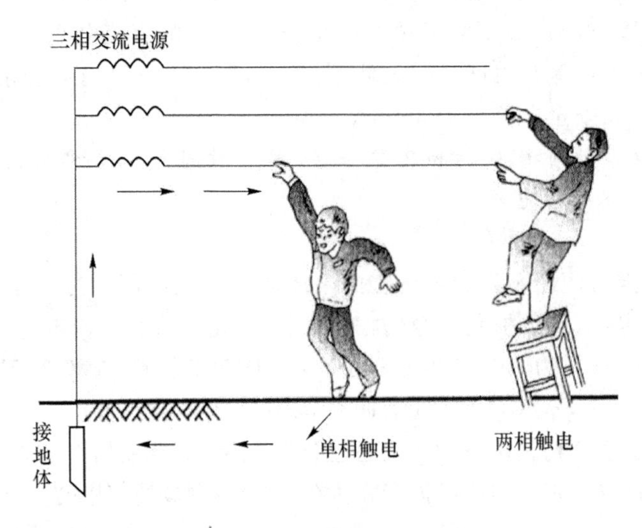

图 5-10 单相触电和两相触电

(2) 两相触电

两相触电是指人体两处同时触及同一电源的两相带电体，以及在高压系统中，人体距离高压带电体小于规定的安全距离，造成电弧放电时，电流从一相导体流入另一相导体的触电方式，如图 5-10 所示。两相触电加在人体上的电压为线电压，因此不论电网的中性点接地与否，其触电的危险性都最大。

(3) 跨步电压触电

雷电流入地时，或载流电力线(特别是高压线)断落到地时，会在导线接地点及周围形成强电场。其电位分布以接地点为圆心向周围扩散、逐步降低，而在不同位置形成电位差(电压)，人、畜跨进这个区域，两脚之间将存在电压，该电压称为跨步电压。在这种电压作用下，电流从接触高电位的脚流进，从接触低电位的脚流出，这就是跨步电压触电，如图 5-11 所示。图中，坐标原点 O 表示带电体接地点，横坐标表示位置，纵坐标负方向表示电位分布。U_{K1} 为人两脚间的跨步电压，U_{K2} 为马两脚间的跨步电压。

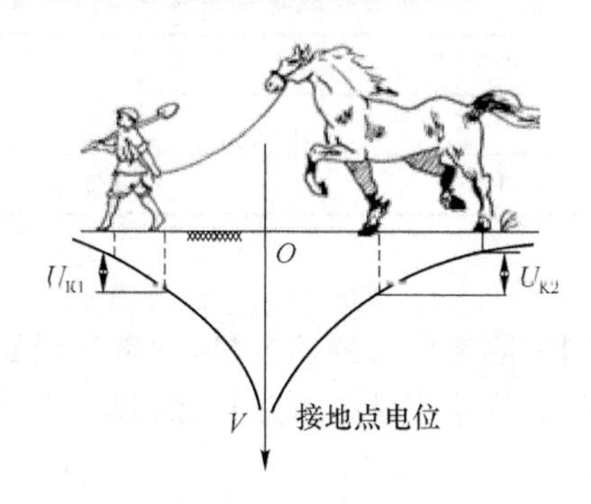

图 5-11　跨步电压触电

(4) 悬浮电路上的触电

220 V 工频电流通过变压器相互隔离的一次、二次绕组后，从二次绕组输出的电压零线不接地，变压器绕组间不漏电时，即相对于大地处于悬浮状态。若人站在地上接触其中一根带电导线，不会构成电流回路，没有触电感觉。如果人体一部分接触二次绕组的一根导线，另一部分接触该绕组的另一根导线，则会造成触电。如音响设备中的电子管功率放大器，部分彩色电视机，它们的金属底板是悬浮电路的公共接地点。在接触或检修这类机器的电路时，如果一只手接触电路的高电位点，另一只手接触低电位点，即用人体将电路连通造成触电，这就是悬浮电路触电。在检修这类机器时，一般要求单手操作，特别是电位差比较大时更应如此。

5.3.2　预防触电的措施

1. 预防直接与间接触电的措施

(1) 绝缘措施

用绝缘材料将带电体封闭起来的措施叫绝缘措施。良好的绝缘是保证电气设备和线路正常运行的必要条件，是防止触电事故的重要措施。

通常对电气线路或设备采取双重绝缘，加强绝缘或对组合电气设备采用共同绝缘被称为加强绝缘措施。采用加强绝缘措施的线路或设备绝缘牢靠，难于损坏，即使工作绝缘损坏后，还有一层加强绝缘，不易发生带电金属导体裸露而造成间接触电。

(2) 屏护措施

采用屏护装置将带电体与外界隔绝开来，以杜绝不安全因素的措施叫屏护措施。常用的屏护装置有遮栏、护罩、护盖、栅栏等。如常用电器的绝缘外壳、金属网罩、金属外壳、变压器的遮栏、栅栏等都属于屏护装置。凡是金属材料制作的屏护装置，应妥善接地或接零。

(3) 间距措施

为防止人体触及或过分接近带电体，为避免车辆或其他设备碰撞或过分接近带电体，为防止火灾、过电压放电及短路事故，为操作的方便，在带电体与地面之间、带电体与带电体之间、带电体与其他设备之间，均应保持一定的安全间距，叫做间距措施。安全间距的大小取决于电压的高低、设备的类型、安装的方式等因素。如导线与建筑物最小距离如表 5-1 所列。

表 5-1 导线与建筑物的最小距离

线路电压/kV	1.0 以下	10.0	35.0
垂直距离/m	2.5	3.0	4.0
水平距离/m	1.0	1.5	3.0

(4) 电气隔离措施

采用隔离变压器或具有同等隔离作用的发电机,使电气线路和设备的带电部分处于悬浮状态叫电气隔离措施。即使该线路或设备工作绝缘损坏,人站在地面上与之接触也不易触电。

应注意的是:被隔离回路的电压不得超过 500 V,其带电部分不得与其他电气回路或大地相连,才能保证其隔离要求。

(5) 自动断电措施

在带电线路或设备上发生触电事故或其他事故(短路、过载、欠压等)时,在规定时间内,能自动切断电源而起保护作用的措施叫自动断电措施。如漏电保护、过流保护、过压或欠压保护、短路保护、接零保护等均属自动断电措施。

2. 保护接地与保护接零措施

(1) 工作接地

由于设备运行与安全用电需要,电力网在正常或事故情况下,为了保证电气设备可靠运行,而将电气回路中性点与大地相连,称为工作接地,即将中性点接地,如图 5-13 所示。工作接地有降低触电电压、出故障(短路)时迅速切断电源和降低电气设备对地的绝缘水平等作用。

(2) 保护接地

保护接地简称接地,它是指在电源中性点不接地的供电系统中,将电气设备的金属外壳与埋入地下并且与大地接触良好的接地装置(接地体)进行可靠连接。若设备漏电,外壳和大地之间的电压将通过接地装置将电流导入大地。

如果有人接触漏电设备外壳,使人体与漏电设备并联,流过每一条通路的电流值将与其电阻的大小成反比。因人体电阻 R_b(一般为 1 000～1 500 Ω)远大于接地装置对地电阻 R_e(一般为几欧姆),通过人体的电流非常微弱,从而消除了触电危险,保证了人身安全。该保护接地原理如图 5-12 所示。L_1、L_2、L_3 为三根火(相)线,R_1、R_2、R_3 分别为三根火线对地的绝缘电阻。

若没有保护接地,触电时一相(如 L_1)电流通过人体流入大地,再经过其他两相(如 L_2、L_3)对地绝缘电阻或对地电容回流电源,即通过人体形成一个导电回路。

(3) 保护接零

保护接零简称接零,它是指电源中性点接地的供电系统中,将电气设备的金属外壳与电源零线(中性线)可靠连接,如图 5-13 所示。此时,若电气设备漏电致使其金属外壳带电时,设备外壳将与零线之间形成良好的电流通路。若有人接触设备金属外壳时,由于人体电阻 R_b 远大于设备外壳与零线之间的接触电阻 R_c,通过人体电流必然很小,亦排除了触电危险。

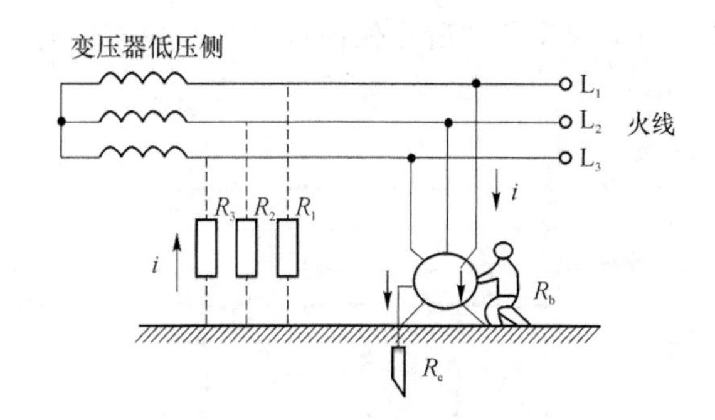

图 5-12　保护接地原理

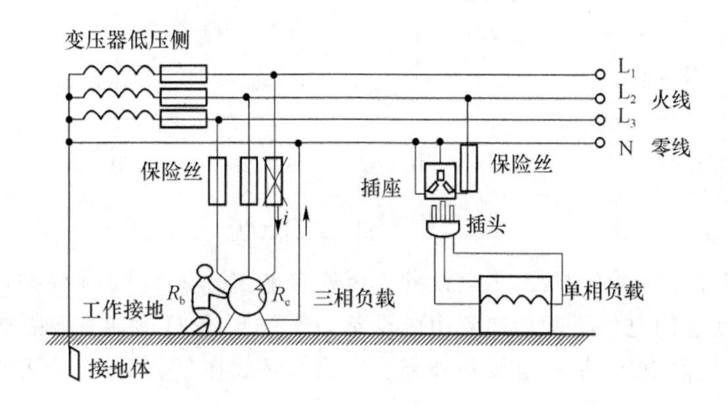

图 5-13　保护接零原理

(4) 重复接地

将零线 N 的一点或几点再次与地作金属性连接,称为重复接地,如图 5-14 所示。一般在架空线路干线和支线的终端及沿线,每 1 000 m 处,零线应重复接地;电缆和架空线在引入车间或大型建筑物处,零线应重复接地(但距接地点不超过 50 m 者除外);或在屋内将零线与配电屏、控制屏的接地装置相连。这样,当系统中发生碰壳或接地短路时,可以降低零线的对地电压;在零线发生断裂时,可以使故障程度减轻。总之,不管有无重复接地,零线断线都是很危险的。为确保人身安全和设备安全,都必须确保零线不断线。为此,零线 N 上不允许装设开关和熔断器;单相开关应装在相线上(火线)。

(5) 接地或接零的方法

接地装置的接地电阻应以有关规定为准。在一般电力应用中,通常配电变压器(容量大于 100 kV · A 时)的中性点接地电阻应小于 4 Ω,避雷装置的接地电阻应小于 20 Ω,其余各种接地的接地电阻应小于 10 Ω。接地装置包括接地体与接地线两部分。与土壤直接接触的金属体或金属体组,称为接地体或接地极。联结接地体与电气设备之间的金属导线,称为接地线,简称地线。在有条件的地方,接地体应尽量利用与大地有可靠联结的金属管道和建筑物的金属构架等作为自然接地体。一般情况下则采用钢管、角钢、扁钢等埋入地下形成人工接地体。

(6) 三相五线制供电

在三相四线制供电中由于三相负载不平衡和低压电网的零线过长且阻抗过大,零线将有零序电流通过,过长的低压电网,由于环境恶化,导线老化、受潮等因素,导线的漏电电流通过零线形成闭合回路,致使零线也带一定的电位,这对安全运行十分不利。在零干线断线的特殊情况下,断线以后的单相设备和所有保护接零的设备产生危险的电压,这是不允许的。目前,推荐使用的三相五线制供电系统,如图 5-14 所示。

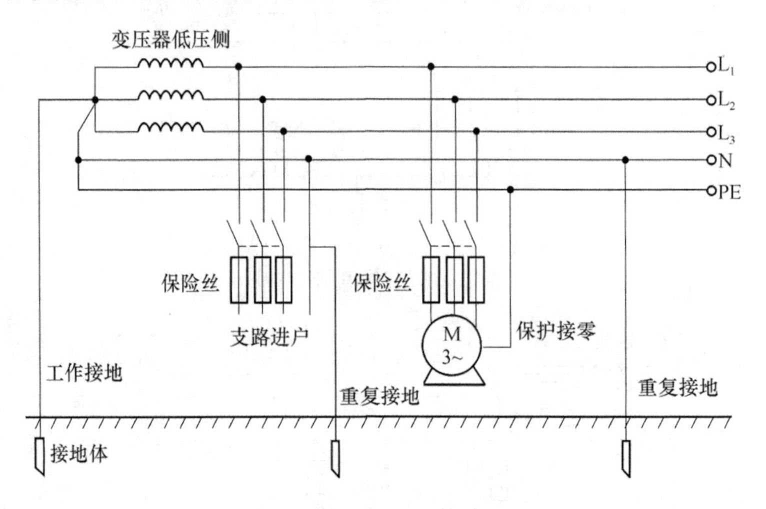

图 5-14　三相五线制供电

如采用三相五线制供电方式,用电设备上所连接的工作零线 N 和保护地线 PE 是分别敷设的,工作零线上的电位不能传递到用电设备的外壳上,这样就能有效隔离三相四线制供电方式所造成的危险电压,使用电设备外壳上电位始终处在“地”电位,从而消除了设备产生危险电压的隐患。

凡是采用保护接零的低压供电系统,均是三相五线制供电的应用范围。国家有关部门规定:凡是新建、扩建、企事业、商业、居民住宅、智能建筑、基建施工现场及临时线路,一律实行三相五线制供电方式,做到保护地线 PE 和工作零线 N 单独敷设。对现有企业应逐步将三相四线制改为三相五线制供电。

3. 简易安全用电须知

(1) 不要超负荷用电。破旧电源线应及时更换,空调、烤箱、电热水器等大功率用电设备应使用专用线路。

(2) 合理选择导线和熔丝的规格。要选用与电线负荷相适应的保险丝,不可随意加粗,严禁用铜丝、铁丝、铝丝代替保险丝。

(3) 必须安装漏电保护器。保护器动作后,必须查明原因,排除故障后再合上。禁止拆除或绕越漏电保护器。

(4) 电气设备要有符合要求的绝缘电阻。不能用湿手拔、插电源插头,更不要用湿布擦带电的灯头、开关、插座等。

(5) 合理选择照明电压。不得把 36 V 以上的照明灯作为安全灯来使用,不能使用“一线一地”的方法安装电灯。

(6) 火线必须进开关。家用电器与电源连接,须采用可断开的开关或插头,不可将导线直接插入插座孔。

(7) 切勿带电操作。更换保险丝、灯泡、灯管或移动电器时一定要断开电源,不要拉着导线拔插头甚至移动家用电器。

(8) 要正确选择电器设备的接地或保护接零线。不要把地线接在自来水管、煤气管上，也不要接在电话线、广播线、有线电视线上。

5.3.3 触电急救常识

一旦发生触电事故，抢救者必须保持冷静，千万不要惊慌失措，首先应尽快使触电者脱离电源，然后进行现场急救。

1. 迅速脱离电源

使触电者迅速脱离电源是极其重要的一环，触电时间越长，对触电者的危害就越大。脱离电源最有效的措施是断开电源开关，拔下电源插头或熔断器，在一时来不及的情况下，可用干燥的绝缘物拨开或隔开触电者身上的电线。

触电者脱离电源后，应根据其受电流伤害的程度，采取不同的抢救措施。若触电者只是一度昏迷，可将其放在空气流通的地方安静地平卧，松开身上的紧身衣服，摩擦全身，使之发热，以利血液循环；若触电者发生痉挛，呼吸微弱，应进行现场人工呼吸；若触电者停止呼吸或心脏停止跳动，可能是假死，绝不可放弃抢救，应立即进行现场人工呼吸和人工胸外心脏挤压；抢救必须分秒必争，同时迅速通知医院救护。

2. 现场抢救措施

(1) 人工呼吸法

人工呼吸的方法很多，其中以口对口吹气的人工呼吸法(如图 5-15 所示)最为简便有效，也最易学会，且最易传授。具体做法如下。

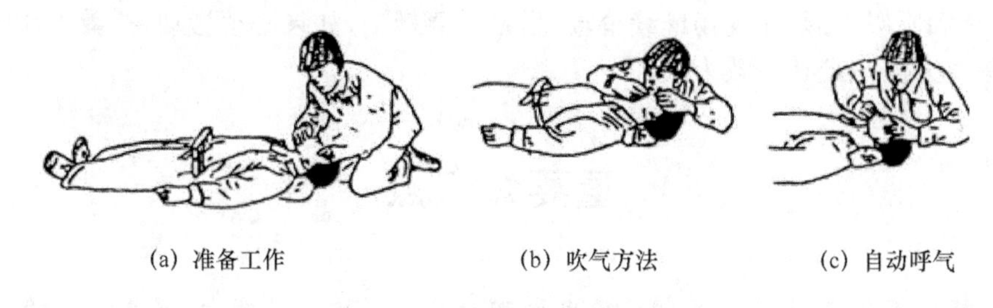

(a) 准备工作　　(b) 吹气方法　　(c) 自动呼气

图 5-15　口对口人工呼吸法

首先把触电者移到空气流通的地方，最好放在平直的木板上，使其仰卧，头部尽量后仰。先把头侧向一边，掰开嘴，清除口腔中的杂物、假牙等。如果舌根下陷应将其拉出，使呼吸道畅通。同时解开衣领，松开上身的紧身衣服，使胸部可以自由扩张。

抢救者位于触电者的一侧，用一只手捏紧触电者的鼻孔，另一只手掰开口腔，深呼吸后，以口对口紧贴触电者的嘴唇吹气，使其胸部膨胀。

放松触电者的口鼻，使其胸部自然回复，让其自动呼气，时间约 3 s。按照上述步骤反复进行，4～5 s 一个循环，每分钟约 12 次。如果触电者张口有困难，可用口对准其鼻孔吹气，其效果与上面方法相近。

(2) 人工胸外心脏挤压法

凡心跳停止或不规则跳动时，应立即采取人工胸外心脏挤压法(如图 5-16 所示)进行抢救。这种方法是用人工胸外挤压代替心脏的收缩作用。具体做法如下。

使触电者仰卧，姿势与进行人工呼吸时相同，但后背着地应结实，抢救者跨在触电者的腰部。

抢救者两手相叠，用掌根置于触电者胸骨下端部位，即中指尖部置于其颈部凹陷的边缘，

(a) 急救者跪跨位置

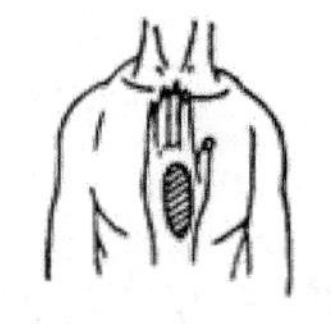

(b) 手掌压胸位置

(c) 挤压方法

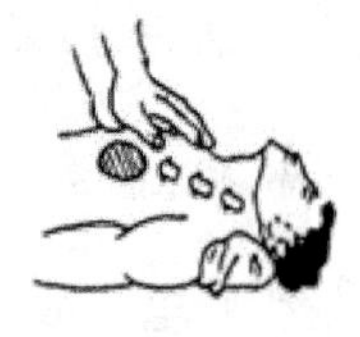

(d) 放松方法

图 5-16　人工胸外心脏挤压法

掌根所在的位置即为正确挤压区。然后垂直向下均衡地用力挤压，使其胸部下陷 3～4 cm，以压迫心脏使其达到排血的作用。

使挤压到位的手掌突然放松，但手掌不要离开胸壁，依靠胸部的弹性自动回复原状，使心脏自然扩张，大静脉中的血液就能回流到心脏中来。

按照上述步骤连续不断地进行，每分钟约 60 次。挤压时定位要准确，压力要适中，不要用力过猛，以免造成肋骨骨折、气胸、血胸等危险。但也不能用力过小，用力过小则达不到挤压目的。

上述两种方法应对症使用，若触电者心跳和呼吸均已停止，则两种方法可同时使用。如果现场只有一个人，则应先行吹气两次，再挤压 15 次，如此反复进行。

经过一段时间的抢救后，若触电者面色好转，口唇潮红，瞳孔缩小，心跳和呼吸恢复正常，四肢可以活动，这时可暂停数秒进行观察，有时触电者至此就可恢复。如果还不能维持正常的心跳和呼吸，必须在现场继续抢救，尽量不要搬动，如果必须搬动，抢救工作绝不能中断，直到医务人员来接替抢救为止。

重要知识点

- 三相交流电源：是 3 个单相交流电源按一定方式进行的组合，且单相交流电源必须频率相同，振幅（最大值）相等，在相位上依次相差 120°的电源。
- 三相三线制：三相交流发电机的三个定子绕组的末端联结在一起，从三个绕组的始端引出三根火线向外供电的方式，即不引出中性线的星形接法。
- 三相四线制：在三相电源中性点和三相负载中性点之间用导线连接所形成的方式。
- 三相五线制：是指火线 A、火线 B、火线 C、中线 N 和 PE 线，其中，PE 线是保护地线，也叫安全线，是专门用于接到诸如设备外壳等，保证用电安全。
- 星形连接（Y 形）：把 3 个电源的负极连接在一起形成一个节点（中性点 N），而从 3 个电源的正极引出 3 根输出线（火线 A、B、C）的连接方式。
- 三角形连接（△形）：把 3 个电源依次相连，即正极接负极，负极接正极构成一个三角回路，再从各连接点引出 3 根连接线的连接方式。
- 安全电压：加在人体上在一定时间内不致造成伤害的电压。
- 单相触电：是指由单相 220 V 交流电（民用电）引起的触电。大部分触电事故是单相触电事故。
- 两相触电：人体的两处同时触及两相带电体的触电事故，这时人体承受的是 380 V

的线电压,其危险性一般比单相触电大。

- 跨步电压触电:人或牲畜站在距离电线落地点 8～10 m 以内发生触电事故。
- 保护接地:为防止电气装置的金属外壳、配电装置的构架和线路杆塔等带电危及人身和设备安全而进行的接地。
- 工作接地:在正常或事故状态下,为了保证电气设备可靠运行,而将电力系统中某一点(中性点)进行接地。
- 保护接零:把电工设备的金属外壳和电网的零线可靠连接,以保护人身安全的一种用电安全措施。
- 重复接地:将零线的一点或几点再次与地作金属性连接。

本章小结

1. 三相交流电源必须限定有 3 个独立的电压源,且各单相电压源必须是角频率相同,振幅(最大值)相等,在相位上依次相差 120°,满足这 3 个条件的电源称为对称三相电源;3 个独立的电压源要求采用星形(Y 形)连接或三角形(△形)连接方式。

2. 在三相电源对称的情况下,如果采用星形连接,则线电压在大小上是相电压的$\sqrt{3}$倍($U_L=\sqrt{3}U_P$),在相位上超前于相应的相电压 30°;如果采用三角形连接,则线电压等于相应的相电压($\dot{U}_L=\dot{U}_P$)。

3. 三相电路负载有星形连接和三角形连接两种连接方式,如果负载采用星形连接,则线电流等于相应的相电流($\dot{I}_L=\dot{I}_P$);如果负载采用三角形连接,则线电流在大小上是相电流的$\sqrt{3}$倍($I_L=\sqrt{3}I_P$),在相位上滞后于相应相电流 30°。

4. 计算三相电路的功率时,对于对称三相负载,有

$$P=\sqrt{3}U_L I_L\cos\varphi \quad Q=\sqrt{3}U_L I_L\sin\varphi \quad S=\sqrt{3}U_L I_L$$

5. 电流对人体的伤害包括电击和电伤。电流通过人体时,对人体伤害的严重程度与通过人体的电流大小、电流通过人体的持续时间、电流通过人体的途径、电流的频率以及人体状况等多种因素有关。

6. 安全电压是为了防止触电事故而采用的由特定电源供电的电压系列。我国规定安全电压为:50～500 Hz 的交流电压额定值有 36 V、24 V、12 V、6 V 四种,直流电压额定值有 48 V、24 V、12 V、6 V 四种,以供不同场合使用。

7. 触电包括单相触电、两相触电、跨步电压触电和悬浮电路上的触电等几种方式。

8. 预防触电的措施。触电急救常识。

9. 火线、地线与零线:三相电的三根“头”称为相线,三相电的三根“尾”连接在一起称为中性线也叫零线。叫零线的原因是三相平衡时中性线中没有电流通过,再就是它直接或间接地接到大地,与大地的电压也接近零。地线是把设备或用电器的外壳可靠地连接到大地的线路,是防止触电事故的良好方案。火线与零线共同组成供电回路。

在低压电网中用三相四线制输送电力,其中有 3 根火(相)线 1 根零线。为了保证用电安全,在用户使用区改为用三相五线制供电,这第 5 根线就是地线,它的一端是在用户区附近用金属导体深埋于地下,另一端与各用户的地线接点相连,起接地保护的作用。

火线和零线都是带电的线，零线不带电是因为电源的另一端(零线)接了地。在地上接触零线的时候，因为没有电位差，就不会形成电流。零线和火线本来都是由电源出来的，电流的正方向就是由一端出，经过外部设备，从另一端进，形成一个回路。零线和火线的区别就是电源的两个端子其中的一个接了大地。

零线和地线是两个不同的概念。地线的对地电位为零，零线的对地电位不一定为零。

按我国现行标准依导线颜色标志电路时，一般应该是相线——A相黄色，B相绿色，C相红色，零(N)线——淡蓝色，地(PE)线——黄绿相间。如果是三相插座，面对插座，左边是零线，右边是火线，中间(上面)是地线。

思考题与习题

5-1　简述对称三相电源的主要特征。

5-2　简述三相五线制供电线路的组成。相线、中性线、火线、零线、地线有什么区别？

5-3　安全电压等级有哪些？安全电流是多大？

5-4　触电的原因有哪些？

5-5　触电有哪几种方式？触电急救常采用哪些方法？

5-6　预防触电常采用哪些措施？

5-7　已知三个电源分别为$\dot{U}_{ab}=220\angle 30°\ V$，$\dot{U}_{cd}=220\angle 150°\ V$，$\dot{U}_{ef}=220\angle -90°\ V$，请问能否接成对称三相电源？为什么？如果可以，请作图将其分别接成星形连接电源和三角形连接电源。

5-8　三个对称电源如图5-17所示，已知$\dot{U}_A=220\angle 0°\ V$，试求：(1)相电压$\dot{U}_{AN}$、$\dot{U}_{BN}$、$\dot{U}_{CN}$；(2)线电压$\dot{U}_{AB}$、$\dot{U}_{BC}$、$\dot{U}_{CA}$。

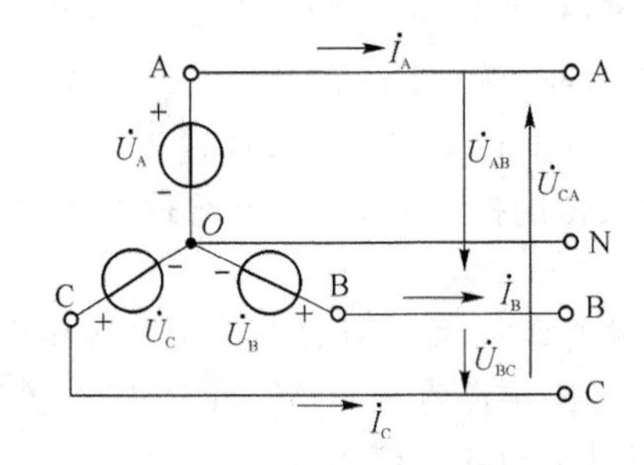

图5-17　习题5-8图

5-9　三相四线制对称电源供电电路如图5-18所示，采用Y-Y形连接方式，已知：$Z_N=0\ \Omega$，$\dot{U}_{AB}=380\angle 30°\ V$，试求：(1)若$Z_A=Z_B=Z_C=10\ \Omega$，各负载相电流$\dot{I}_A$、$\dot{I}_B$、$\dot{I}_C$及中线电流$\dot{I}_N$；(2)若$Z_A=10\ \Omega$，$Z_B=20\ \Omega$，$Z_C=40\ \Omega$，各负载相电流$\dot{I}_A$、$\dot{I}_B$、$\dot{I}_C$及中线电流$\dot{I}_N$。

5-10　三相电路如图5-19所示，采用Y-△形连接方式，已知：$u_A=220\sqrt{2}\sin(314t)\ V$，$u_B=220\sqrt{2}\sin(314t-120°)\ V$，$u_C=220\sqrt{2}\sin(314t+120°)\ V$，负载对称各相的复阻抗$Z=10\angle 30°\ \Omega$。试求：(1)各相负载电流$\dot{I}_{ab}$、$\dot{I}_{bc}$、$\dot{I}_{ca}$；(2)各线电流$\dot{I}_A$、$\dot{I}_B$、$\dot{I}_C$；(3)三相功率$P$。

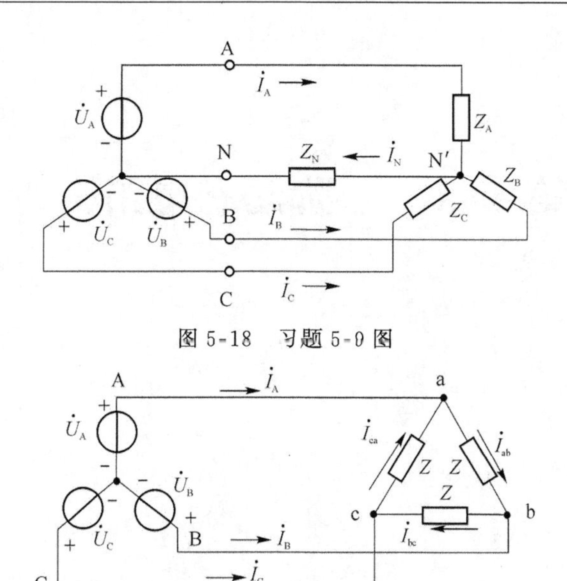

图 5-18　习题 5-9 图

图 5-19　习题 5-10 图

5-11　三相四线供电制照明电路如图 5-20 所示，已知相电压交流有效值为 220 V。(1)N 线能否安装保险丝？为什么？(2)当 N_1 和 N_2 点断开时对照明灯 1、灯 2 及灯 3 有何影响？(3)当 N_2 和 N_3 点断开时对照明灯 1、灯 2 及灯 3 有何影响？

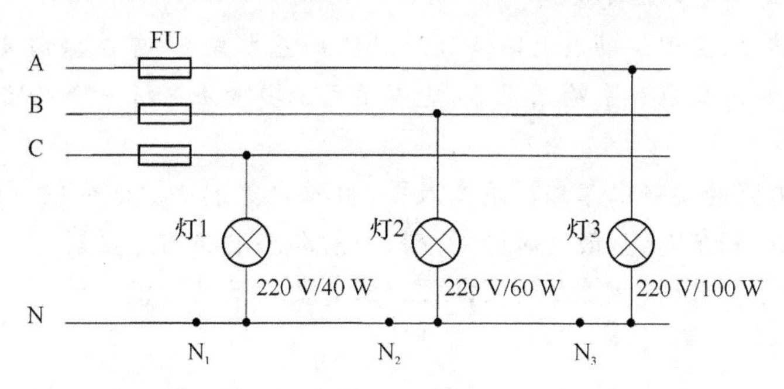

图 5-20　习题 5-11 图

5-12　三相四线供电制照明电路如图 5-20 所示，已知市电电压为 220 V/50 Hz。(1)零线 N 能否安装开关？为什么？(2)如果 N_1 点断开对照明灯 1、灯 2 及灯 3 有何影响？为什么？(3)分别计算通过 3 个灯泡的电流 I_1、I_2 和 I_3；(4)计算这 3 个灯泡正常工作 10 小时消耗多少度电。

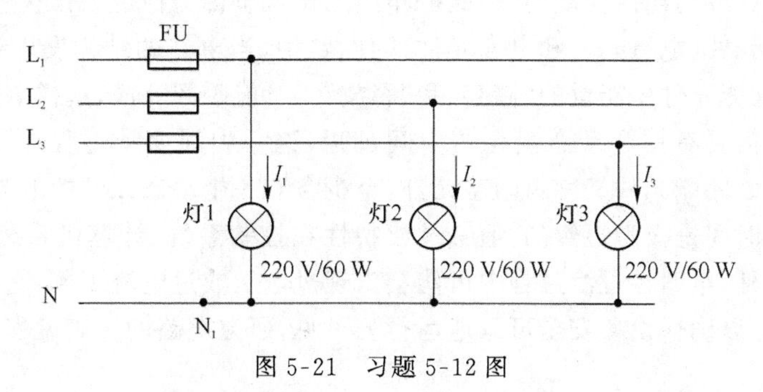

图 5-21　习题 5-12 图

第6章　一阶动态电路分析

【本章要点】

- 换路定理及初始值确定。
- 零输入响应。
- 零状态响应。
- 一阶电路全响应与三要素法。

【本章重点难点】

- 换路定理及初始值确定。
- 一阶电路全响应与三要素法。

通过本章的学习，要理解动态电路及过渡过程的基本概念，掌握换路定律，一阶动态电路零输入响应、零状态响应和全响应规律，能够运用三要素法分析一阶线性动态电路的响应问题。

本章从动态电路的换路定律和初始值入手，由浅入深地提出研究的一阶动态电路零输入响应、零状态响应和全响应，最后讨论了分析一阶动态电路的三要素法。它是动态电路理论的入门内容，为电路分析、计算及后续课程提供必要的基础知识。

6.1　换路定律和初始值

前面研究了直流电阻电路和正弦稳态电路，在分析、计算中认为电路中激励源是一直作用于电路，并且电路的结构是恒定不变的。恒定的或周期性变动的激励作用于线性电路时，若响应也是恒定的或周期性变动的，则此电路的工作状态称为稳定工作状态，简称稳态。

在含有储能元件(电感元件和电容元件)的电路中，当电路的结构发生变化或激励源发生突变时，由于储能元件中能量的“储存”和“释放”不可能瞬间完成，这样电路从一种稳态变化到另一种稳态需要有一个动态变化的中间过程，这一中间变动过程称为电路的动态过程(或过渡过程)。储能元件又称为动态元件，至少含有一个动态元件的电路称为动态电路。

过渡过程的时间是极为短暂的，但其过渡特性在控制系统、计算机系统、通信系统中应用极为广泛。另外，电路在过渡过程中可能会出现过电压或过电流现象，这在设计电气设备时必须加以考虑，以确保设备安全可靠地运行。可见，研究电路的过渡过程具有十分重要的意义。

6.1.1　动态元件和换路定律

1. 动态元件

对于电阻电路，电路中任意时刻的响应只取决于该时刻的激励，而与过去的历程无关，激励与响应的关系是代数关系，即 $u_R(t)=Ri_R(t)$。电阻元件上有电压就有电流，电压为零，则电流也为零。具有这种特征的电路称为即时电路或无记忆电路。电阻元件是无记忆元件。

对于电容元件，如图 6-1 所示，电流与电压的关系为

$$\left.\begin{aligned} i_C(t) &= C\frac{\mathrm{d}u_C}{\mathrm{d}t} \\ u_C(t) &= \frac{1}{C}\int_{-\infty}^{t} i_C(\tau)\mathrm{d}\tau \end{aligned}\right\} \tag{6-1}$$

从式(6-1)可看出，在电容元件上每个瞬间的电流值不是取决于有无该瞬间电压，而是取决于该瞬间电容电压的变化情况，因此电容元件为动态元件。

同时还可以看到一个重要性质，由于通过电容的电流为有限值，则$\frac{\mathrm{d}u_C}{\mathrm{d}t}$就必须为有限值，这就意味着电容两端的电压不可能发生跃变，而只能连续变化。

对于电感元件，如图 6-2 所示，其伏安关系如下。

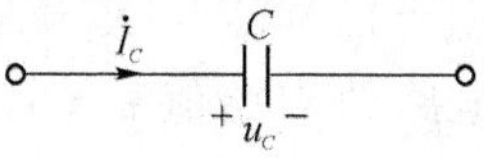

i_C　C　$+\ u_C\ -$

图 6-1　电容元件伏安关系

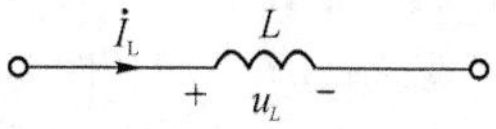

i_L　L　$+\ u_L\ -$

图 6-2　电感元件伏安关系

$$\left.\begin{aligned} u_L(t) &= L\frac{\mathrm{d}i_L}{\mathrm{d}t} \\ i_L(t) &= \frac{1}{L}\int_{-\infty}^{t} u_L(\tau)\mathrm{d}\tau \end{aligned}\right\} \tag{6-2}$$

从式(6-2)可看出，在电感元件上每个瞬间的电压值只取决于该瞬间电感电流的变化情况，而与该瞬间电流值无关，因此电感元件也是动态元件。同样，由于电感两端的电压应为有限值，则$\frac{\mathrm{d}i_L}{\mathrm{d}t}$就必须为有限值，这就意味着流经电感的电流不可能发生跃变，而只能连续变化。

2. 换路定律

当作用于电路的电源发生突变(如电源的接入或撤出)、电路的结构或参数发生变化时统称为“换路”。

根据动态元件的上述性质，可以得到一个重要结论：在电路发生换路后的瞬间，电容两端的电压和电感中的电流都应保持换路前一瞬间的原有值不变，这个结论称为换路定律。

若换路发生在 $t=0$ 时刻，把换路前的瞬间记为 $t=0_-$，换路后的瞬间记为 $t=0_+$，换路定律可表示为

$$\left.\begin{array}{l} u_C(0_+)=u_C(0_-) \\ i_L(0_+)=i_L(0_-) \end{array}\right\} \tag{6-3}$$

需要特别注意：除电容电压和电感电流外，其余各处电压电流不受换路定律的约束，换路前后可能发生跃变。

6.1.2 电路初始值及计算

在分析电路的过渡过程时，电路的初始值是非常重要的物理量。电路的初始值就是换路后 $t=0_+$ 时刻的电压、电流值，求解方法如下。

(1) 由换路前的稳态电路，即 $t=0_-$ 时的电路计算出电容电压 $u_C(0_-)$ 或电感电流 $i_L(0_-)$，其他电压、电流不必计算，因为换路时只有电容电压与电感电流具有连续性，保持瞬间不变。

(2) 根据换路定律可以得到换路后瞬间电容电压和(或)电感电流的初始值，即

$$u_C(0_+)=u_C(0_-), i_L(0_+)=i_L(0_-)$$

(3) 电路中其他各量的初始值要由换路后 $t=0_+$ 时的等效电路求出。在 $t=0_+$ 时的等效电路中，如果电容无储能，即 $u_C(0_+)=0$，就将电容 C 用短路代替，若电容有储能，即 $u_C(0_+)=U_0$，则用一个电压为 U_0 的电压源代替；同样，对于电感，若电感初始电流 $i_L(0_+)=0$，就将电感 L 开路，若 $i_L(0_+)=I_0$，则用一个电流为 I_0 的电流源代替电感。得到 $t=0_+$ 时的等效电路，再根据稳态电路的分析方法计算出电路的任一初始值。

【例 6-1】 电路如图 6-3(a)所示，直流电压源的电压 $U_S=10$ V，$R_1=R_2=R_3=5\ \Omega$。电路原已达到稳态。在 $t=0$ 时断开开关 S。试求 $t=0_+$ 时电路的初始值 $u_C(0_+)$、$u_2(0_+)$、$u_3(0_+)$、$i_2(0_+)$、$i_3(0_+)$等。

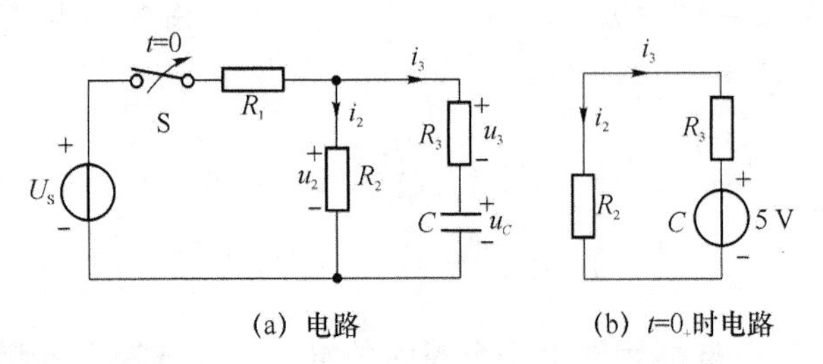

图 6-3 例 6-1 图

解 (1) 先确定电容电压的初始值 $u_C(0_+)$。由于换路前电路处于稳态，所以电容元件相当于开路，由原电路可求出

$$u_C(0_-)=u_2(0_-)=\frac{U_S}{R_1+R_2}R_2=5\text{ V}$$

(2) 根据换路定律，有

$$u_C(0_+)=u_C(0_-)=5\text{ V}$$

(3) 将图 6-3(a)中的电容用 5 V 电压源代替，得到 $t=0_+$ 时的等效电路如图 6-3(b)所示，从而求出各初始值如下：

$$i_2(0_+)=\frac{u_C(0_+)}{R_2+R_3}=\frac{5}{5+5}=0.5\text{ A}$$

$$i_3(0_+) = -i_2(0_+) = -0.5\ \text{A}$$

$$u_2(0_+) = R_2\, i_2(0_+) = 5 \times 0.5 = 2.5\ \text{V}$$

$$u_3(0_+) = R_3\, i_3(0_+) = -5 \times 0.5 = -2.5\ \text{V}$$

【例 6-2】 电路如图 6-4(a)所示，开关 S 闭合前电路处于稳态，在 $t=0$ 时 S 闭合，试求 S 闭合后的初始值 $i_L(0_+)$、$i_1(0_+)$、$i_2(0_+)$、$i_C(0_+)$及 $u_L(0_+)$。

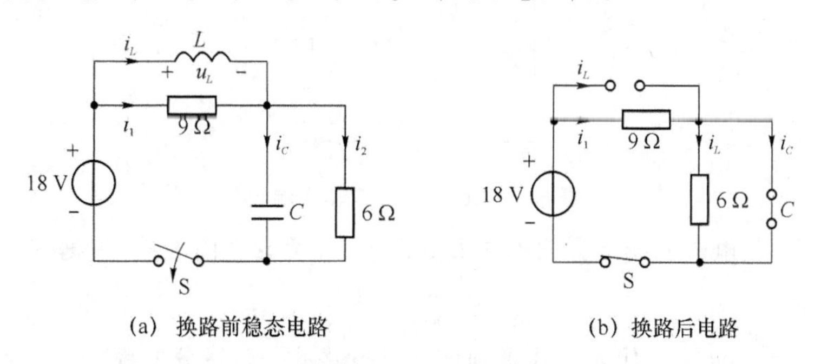

(a) 换路前稳态电路　　　(b) 换路后电路

图 6-4　例 6-2 图

解　(1) 开关 S 闭合前电路已处于稳态，由电路可知电容和电感均无储能，即 $u_C(0_-)=0$，$i_L(0_-)=0$。根据换路定律，有

$$u_C(0_+) = u_C(0_-) = 0$$

$$i_L(0_+) = i_L(0_-) = 0$$

(2) 计算其他初始值。将图 6-4(a)中的电容 C 用短路代替($u_C(0_+)=0$)；电感 L 用开路代替($i_L(0_+)=0$)，得 $t=0_+$ 时的等效电路如图 6-4(b)所示，从而求得

$$i_1(0_+) = \frac{18}{9} = 2\ \text{A},\quad i_2(0_+) = 0,$$

$$i_C(0_+) = i_1(0_+) = 2\ \text{A},\quad u_L(0_+) = 18\ \text{V}$$

6.2　一阶电路的零输入响应

由于动态电路中的电感、电容的 VAR 是微积分关系，因此动态电路列出的 KVL、KCL 方程是微分方程。用一阶微分方程描述的电路，称为一阶电路；用二阶微分方程描述的电路，称为二阶电路。从电路结构上看，只含有一个独立储能元件的电路定为一阶电路。

动态电路分析实质上就是求解电路的电压、电流(即响应)的变化规律。本节的分析方法是以时间 t 作为自变量，直接求解微分方程的方法，因此这种分析方法又称为时域分析法。

动态电路的响应来源于两部分：一是外加激励，二是电路的初始储能(初始状态)，或是二者共同起作用。若外加激励为零，仅由初始状态所引起的响应，称为零输入响应；若初始储能为零，而只由初始时刻的输入激励所引起的响应，称为零状态响应；若由二者共同作用所引起的响应则称为全响应。本节先讨论零输入响应。

6.2.1　*RC* 电路的零输入响应

RC 电路的零输入响应，实质上是已充电的电容器通过电阻放电的物理过程。设电路

如图 6-5 所示，开关 S 在位置 a 时电路已处于稳态，此时电容电压 $u_C=U_0$，在 $t=0$ 时，开关 S 由 a 合向 b，电容器将从初始值 $u_C(0_+)=u_C(0_-)=U_0$ 通过电阻 R 开始放电。下面通过数学方法对电容放电的动态过程进行分析。

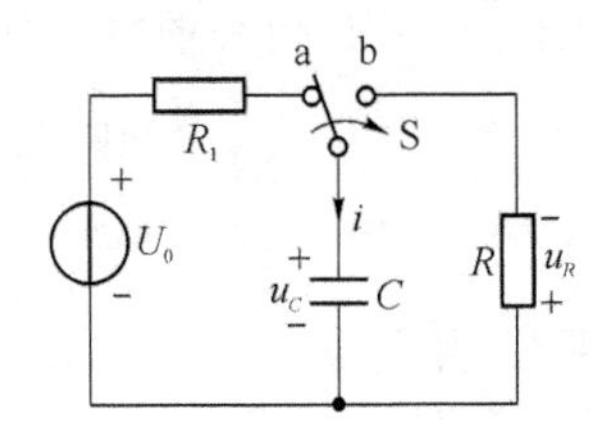

图 6-5　RC 电路的零输入响应

电路中各电压、电流的参考方向如图 6-5 所示，开关 S 合向 b 后，根据 KVL 可得方程

$$u_R+u_C=0$$

将 $u_R=R\,i$ 和 $i=i_C=C\dfrac{\mathrm{d}u_C}{\mathrm{d}t}$ 代入上式得到该动态电路的一阶微分方程

$$RC\frac{\mathrm{d}u_C}{\mathrm{d}t}+u_C=0(t\geqslant 0\text{ 或 }t\geqslant 0_+)\tag{6-4a}$$

利用分离变量法可求解 u_C。

将式(6-4a)方程中的电压函数项和时间项置于等式两侧，整理得

$$-\frac{\mathrm{d}u_C}{u_C}=\frac{\mathrm{d}t}{RC}(t\geqslant 0\text{ 或 }t\geqslant 0_+)\tag{6-4b}$$

对式(6-4b)方程两边同时积分，得

$$u_C(t)=A\mathrm{e}^{-\frac{t}{RC}}(t\geqslant 0)$$

上式中的积分常数 A 由电路的初始条件确定。将电路的初始条件 $t\geqslant 0_+$ 时，$u_C(0_+)=U_0$ 代入上式，得电容上的零输入响应电压表达式为

$$u_C(t)=U_0\mathrm{e}^{-\frac{t}{RC}}(t\geqslant 0)\tag{6-5a}$$

它是一个随时间衰减的指数函数。注意，在 $t=0$ 时，电容电压 u_C 是连续的，没有跃变。

电容上的零输入响应电流表达式为

$$i_C(t)=C\frac{\mathrm{d}u_C}{\mathrm{d}t}=C\frac{\mathrm{d}}{\mathrm{d}t}(U_0\mathrm{e}^{-\frac{t}{RC}})=-\frac{U_0}{R}\mathrm{e}^{-\frac{t}{RC}}(t\geqslant 0)\tag{6-6a}$$

它也是一个随时间衰减的指数函数。注意，在 $t=0$ 时，电容电流 i_C 由零跃变为 $\dfrac{U_0}{R}$，不受换路定律的约束。

电容上的零输入响应电压、电流曲线如图 6-6 所示。

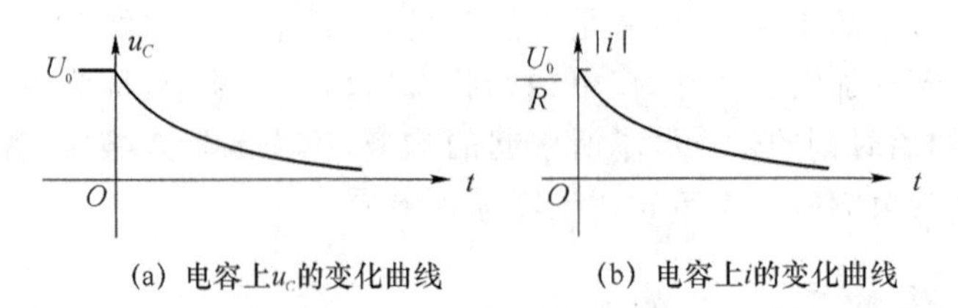

图 6-6　零输入响应曲线

由式(6-5a)和式(6-6a)可知，电容上电压、电流的衰减快慢取决于电路参数 R 和 C 的乘积。RC 乘积越大，衰减越慢；反之，则衰减越快。这一点可以从物理概念上解释：在一定电容电压初始值 U_0 的情况下，电容 C 越大，其储存的电荷越多，放电需要的时间越长；电阻 R 越大，放电电流越小，放电需要的时间越长，由此电容电压和电流衰减的快慢，决定于 R 和 C 的乘积。这个乘积称为 RC 电路的时间常数，用 τ 表示，即

$$\tau=RC \tag{6-7}$$

τ 的单位是秒(s)。

这样式(6-5a)和式(6-6a)就可表示为

$$u_C=U_0\mathrm{e}^{-\frac{t}{\tau}}(t\geqslant 0_+) \tag{6-5b}$$

$$i_C=C\frac{\mathrm{d}u_C}{\mathrm{d}t}=C\frac{\mathrm{d}}{\mathrm{d}t}(U_0\mathrm{e}^{-\frac{t}{\tau}})=-\frac{U_0}{R}\mathrm{e}^{-\frac{t}{\tau}}(t\geqslant 0) \tag{6-6b}$$

以电容端电压为例，当 $t=\tau$ 时，$u_C(\tau)=U_0\mathrm{e}^{-1}=0.386U_0$，即电压下降到约为初始值的 37%；当 $t=4\tau$ 时，$u_C(\tau)=U_0\mathrm{e}^{-4}=0.0183U_0$，电压已下降到约为初始值的 1.8%，一般可认为已衰减到零。由此，可得结论如下。

(1) 时间常数 τ 是用来表征一个电路过渡过程快慢的物理量。τ 越大，电路过渡过程持续时间越长。图 6-7绘出了 RC 放电电路在 3 种不同 τ 值下电压 u_C 随时间变化的曲线，其中 $\tau_1<\tau_2<\tau_3$。

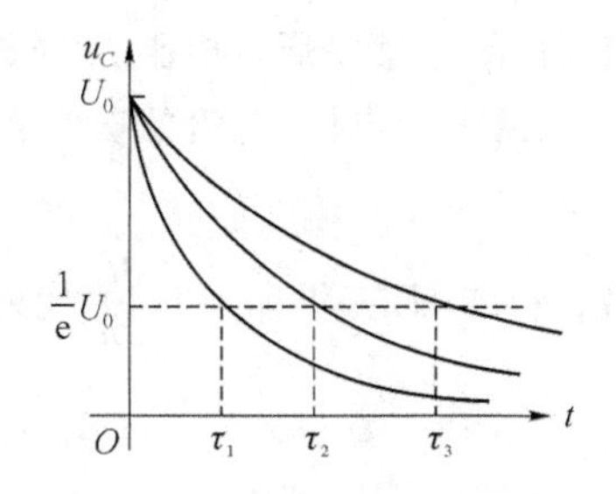

图 6-7　不同 τ 值下 u_C 的变化曲线

(2) 电容的电压(或电感的电流)从一定值减小到零的全过程就是相应电路的过渡过程，一般认为经过 3τ～5τ，过渡过程结束。

(3) 时间常数 τ 仅由换路后的电路参数决定，反映了该电路的特性，与外加电压及换路前情况无关，若电路中有多个电阻时，则 R 为换路后接于 C 两端的等效电阻。

【例 6-3】 电路如图 6-8(a)所示，在 $t<0$ 时电路已处于稳态；在 $t=0$ 时，开关 S 闭合，试求 $t\geqslant 0$ 时的电流 i。

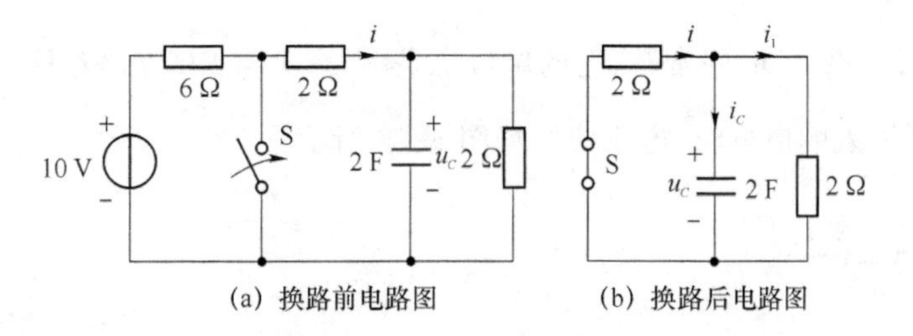

图 6-8　例 6-3 图

解　(1) 先求换路前电容电压 $u_C(0_-)$。

由图 6-8(a)可求出

$$u_C(0_-)=\frac{10}{6+2+2}\times 2=2\ \text{V}$$

(2) 作出 $t\geqslant 0$ 时的电路如图 6-8(b)所示，其中 $u_C(0_+)=u_C(0_-)=2$ V。

从电容放电电路来看，电路其余部分等效电阻为 1 Ω(两个 2 Ω 电阻为并联关系)，此电

路的时间常数 $\tau=RC=1\times2=2$ s。

由式(6-5b)可得电容电压为

$$u_C(t)=2\mathrm{e}^{-\frac{t}{2}}(t\geqslant0)$$

进而求得

$$i_C(t)=C\frac{\mathrm{d}u_C}{\mathrm{d}t}=-2\mathrm{e}^{-\frac{t}{2}}(t\geqslant0)$$

$$i_1(t)=\frac{u_C}{2}=\mathrm{e}^{-\frac{t}{2}}(t\geqslant0)$$

所以

$$i(t)=i_1(t)+i_C(t)=-\mathrm{e}^{-\frac{t}{2}}(t\geqslant0)$$

6.2.2 RL 电路的零输入响应

RL 电路的零输入响应，是指电感储存的磁场能量通过电阻进行释放的物理过程。如图 6-9 所示。设开关 S 置于 a 时电路已处于稳态，此时电感中电流 $I_0=\frac{U_S}{R_1}$。在 $t=0$ 时，开关 S 打开，电感将通过电阻 R 释放磁场能。

电路中各电压、电流的参考方向如图 6-9 所示，开关打开后，根据 KVL 可得方程

$$u_R+u_L=0$$

将 $u_R=Ri=Ri_L$ 和 $u_L=L\frac{\mathrm{d}i_L}{\mathrm{d}t}$代入上式可得动态电路方程

$$\frac{L}{R}\frac{\mathrm{d}i_L}{\mathrm{d}t}+i_L=0\quad(t\geqslant0)\tag{6-8}$$

结合初始条件 $i_L(0_+)=i_L(0_-)=I_0$，解得电感上的零输入响应电流表达式为

$$i_L(t)=I_0\mathrm{e}^{-\frac{R}{L}t}=\frac{U_S}{R_1}\mathrm{e}^{-\frac{R}{L}t}=\frac{U_S}{R_1}\mathrm{e}^{-\frac{t}{\tau}}\quad(t\geqslant0)\tag{6-9}$$

电感上的零输入响应电压表达式为

$$u_L(t)=-I_0R\mathrm{e}^{-\frac{t}{\tau}}=-\frac{U_S}{R_1}R\mathrm{e}^{-\frac{t}{\tau}}\quad(t\geqslant0)\tag{6-10}$$

其中，$\tau=\frac{L}{R}$为 *RL* 电路的时间常数，它的单位也是秒，意义与 *RC* 电路相同。

电感上的零输入响应电流、电压曲线如图 6-10 所示。

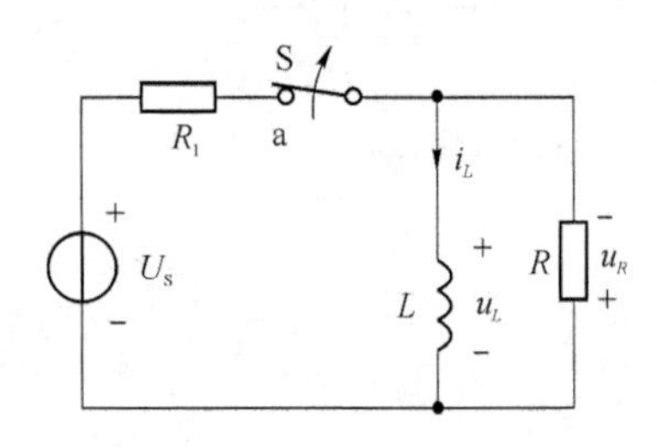

图 6-9 *RL* 电路的零输入响应

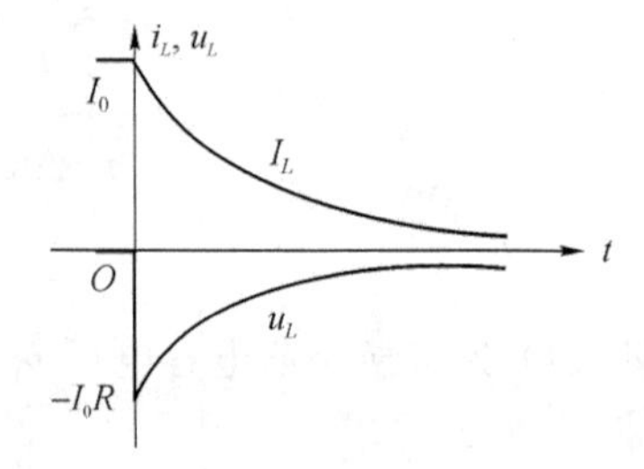

图 6-10 电感上的 i_L、u_L 变化曲线

由以上分析可知，一阶电路的零输入响应都是随时间按指数规律衰减到零的，这反映了在没有电源的作用下，动态元件的初始储能逐渐被电阻消耗掉的物理过程。

零输入响应取决于电路的初始状态和电路的时间常数 τ。若用 $f(t)$表示电路的响应，$f(0_+)$表示初始值，则一阶电路零输入响应的一般表达式为

$$f(t)=f(0_+)\mathrm{e}^{-\frac{t}{\tau}}(t\geqslant 0) \tag{6-11}$$

【例 6-4】 电路如图 6-11(a)所示，开关 S 在 $t=0$ 时闭合，已知开关闭合前电路处于稳态，试求 S 闭合后电感中的电流 i_L 和电压 u_L。

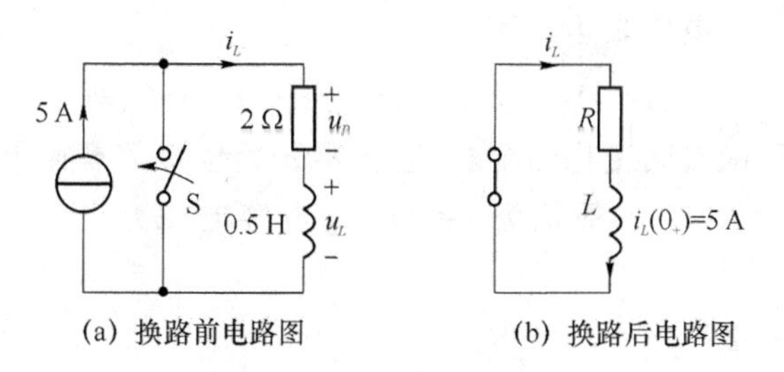

(a) 换路前电路图　　(b) 换路后电路图

图 6-11　例 6-4 图

解　先从换路前电路中求出电感电流的初始值

$$i_L(0_-)=5\ \mathrm{A}$$

则

$$i_L(0_+)=i_L(0_-)=5\ \mathrm{A}$$

画出换路后 $t\geqslant 0$ 的电路如图 6-11(b)所示，求得

$$\tau=\frac{L}{R}=\frac{0.5}{2}=\frac{1}{4}\ \mathrm{s}$$

代入式(6-11)，得

$$i_L(t)=i_L(0_+)\mathrm{e}^{-\frac{t}{\tau}}=5\mathrm{e}^{-4t}$$

$$u_L=L\frac{\mathrm{d}i}{\mathrm{d}t}=-10\mathrm{e}^{-4t}$$

6.3　一阶电路的零状态响应

零状态响应就是在零初始状态下，在初始时刻仅有输入激励所产生的响应。显然，这一响应与输入有关。本节仅讨论一阶电路在恒定激励下的零状态响应。

6.3.1　*RC* 电路的零状态响应

在图 6-12 所示电路中，若开关 S 接于 b 已久，电容器无储能。在 $t=0$ 时，开关 S 合向 a，电源开始向电容器充电。下面分析电容器充电的动态过程。

电路中各电压、电流参考方向如图 6-12 所示，根据 KVL，得换路后的电压方程为

$$u_R+u_C=U_S$$

将 $u_R=Ri$ 及 $i=i_C=C\dfrac{\mathrm{d}u_C}{\mathrm{d}t}$代入上式，得

$$RC\frac{\mathrm{d}u_C}{\mathrm{d}t}+u_C=U_S(t\geqslant 0) \tag{6-12}$$

仍利用分离变量法解此一阶常系数微分方程得

$$u_C(t)=U_S-Ae^{-\frac{t}{RC}} \tag{6-13}$$

其中 A 为积分常数，由初始条件决定。

将初始值 $u_C(0_+)=0$ 代入上式求得

$$A=U_S$$

所以电容上的零状态响应电压表达式为

$$u_C(t)=U_S-U_Se^{-\frac{t}{RC}}=U_S(1-e^{-\frac{t}{\tau}})(t\geqslant 0) \tag{6-14}$$

由此可知电容电压随时间变化的全貌：它从零开始按指数规律上升趋向于稳态值 U_S，电路的时间常数 τ 仍为 RC。一般认为 $t=4\tau$ 时，电容电压充电基本完毕，即已达到稳态值 U_S。

电容上的零状态响应电流表达式为

$$i_C(t)=\frac{U_S}{R}e^{-\frac{t}{RC}}=\frac{U_S}{R}e^{-\frac{t}{\tau}}(t\geqslant 0) \tag{6-15}$$

电容上的零状态响应电压、电流曲线如图 6-13 所示。

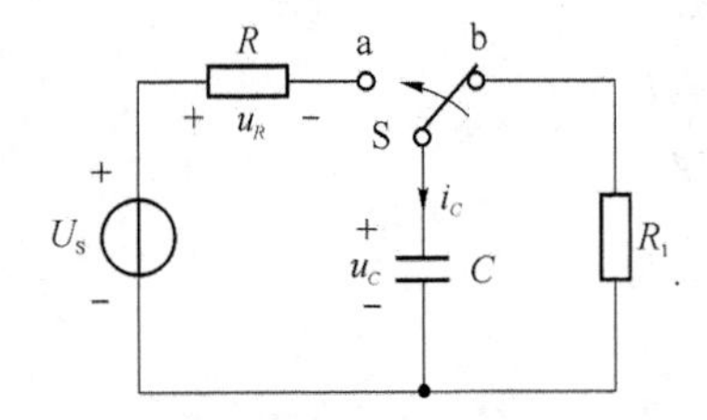

图 6-12　RC 电路的零状态响应

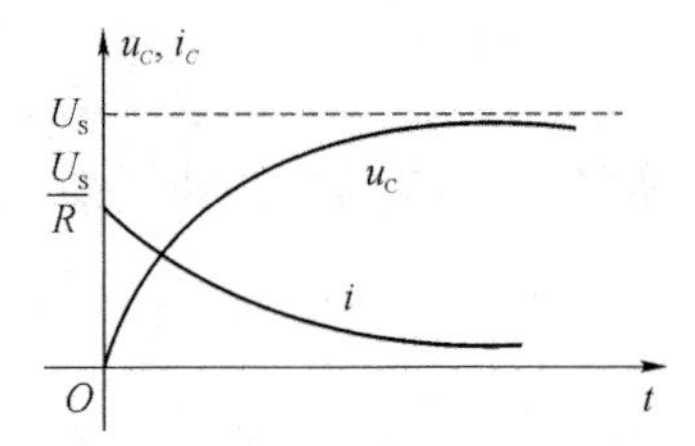

图 6-13　电容上的零状态响应曲线

6.3.2　*RL* 电路的零状态响应

对于图 6-14 所示 RL 电路，其电感中电流的零状态响应也可作相同的分析。设开关闭合前电感无储能，$t=0$ 时开关 S 闭合，由于电感电流不能跃变，所以电路中电流的初始值 $i_L(0_+)=0$。

根据 KVL，可列出开关闭合后回路的电压方程为

$$u_R+u_L=U_S(t\geqslant 0)$$

将 $u_R=R\,i=Ri_L$ 和 $u_L=L\dfrac{di_L}{dt}$代入上式可得动态电路方程

$$\frac{L}{R}\frac{di_L}{dt}+i_L=\frac{U_S}{R}(t\geqslant 0) \tag{6-16}$$

结合初始条件 $i_L(0_+)=i_L(0_-)=0$ 解得电感上的零状态响应电流表达式为

$$i_L(t)=\frac{U_S}{R}(1-e^{-\frac{R}{L}t})=\frac{U_S}{R}(1-e^{-\frac{t}{\tau}})(t\geqslant 0)\quad \tau=\frac{L}{R} \tag{6-17}$$

电感上的零状态响应电压表达式为

$$u_L(t)=L\frac{di_L}{dt}=U_Se^{-\frac{t}{\tau}}\quad (t\geqslant 0) \tag{6-18}$$

电感上的零输入响应电流、电压曲线如图 6-15 所示。

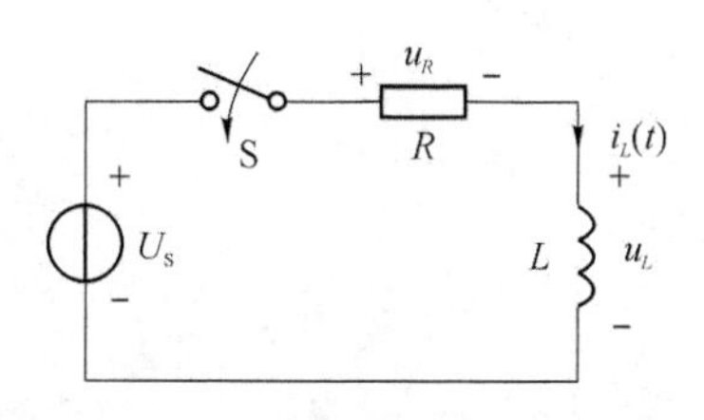

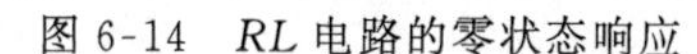

图 6-14　*RL* 电路的零状态响应

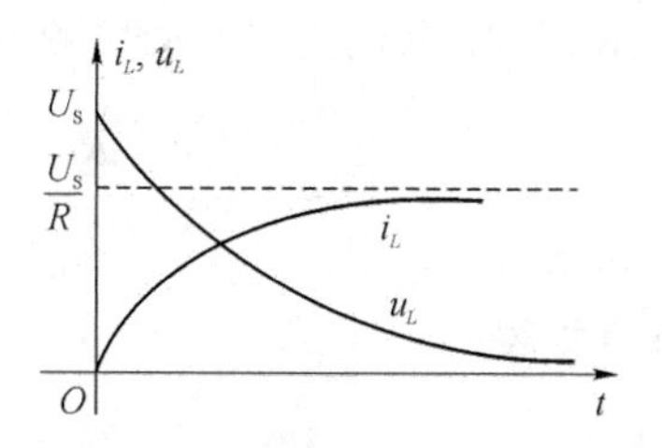

图 6-15　电感上的零输入响应电流、电压曲线

以上讨论了在直流电源激励下电路的零状态响应。这时的物理过程，实质上是电路中动态元件的储能从无到有逐渐增长的过程。电容电压或电感电流都是从零值开始按 $1-e^{-\frac{t}{\tau}}$ 指数规律上升到它的稳态值。其中时间常数 τ 与零输入响应时相同。

【例 6-5】 电路如图 6-16 所示，已知 $U_S=10$ V，$R=5$ kΩ，$C=1$ μF。开关 S 接于 b 处很久。在 $t=0$ 时，开关 S 合向 a，求换路后电容电压 $u_C(t)$。

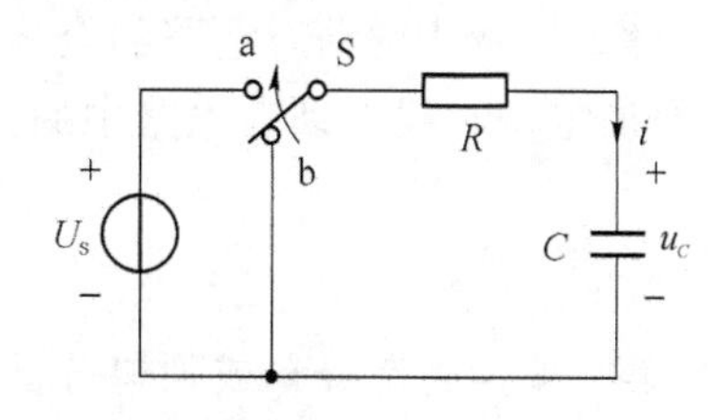

图 6-16　例 6-5 图

解　由题条件可知，电容器无初始储能，即 $u_C(0_+)=u_C(0_-)=0$。

在 $t=0$ 时，开关 S 合向 b，电源开始给电容器充电，所以此电路为 *RC* 电路的零状态响应。且电容电压稳态值 $U_S=10$ V，电路的时间常数 $\tau=RC=5\,000\times1\times10^{-6}=5\times10^{-3}$ s。

由式(6-14)得

$$u_C(t)=U_S(1-e^{-\frac{t}{\tau}})=10\times(1-e^{-\frac{t}{0.005}})=10\times(1-e^{-200t})$$

6.4　一阶电路的全响应与三要素法

前面两节分别讨论了一阶电路的零输入响应和零状态响应，现在进一步讨论非零初始状态和输入激励共同作用下的全响应。

6.4.1　一阶电路全响应的规律

以 *RC* 电路的全响应为例来讨论计算方法。在如图 6-17 所示电路中，开关 S 接于 a 已很久，即电容已储存能量，$u_C(0_-)=U_0$。在 $t=0$ 时 S 由 a 合向 b，显然换路后电路的响应为全响应。

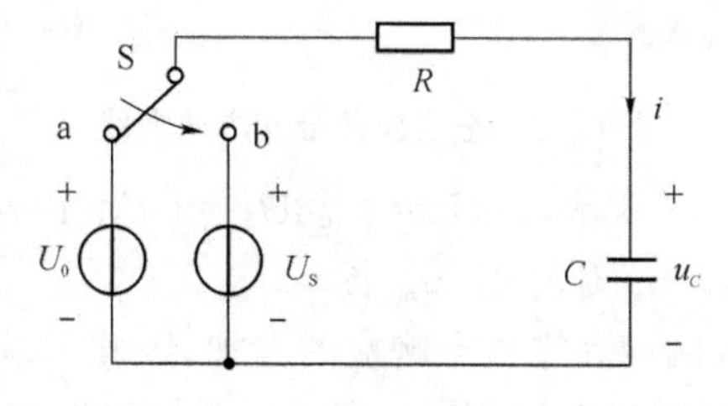

图 6-17　*RC* 电路的全响应

先根据 KVL，列出换路后回路的电压微分方程为

$$RC\frac{\mathrm{d}u_C}{\mathrm{d}t}+u_C=U_S\ (t\geqslant 0) \tag{6-19}$$

并结合初始条件 $u_C(0_+)=u_C(0_-)=U_0$

解此微分方程得

$$\begin{aligned} u_C(t)&=U_0\mathrm{e}^{-\frac{t}{\tau}}+U_S(1-\mathrm{e}^{-\frac{t}{\tau}}) \\ &=u_C^{(1)}+u_C^{(2)} \end{aligned} \tag{6-20a}$$

由上式可看出，RC 电路的全响应 u_C 可分为两部分：零输入响应 $U_0\mathrm{e}^{-\frac{t}{\tau}}$ 和零状态响应 $U_S(1-\mathrm{e}^{-\frac{t}{\tau}})$，即

全响应＝零输入响应＋零状态响应

显然，一阶线性动态电路的全响应可看成是零输入响应和零状态响应的叠加。这一结论是叠加定理在线性动态电路中的体现。另外，式(6-20a)还可以写成

$$\begin{aligned} u_C(t)&=U_S+(U_0-U_S)\mathrm{e}^{-\frac{t}{\tau}} \\ &=u_C'+u_C'' \end{aligned} \tag{6-20b}$$

式中，第一项为稳态分量或强迫分量，第二项为暂态分量或自由分量。所以式(6-20b)可归纳为

全响应＝稳态分量＋暂态分量

稳态分量即动态电路换路后达到新的稳定状态时的相应响应值，稳态分量只与输入激励有关，当输入的是直流量时，稳态分量是恒定不变的；当输入的是正弦量时，稳态分量是同频率的正弦量。

暂态分量则既与初始状态有关，也与输入有关，它与初始值和稳态值之差有关，显然当这个差值为零(初始值与稳态值相等)时，将不存在暂态分量。实际上，暂态分量常常认为在 $t=5\tau$ 时趋于零，电路的过渡过程结束，此后的全响应只有稳态分量，即电路进入新的稳态。

图 6-18 画出了全响应的两种分解方式的曲线。

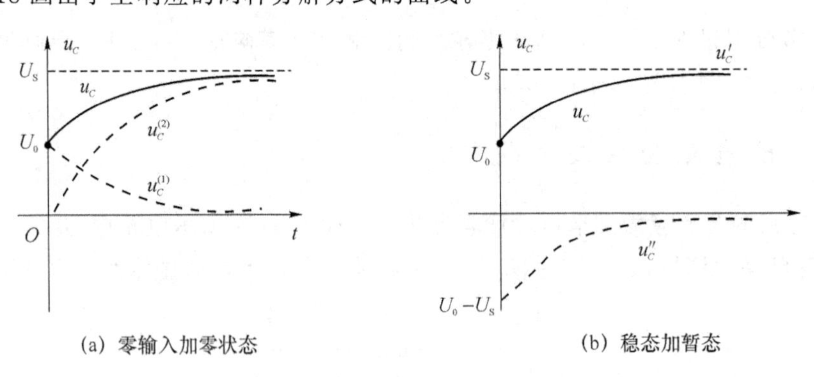

图 6-18　全响应的分解方式曲线

【例 6-6】 电路如图 6-17 所示，若 $U_0=4\ \mathrm{V}$，$U_S=12\ \mathrm{V}$，在 $t=0$ 时将 S 由 a 合向 b。已知 $R=1\ \Omega$，$C=0.5\ \mathrm{F}$。试求 $t\geqslant 0$ 时的 u_C、u_R 和 i_C。

解　u_C 可看成是零输入响应和零状态响应的叠加，因此可以先分别进行求解。

零输入响应：设输入电源电压零值，则 u_C 由 4 V 开始按指数规律衰减，得零输入响应分

量为

$$u_{C1}=4e^{-\frac{t}{\tau}} \qquad \tau=RC=1\times0.5=0.5\ \mathrm{s}$$

零状态响应：设电容初始值为零，则 u_C 由零开始按指数规律充电直到稳态，而电路达到稳态时电容电压为 U_S。由式(6-14)得零状态响应为

$$u_{C2}=12\times(1-e^{-\frac{t}{\tau}})$$

所以全响应 u_C 表达式为

$$u_C=4e^{-\frac{t}{\tau}}+12\times(1-e^{-\frac{t}{\tau}})=12-8e^{-\frac{t}{\tau}}=12-8e^{-2t}$$

电容电流全响应为

$$i_C=C\frac{\mathrm{d}u_C}{\mathrm{d}t}=0.5\times8\times2e^{-2t}=8e^{-2t}$$

电阻上的电压 u_R 为

$$u_R=iR=1\times8e^{-2t}=8e^{-2t}$$

6.4.2　一阶电路的三要素法

三要素法是通过对一阶线性电路的全响应形式进行分析，归纳总结出的一个通用方法(公式)，该方法能够比较方便快捷地求得一阶电路的全响应。

通过上面分析可知，全响应是动态电路响应的一般形式，而零输入响应和零状态响应是全响应的特例。一阶电路的全响应可分为零输入响应和零状态响应之和，也可分为稳态响应和暂态响应之和。

若 $f(t)$代表任意全响应，$f(0_+)$代表该响应的初始值，$f(\infty)$为稳态值，t 为电路的时间常数，则一阶电路全响应的表达式都可写为如下形式：

$$f(t)=f(\infty)+Ae^{-\frac{t}{\tau}}(t\geqslant0) \tag{6-21}$$

其中常数 A 由初始条件求出：

$$f(0_+)=f(\infty)+Ae^{-\frac{0}{\tau}}=f(\infty)+A$$

得

$$A=f(0_+)-f(\infty)$$

将 A 代入式(6-21)得一阶电路全响应的一般公式

$$f(t)=f(\infty)+[f(0_+)-f(\infty)]e^{-\frac{t}{\tau}}(t\geqslant0) \tag{6-22}$$

$f(0_+)$、$f(\infty)$和 τ 称为一阶电路的三要素。只要能求出这 3 个要素，就能直接根据式(6-22)写出响应的表达式，这种求解全响应的方法称为三要素法。式(6-22)叫做三要素公式。

由于零输入响应和零状态响应是全响应的特例，因而式(6-22)对于这两种响应仍然成立。

利用三要素法的解题步骤如下。

(1) 初始值：利用换路定律和 $t=0_+$ 时的等效电路求得。

(2) 新的稳态值：由换路后 $t=\infty$时的等效电路求得(在稳态电路中电容相当于开路、电感相当于短路)。

(3) 求出电路的时间常数 τ，$\tau=RC$ 或 $\tau=\frac{L}{R}$，其中电阻 R 为换路后断开储能元件所得的戴文宁等效电路的内阻电阻。

(4) 将所求的三要素代入式(6-22)即可。

由上可见,利用三要素法避免了解微分方程的列写与求解,因此三要素法是求解一阶线性电路的动态过程的非常实用的方法。

需要指出,式(6-22)适用于在直流激励下的一阶电路。若外加激励源为正弦量时,一阶电路的响应由稳态响应和暂态响应两种分量组成。一般表达式形式如下:

$$f(t)=f'(t)+[f(0_+)-f'(0_+)]e^{-\frac{t}{\tau}}(t\geqslant 0) \tag{6-23}$$

其中,$f(0_+)$为响应 $f(t)$的初始值,$f'(t)$为稳态分量,$f'(0_+)$为稳态分量的初始值,τ 仍为电路的时间常数。式(6-23)是一阶电路在正弦激励下的三要素公式。

【例 6-7】 电路如图 6-19(a)所示,开关闭合前电路已处于稳态,在 $t=0$ 时将开关闭合,已知 $U_S=9$ V,$R_1=6$ Ω,$R_2=3$ Ω,$C=0.5$ F。求 $t\geqslant 0$ 时电容的电压 u_C 及电流 i_C。

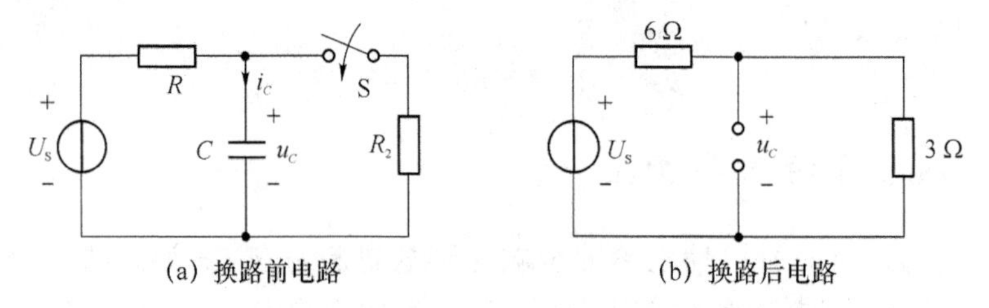

图 6-19 例 6-7 图

解 (1) 先求换路前电容电压值。

由于换路前电路处于稳态,电容相当于开路,所以

$$u_C(0_-)=9\text{ V}$$

(2) 根据换路定律有

$$u_C(0_+)=u_C(0_-)=9\text{ V}$$

(3) 画出 $t=\infty$时的稳态电路,这时电容相当于开路,得

$$u_C(\infty)=\frac{9}{6+3}\times 3=3\text{ V}$$

(4) 求电路的时间常数 τ。

开关闭合后,从电容两端看,电阻 R_1、R_2 相当于并联,等效电阻 R 为

$$R=\frac{R_1R_2}{R_1+R_2}=\frac{3\times 6}{3+6}=2\ \Omega$$

$$\tau=RC=2\times 0.5=1\text{ s}$$

(5) 代入三要素公式得 $t\geqslant 0$ 时的

$$u_C(t)=u_C(\infty)+[u_C(0_+)-u_C(\infty)]e^{-\frac{t}{\tau}}=3+(9-3)e^{-t}=3+6e^{-t}$$

【例 6-8】 电路如图 6-20(a)所示,在 $t=0$ 时开关由 a 合向 b,求 $t\geqslant 0$ 时的 i 及 i_L(已知换路前电路处于稳态)。

解 利用三要素法求解。

(1) 先求初始值。

由于换路前电路处于稳态,电感相当于短路,由此求得

$$i_L(0_-)=-\frac{9}{3+\frac{6\times 3}{6+3}}\times\frac{6}{6+3}=-1.2\text{ A}$$

根据换路定律得　　$i_L(0_+)=i_L(0_-)=-1.2\ \text{A}$

画出 $t=0_+$ 时的等效电路如图 6-20(b)所示(电感用电流源替代)。由图可得

$$3i(0_+)+6\times[1.2+i(0_+)]=9$$

解得　　$i(0_+)=0.2\ \text{A}$

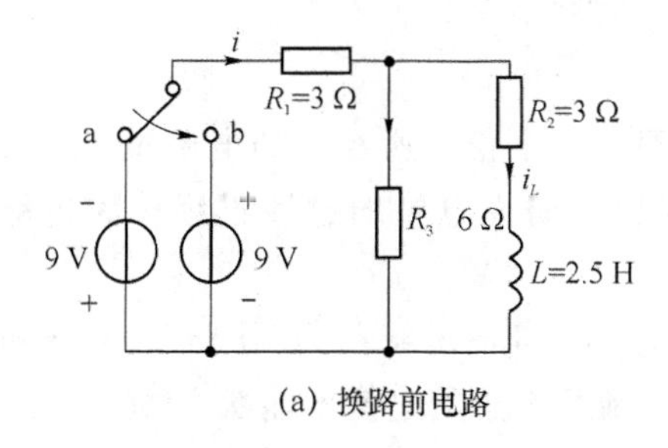

(a) 换路前电路

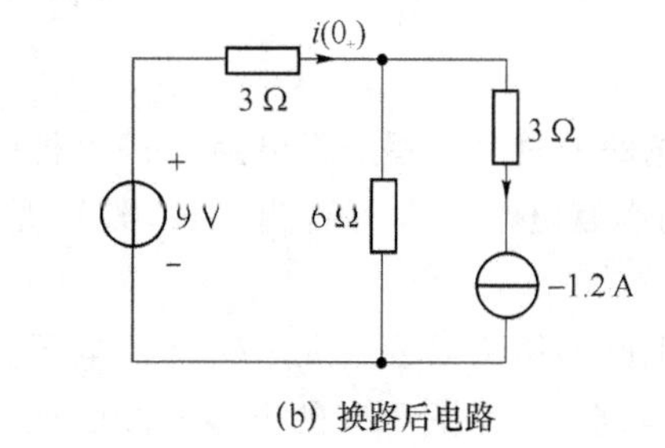

(b) 换路后电路

图 6-20　例 6-8 图

(2) 求稳态值。换路后电路达到新的稳态,电感相当于短路。因此可求得

$$i_L(\infty)=\frac{9}{3+\frac{6\times3}{6+3}}\times\frac{6}{6+3}=1.2\ \text{A}\qquad i(\infty)=\frac{9}{3+\frac{6\times3}{6+3}}=1.8\ \text{A}$$

(3) 换路后电路的时间常数

$$\tau=\frac{L}{R_0}=\frac{2.5}{3+\frac{6\times3}{6+3}}=0.5\ \text{s}$$

(4) 应用三要素公式得

$$\begin{aligned}i_L(t)&=i_L(\infty)+[i_L(0_+)-i_L(\infty)]\text{e}^{-\frac{t}{\tau}}\\&=1.2+(-1.2-1.2)\text{e}^{-\frac{t}{0.5}}\\&=1.2-2.4\text{e}^{-2t}\end{aligned}$$

$$\begin{aligned}i(t)&=i(\infty)+[i(0_+)-i(\infty)]\text{e}^{-\frac{t}{\tau}}\\&=1.8+(0.2-1.8)\text{e}^{-\frac{t}{0.5}}=1.8-1.6\text{e}^{-2t}\end{aligned}$$

重要知识点

- **换路**:当作用于电路的电源发生突变(如电源的接入或撤出)、电路的结构或参数发生变化时统称为“换路”。
- **初始值**:电路的初始值就是换路后 $t=0_+$ 时刻的电压、电流值。
- **动态元件**:元件上每个瞬间的电流(电压)值不是取决于有无该瞬间电压(电流),而是取决于该瞬间该元件电压(电流)的变化情况。
- **一阶动态电路**:动态电路中的电感、电容的 VAR 关系为一阶微分方程。
- **时间常数**:用来表征一个电路过渡过程快慢的物理量。
- **零输入响应**:若外加激励为零,仅由初始状态所引起的响应。
- **零状态响应**:若初始储能为零,仅由初始时刻的输入激励所引起的响应。

- **全响应**:由外加激励和电路的初始储能(初始状态)共同引起的响应。
- **三要素**:初始值、新的稳态值和时间常数称为分析一阶动态电路的三要素。

本章小结

1. 电路的过渡过程是指电路由一个稳态到另一个稳态所经历的电磁过程。过渡过程产生的内因是电路中含有储能元件,外因是换路。研究电路的过渡过程称为电路的动态分析。

2. 电路的结构或参数发生变化及电源发生突变等情况统称为“换路”。对于有损耗的电路,在电路换路前后瞬间的电容两端的电压和流经电感的电流不能跃变,这一规律称为换路定律,表示为

$$\left.\begin{aligned}u_C(0_+)=u_C(0_-)\\ i_L(0_+)=i_L(0_-)\end{aligned}\right\}$$

3. 由一阶微分方程描述的电路称为一阶电路。含一个独立动态元件的电路即为一阶电路。

(1) 一阶电路的零输入响应

RC 电路释放电能:

$$u_C=U_0\mathrm{e}^{-\frac{t}{\tau}}\quad(t\geqslant0)$$

U_0 为电容电压初始值,$\tau=RC$ 为电路的时间常数。

RL 电路释放磁能:

$$i_L=I_0\mathrm{e}^{-\frac{t}{\tau}}\quad(t\geqslant0)$$

I_0 为电感电流初始值,$\tau=L/R$ 为电路的时间常数。

(2) 一阶电路的零状态响应

RC 电路储存电能:

$$u_C=U_S(1-\mathrm{e}^{-\frac{t}{\tau}})\quad(t\geqslant0)$$

RL 电路储存磁能:

$$i_L=I_S(1-\mathrm{e}^{-\frac{t}{\tau}})\quad(t\geqslant0)$$

(3) 一阶电路的全响应

$$f(t)=f(0_+)\mathrm{e}^{-\frac{t}{\tau}}+f(\infty)(1-\mathrm{e}^{-\frac{t}{\tau}})\quad(t\geqslant0)$$

全响应=零输入响应+零状态响应

或

$$f(t)=f(\infty)+[f(0_+)-f(\infty)]\mathrm{e}^{-\frac{t}{\tau}}\quad(t\geqslant0)$$

全响应=稳态分量+暂态分量

(4) 一阶电路响应的规律是按指数规律衰减或增加

若 $f(0_+)>f(\infty)$,则 $f(t)$按 $\mathrm{e}^{-\frac{t}{\tau}}$ 规律衰减;

若 $f(0_+)<f(\infty)$,则 $f(t)$按 $1-\mathrm{e}^{-\frac{t}{\tau}}$ 规律增加。

$f(t)$变化的速度与电路的时间常数 τ 有关,RC 电路的时间常数 $\tau=RC$;RL 电路的时间

常数 $\tau=\dfrac{L}{R}$。

4. 直流电源激励下的三要素公式：

$$f(t)=f(\infty)+[f(0_+)-f(\infty)]e^{-\frac{t}{\tau}}$$

其中，$f(t)$表示任一响应，$f(0_+)$表示换路后该响应的初始值，$f(\infty)$表示稳态值，τ 为该电路的时间常数。$f(0_+)$、$f(\infty)$和 τ 称为一阶电路的三要素。

对于直流激励下的一阶线性动态电路中的任一响应，只要能求出这 3 个要素，就能直接根据三要素公式写出响应的表达式。

需要注意：三要素公式不仅适用于全响应，对于零输入响应和零状态响应两种特例也适用。

思考题与习题

6-1　如图 6-21 所示电路，开关 S 闭合已久，在 $t=0$ 时刻，S 打开。则换路后瞬间电容上的电压 $u_C(0_+)=$________及电路中的电流 $i(0_+)=$________。

6-2　如图 6-22 所示，电路已处于稳态，在 $t=0$ 时，开关打开，则开关打开后瞬间电感上的电流 $i_L(0_+)=$________。

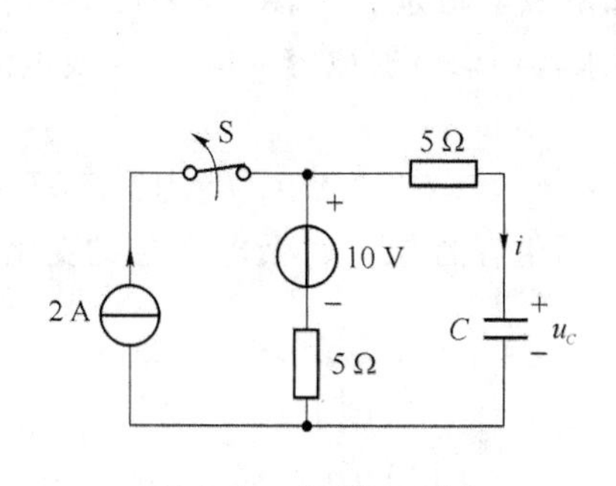

图 6-21　习题 6-1 图

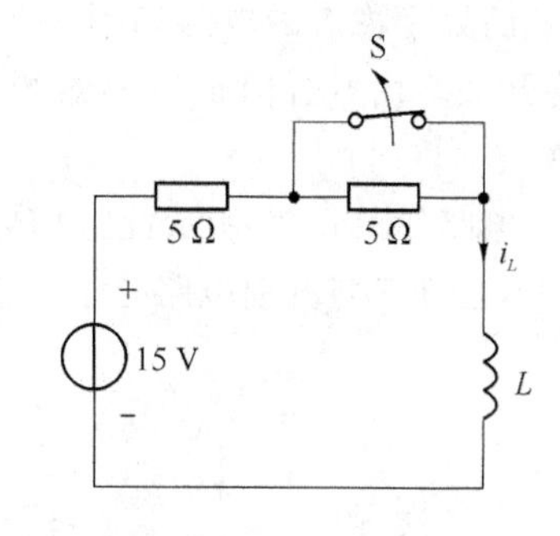

图 6-22　习题 6-2 图

6-3　电路如图 6-23 所示，若开关闭合前电感无储能，则开关在 $t=0$ 时闭合后电路中的 $i_L(0_+)=$________，$u_L(0_+)=$________；$i_L(\infty)=$________，$u_L(\infty)=$________。

6-4　如图 6-24 所示，开关闭合后电路的时间常数 $\tau=$________。大约经________s，电容电压达到稳定且稳定值=________。

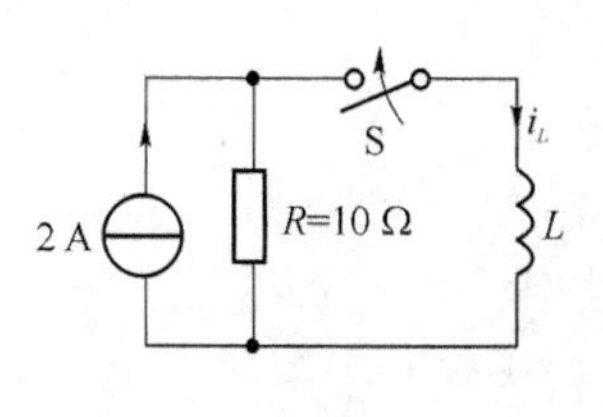

图 6-23　习题 6-3 图

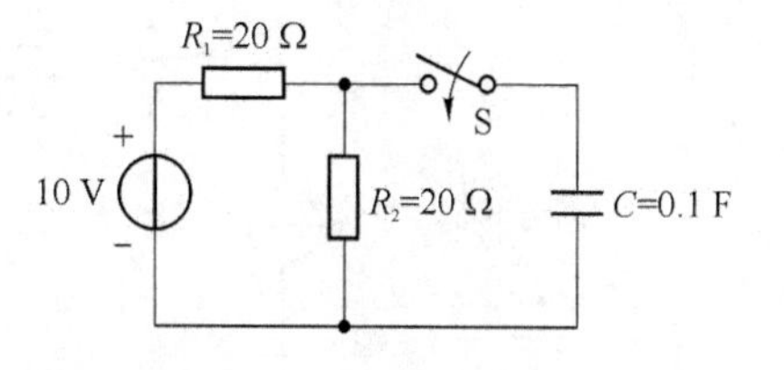

图 6-24　习题 6-4 图

6-5　如图 6-25 所示电路，已知开关 S 闭合前电路处于稳态。在 $t=0$ 时开关闭合。试求：换路后的初始值 $u_C(0_+)$、$i_C(0_+)$、$i_1(0_+)$。

6-6　在如图 6-26 所示电路中，开关 S 在 $t=0$ 时由 a 合向 b，设换路前电路已处于稳态。试求换路后的初始值 $i_L(0_+)$ 和 $u_L(0_+)$。

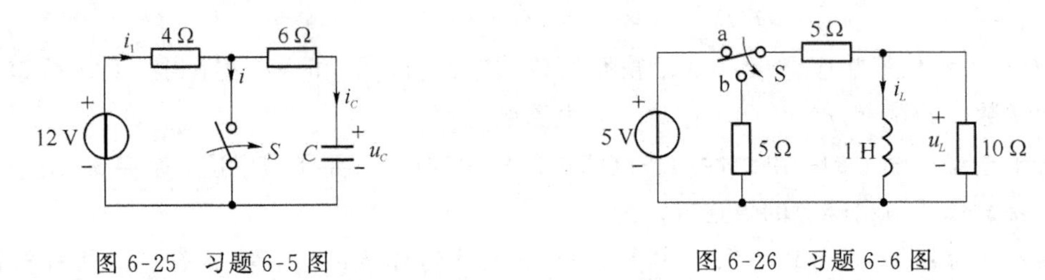

图 6-25　习题 6-5 图　　　　图 6-26　习题 6-6 图

6-7　试求如图 6-27 所示的电路换路后的时间常数 τ。

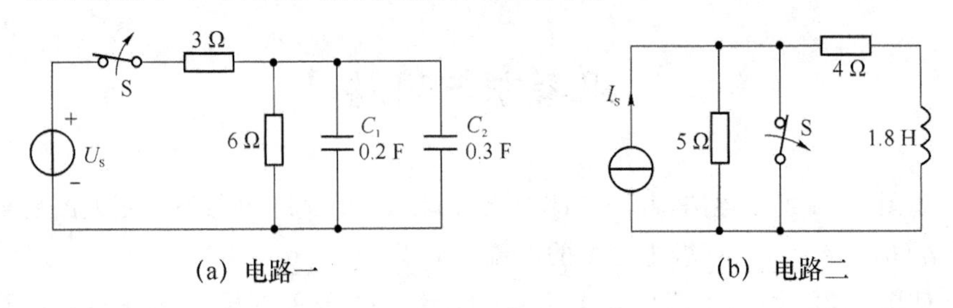

(a) 电路一　　　　(b) 电路二

图 6-27　习题 6-7 图

6-8　已处于稳态的电路如图 6-28 所示，已知电源电压为 10 V，$R=2\ \text{k}\Omega$，$C=5\ \mu\text{F}$。在 $t=0$ 时将开关 S 由 b 合向 a，电容器开始放电。试求：(1) $t\geqslant0$ 时电容的电压 u_C 及电流 i_C 的变化规律。

6-9　电路如图 6-29 所示，已知 $R_1=R_2=6\ \Omega$，$R_3=4\ \Omega$，$C=0.5\ \text{F}$，$U_S=12\ \text{V}$。开关 S 在 $t=0$ 时打开，已知 S 打开前电路处于稳态。试求换路后电容的电压 u_C 及电流 i_C 的变化规律。

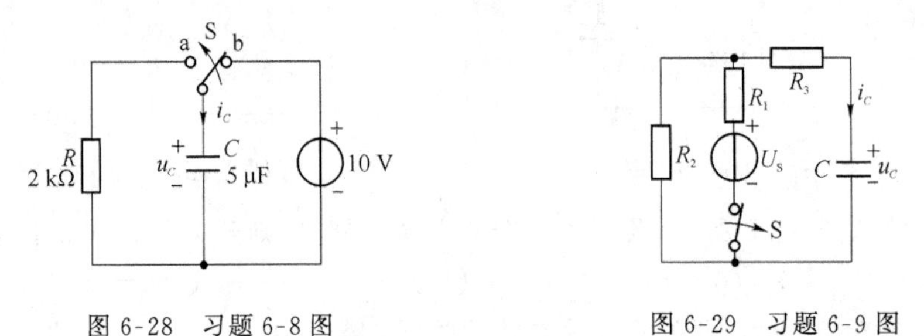

图 6-28　习题 6-8 图　　　　图 6-29　习题 6-9 图

6-10　如图 6-30 所示，电路已处于稳态。在 $t=0$ 时开关 S 打开，试求 $t\geqslant0$ 时电感电流 i_L。

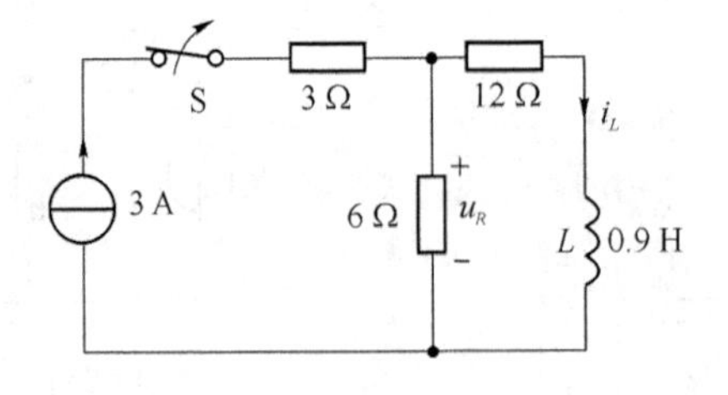

图 6-30　习题 6-10 图

6-11　电路如图 6-31 所示，已知 $i_L(0_-)=0$，$t=0$ 时闭合开关。求 $t\geqslant 0$ 时的 $i_L(t)$ 和 $u_L(t)$，并绘出电流、电压的响应曲线。

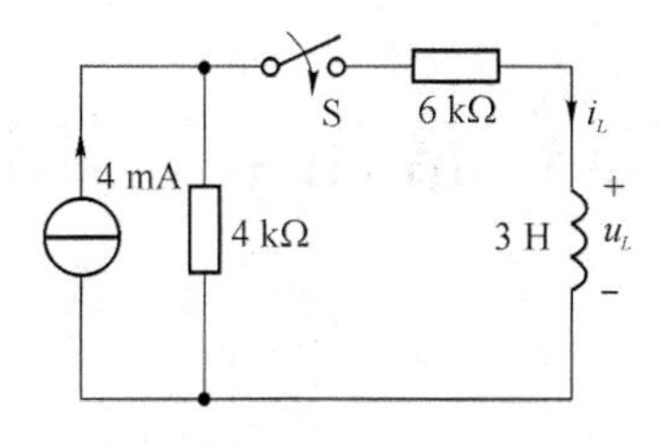

图 6-31　习题 6-11 图

6-12　电路如图 6-32 所示，且开关闭合前电路存在已久，在 $t=0$ 时将 S 闭合，求换路后电感中的电流 $i_L(t)$。

6-13　电路如图 6-33 所示，已知开关闭合前电容电压 $u_C(0_-)=2$ V、$U_S=9$ V、$R_1=3\ \Omega$、$R_2=6\ \Omega$、$C=50\ \mu$F，利用三要素法求换路后电容的电压 $u_C(t)$ 及电流 $i_C(t)$。

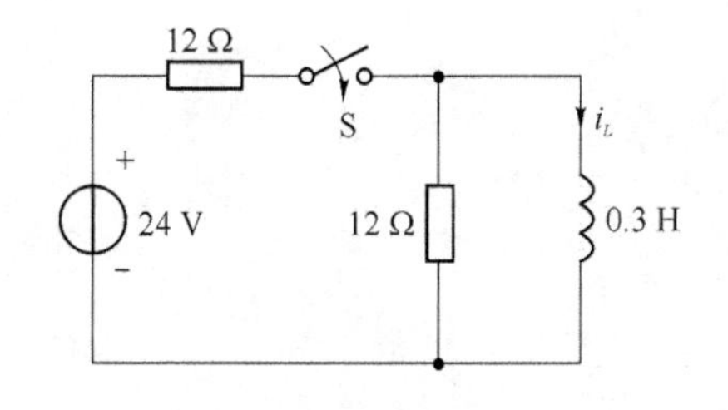

图 6-32　习题 6-12 图

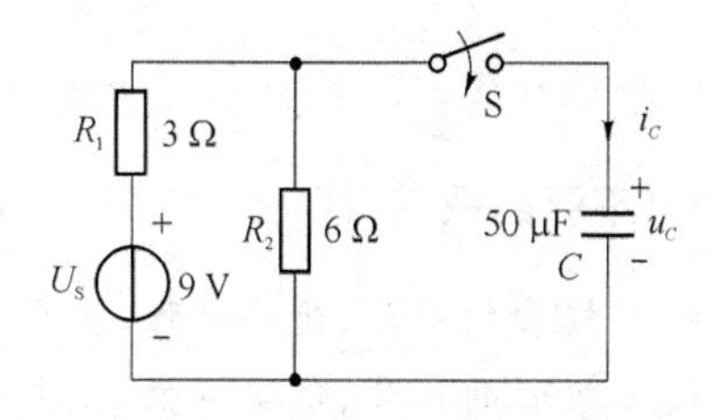

图 6-33　习题 6-13 图

6-14　如图 6-34 所示电路，开关 S 于 $t=0$ 时闭合，S 闭合前电路处于稳态。求 $t\geqslant 0$ 时的 $u_C(t)$ 和 $i_S(t)$。

6-15　电路如图 6-35 所示，电路原已稳定，在 $t=0$ 时将 S 闭合，应用三要素法求电路的全响应 $i_L(t)$ 和 $u_L(t)$。

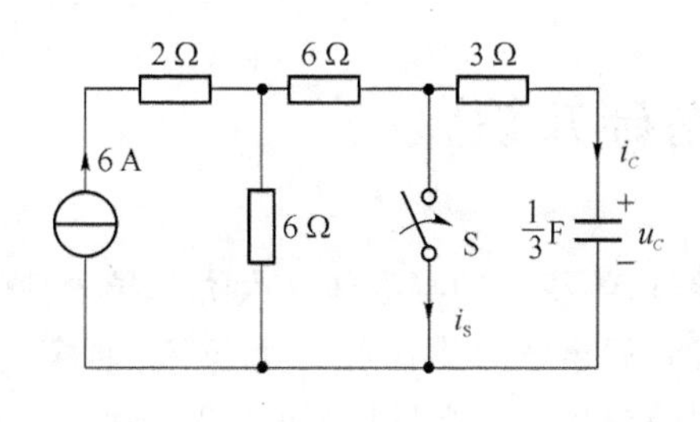

图 6-34　习题 6-14 图

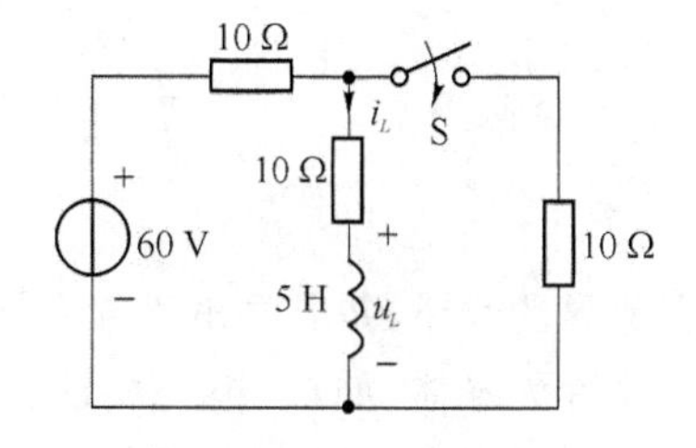

图 6-35　习题 6-15 图

第7章 常用半导体器件

【本章要点】

- 半导体的导电特性。
- PN结。
- 晶体二极管。
- 晶体三极管。
- 场效应管

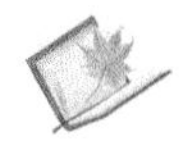

【本章重点难点】

- 二极管的符号、伏安特性、主要参数。
- 三极管的符号、伏安特性、主要参数。

通过本章的学习,要了解半导体的导电特性,重点掌握PN结的概念,掌握常用半导体器件二极管和三极管的符号、伏安特性及主要参数。

本章从半导体基础知识入手,由浅入深地提出研究的PN结、晶体二极管、晶体三极管,最后讨论了场效应管。它是电子技术理论的入门内容,为电子电路分析、计算及后续课程提供必要的基础知识。

7.1 半导体基础知识

自然界的物质,按其导电性能不同可以分为导体、绝缘体和半导体3大类。导电性能良好的物体称为导体,如金、银、铜、铁、铝等金属;几乎不导电的物体称为绝缘体,如橡胶、陶瓷、玻璃、塑料等;导电性能介于导体与绝缘体之间的物体称为半导体,如硅、锗、硒等。

半导体是制作晶体二极管、晶体三极管、场效应管和集成电路的材料,这并不是因为半导体的导电性能介于导体与绝缘体之间,是因为半导体有特殊的导电性能。半导体具有如下导电特性。

(1) 热敏性:半导体的电阻率随着温度的升高而降低,即温度升高,半导体的导电能力增强。

(2) 光敏性:半导体受到光照时,电阻率降低,其导电能力随着光照强度的增强而增强。

(3) 杂敏性:半导体的导电能力受掺入杂质的影响显著,即在半导体材料中掺入微量杂质(特定的元素),电阻率下降,导电能力增强。

7.1.1 本征半导体

具有晶体结构的纯净半导体称为本征半导体。最常见的半导体材料为硅和锗,在制作半导体器件时,硅和锗都要经过提纯并形成晶体结构,所以用半导体材料做成的二极管、三极管又称为晶体二极管、晶体三极管。

半导体硅元素和锗元素的单个原子都是4价元素,硅或锗原子都有4个价电子,每个原子的价电子都和周围4个原子的价电子形成4个共价键,共价键结构是相对稳定的结构。在常温下只有少数的价电子可以从原子的热运动中获得能量,挣脱共价键的束缚,成为带负电荷的自由电子,这种现象称为本征激发。价电子成为自由电子后,在原来的位置上留下一个空位,称为空穴。由于本征激发出现了空穴,使原来呈电中性的原子因失去带负电的电子而形成带正电的离子。这种正离子固定在晶格中不能移动,它由原子和空穴构成,可以认为空穴带正电,其电量与电子的电量相等。本征激发时,电子和空穴成对产生,称为电子-空穴对。即在激发出一个带负电的电子的同时,相应地产生了一个带正电的空穴。在外加电场的作用下,就会形成带负电荷的电子流和带正电荷的空穴流,显然电子流与空穴流的运动方向相反。半导体中的电流由自由电子流和空穴流两部分形成,通常将参与导电的粒子称为载流子,电子和空穴统称为载流子。也可以说本征半导体中有两种载流子参与导电,一种是带负电荷的自由电子,另一种是带正电荷的空穴。空穴参与导电是半导体的导电特点,也是与导体导电最根本的区别。自由电子在运动过程中如果与空穴相遇就会填补空穴,使两者同时消失,这种现象称为复合。一定温度下,电子-空穴对的产生与复合达到动态平衡。

总之,常温下,本征半导体中的载流子很少,所以导电能力很差。然而环境温度升高或受到光照时,本征半导体的电子-空穴对数目显著增多,其导电性也明显提高,这就是半导体导电性随温度变化而明显变化的原因,所以半导体可以用来制作热敏或光敏元件。另外,在本征半导体中掺入微量的杂质(特定元素),它的导电能力会大大提高。掺入杂质后的半导体称为杂质半导体,其导电能力与掺杂浓度有关,所以杂质半导体的导电性能是可控的。杂质半导体的应用非常广泛,实用半导体器件都是由杂质半导体构成的。

7.1.2 杂质半导体

掺入杂质以后的半导体称为杂质半导体。根据掺入的杂质不同,杂质半导体分为N型半导体和P型半导体两种。

1. N型半导体

在硅(或锗)本征半导体中掺入微量5价元素,如磷,则可以形成N型半导体。由于掺入杂质的原子数与整个半导体原子数相比,其数量非常少,半导体晶体结构基本不变,只是在晶格中硅(或锗)原子的位置被磷原子所代替。磷原子有5个价电子,其中4个与硅(或锗)原子形成共价键结构,还多余一个价电子不受共价键束缚,只受磷原子核的吸引,吸引力较弱,常温下就可以成为自由电子。磷原子由于失去了一个价电子而成为带正电荷的磷离子,带正电荷的磷离子数目与带负电荷的自由电子数目相等、极性相反,对外仍不显电性。正离子是不能移动的,所以不参与导电。常温下掺入的磷原子越多,得到的自由电子和正离子越多,但是空穴数不会因此而增加,所以N型半导体中自由电子占大多数,称为多数载流子(多子);而空穴称为少数载流子(少子)。这种以电子导电为主的半导体称为N型半导体。

2. P型半导体

在硅(或锗)本征半导体中掺入微量3价元素,如硼,则形成P型半导体。同样只是在晶格中硅(或锗)原子位置被硼原子所代替。由于硼原子只有3个价电子,要与硅(或锗)原子形成4个共价键结构,还少一个价电子,只能在共价键中留出一个空位子,这就是空穴。它要靠从别的地方"俘获"一个电子来填补,以组成相对的稳定结构。常温下,临近的硅(或锗)原子的价电子很容易填补这个空穴,于是就产生了新的空穴,相当于硼原子向外释放了一个空穴,硼原子由于得到了一个价电子而成为带负电荷的硼离子,带负电荷的硼离子数目与带正电荷的空穴数目相等、极性相反,对外仍不显电性。负离子是不能移动的,所以不参与导电。常温下掺入的硼原子越多,得到的空穴和负离子越多,但是自由电子数不会因此而增加,所以P型半导体中空穴占大多数,称为多数载流子(多子);而自由电子称为少数载流子(少子)。这种以空穴导电为主的半导体称为P型半导体。

7.1.3 PN结

1. PN结的概念

利用特殊的制造工艺,在一块本征半导体(硅或锗)材料中,一边掺杂成N型半导体,一边掺杂成P型半导体,这样在两种半导体的交界面就会形成一个空间电荷区,这就是PN结。

2. PN结的形成

PN结形成的示意图如图7-1所示。

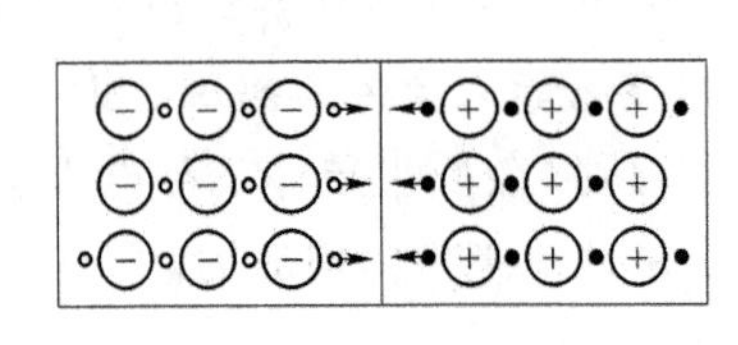

(a) 多数载流子的扩散运动

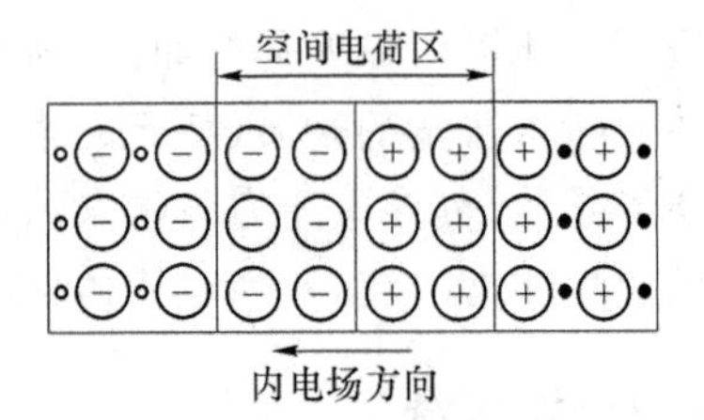

(a) PN结的形成

图7-1 PN结的形成

由于交界面两侧载流子存在着浓度差,便产生电子和空穴的扩散运动,即P型区空穴(多子)向N型区运动,N型区电子(多子)向P型区运动。在多子扩散到交界面附近时,自由电子和空穴相复合,在交界面附近只留下不能移动的带正负电的离子,形成一空间电荷区,即PN结,如图7-1(b)所示。空间电荷区将存在一个内电场,其方向由N区指向P区,显然内电场阻止多数载流子的扩散运动。同时,内电场将推动P区的自由电子流向N区和N区的空穴流向P区。少数载流子在内电场的作用下产生的这种运动称为少数载流子的漂移运动。开始时扩散运动占优势,随着扩散运动不断进行,空间电荷层加厚,内电场加强,漂移运动随之增强,而扩散运动相对减弱,最后扩散运动和漂移运动达到动态平衡。

3. PN 结的单向导电性

如果在 PN 结两端外加电压,就将破坏原来的平衡状态。

当外加电压的极性不同时,PN 结表现出截然不同的导电性能,即呈现具有单向导电性。如图 7-2 所示。

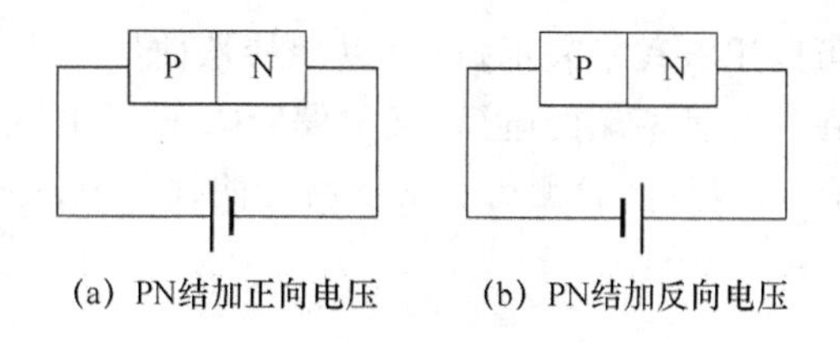

(a) PN结加正向电压　(b) PN结加反向电压

图 7-2　PN 结的单向导电性

(1) PN 结加正向电压——导通。将 PN 结按照图 7－2(a)所示接上电源(P 区接电源的正极,N 区接电源的负极)称为加正向电压,加正向电压时,外加电压形成的外电场与内电场方向相反,削弱了内电场,使空间电荷层(PN 结)变窄,电阻变小,电流增大,称 PN 结处于导通状态。

(2) PN 结加反向电压——截止。将 PN 结按照图 7-2(b)所示接上电源(N 区接电源的正极,P 区接电源的负极)称为加反向电压,加反向电压时,外加电压形成的外电场与内电场方向相同,加强了内电场,使空间电荷层(PN 结)变宽,电阻变大,电流减小,称 PN 结处于截止状态。

总之,PN 结加正向电压时导通,呈低阻态,有较大的正向电流流过;加反向电压时截止,呈高阻态,只有很小的反向电流,PN 结的这种特性称为单向导电性。正是利用这一特性,可以将半导体材料制作成晶体二极管、晶体三极管、场效应管等半导体器件。

7.2　晶体二极管

7.2.1　晶体二极管的结构

由一个 PN 结加上电极引线和外壳封装,就构成一个半导体二极管,也称晶体二极管,简称二极管,文字符号常用 VD 表示。二极管有两根电极引线,从 P 区引出的电极为正极,从 N 区引出的电极为负极。晶体二极管结构与图形符号如图 7-3 所示,箭头表示二极管正常导通时的电流方向。

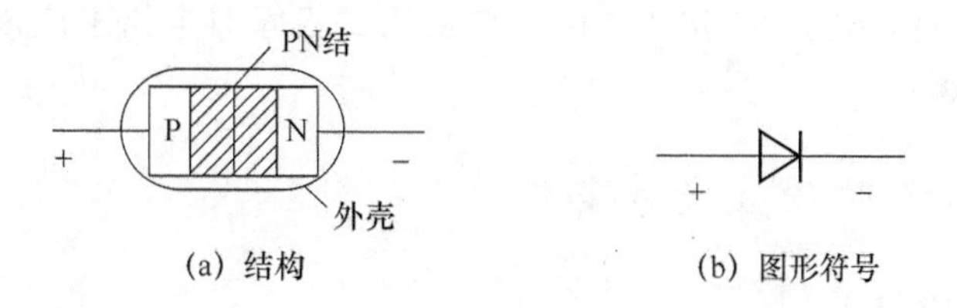

(a) 结构　(b) 图形符号

图 7-3　晶体二极管结构与图形符号

二极管种类很多,按照半导体材料的不同分为硅二极管和锗二极管;按照用途分为整流二极管、检波二极管、稳压二极管、开关二极管、发光二极管等；按 PN 结的结构分为点接触型、面接触型、平面型等。

7.2.2 晶体二极管的伏安特性

二极管的伏安特性可以用方程来表示，也可以用特性曲线来表示。伏安特性曲线是指流过二极管的电流随加在二极管两端的电压(又称偏置电压)变化的关系曲线。二极管的伏安特性曲线如图 7-4 所示，可以用实验测得。伏安特性曲线分为正向特性、反向特性和击穿特性 3 部分。

1. 正向特性

正向特性如图 7-4 中 Oa 段所示，只有当正向电压超过某一数值时，才有明显的正向电流，这个电压称为导通电压或开启电压，用 U_{on} 表示。开启电压与二极管的材料和工作温度有关，常温下硅管的 U_{on} 为 0.5～0.6 V；锗管 U_{on} 为 0.1～0.2 V。当外加电压超过 U_{on} 后，正向电流迅速增大，这时二极管处于正向导通状态，随着电压 u 的增加，电流 i 按照指数的规律增加，当电流较大时，电流随着电压的增加几乎直线上升。二极管导通后硅管的正向压降为 0.6～0.8 V(通常取 0.7 V)，锗管的正向压降为 0.2～0.3 V(通常取 0.2 V)，用 U_T 表示。

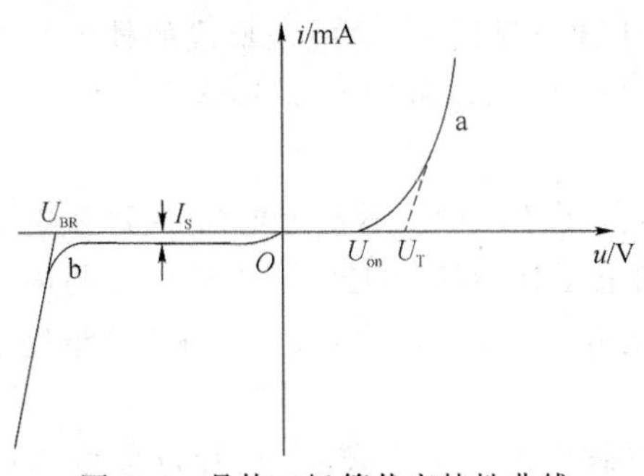

图 7-4 晶体二极管伏安特性曲线

2. 反向特性

反向特性如图 7-4 中 Ob 段所示，反向电流基本不随反向电压的变化而变化，这个电流称为反向饱和电流，用 I_S 表示。I_S 很小，而且相同温度下，硅管比锗管的反向电流更小。反向饱和电流随着温度升高迅速增大。

3. 反向击穿特性

在一定温度下，当二极管加的反向电压超过某一数值时，反向电流将急剧增加，这种现象称为二极管反向击穿。二极管击穿时的电压称为反向击穿电压，用 U_{BR} 表示。二极管在正常使用时应避免出现反向击穿，管子击穿后并不一定损坏，只有在没有限流措施时，反向电流超过一定限度，PN 结过热，才会烧毁，造成永久性损坏。

二极管的伏安特性是非线性的，因此二极管是非线性元件。使用二极管时应注意不论是硅管还是锗管，即使工作在最大允许电流下，管子两端的电压降一般也不会超过 1.5 V，这是晶体二极管的特殊结构所决定的。所以在使用二极管时电路中应该串联限流电阻，以免因电流过大而损坏管子。

7.2.3 晶体二极管的主要参数

1. 最大整流电流(I_f)

I_f 是二极管长期工作允许通过的最大正向平均电流，正常工作时二极管的电流 I_D 应该小于 I_f。

2. 最高反向工作电压(U_R)

U_R 是允许加在二极管两端反向电压的最大值。一般情况下取 U_R 为 U_{BR}(手册上给出反向击穿电压 U_{BR})的一半。

3. 反向电流(I_R)

I_R 是指二极管未击穿时的反向电流。I_R 越小,二极管单向导电性越好。I_R 受温度影响很大。

4. 最高工作频率(f_M)

f_M 指二极管工作频率的上限值,主要由 PN 结的电容决定。当外加信号的频率超过二极管的最高工作频率时,二极管的单向导电性能将不能很好地体现。

7.3 晶体三极管

7.3.1 晶体三极管的结构

半导体三极管也称晶体三极管,简称三极管,用 T 表示。它采用光刻、扩散等工艺在同一块半导体硅(或锗)片上掺杂形成 3 个区、2 个 PN 结,并从 3 个区各引出一根导线,作为 3 个电极,这样就组成一个三极管。由 2 个 N 区夹一个 P 区结构的三极管称为 NPN 型三极管;由 2 个 P 区夹一个 N 区结构的三极管称为 PNP 型三极管。图 7-5 所示为三极管的结构与图形符号,其中图(a)为 NPN 型三极管的结构和电路图形符号;图(b)是 PNP 型三极管的结构和电路图形符号。

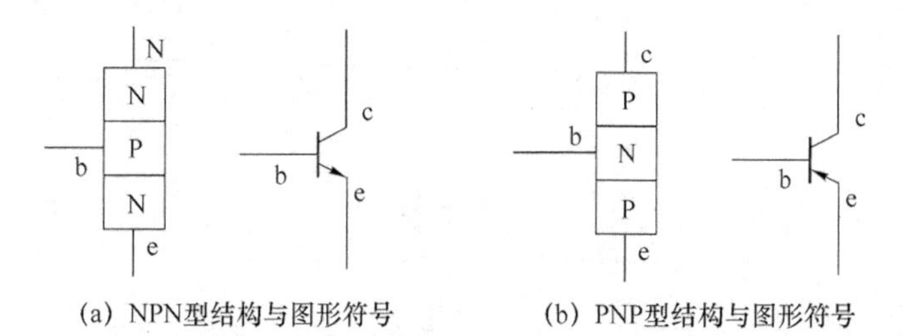

图 7-5　晶体三极管结构与图形符号

三极管中间的区域为基区,两边的区域分别为发射区和集电区。3 个电极分别称为基极(用 b 表示)、发射极(用 e 表示)、集电极(用 c 表示)。发射极与基极之间的 PN 结称为发射结(简称 e 结);集电极与基极之间的 PN 结称为集电结(简称 c 结)。PNP 型三极管各部分的名称与 NPN 型三极管的相同。

在制作三极管时必须满足的工艺要求是发射区掺杂浓度高,集电区掺杂浓度比发射区低,且集电区的面积比发射区大,基区很薄且掺杂浓度远低于发射区。这些要求是保证三极管具有放大作用的内部条件。

三极管的种类很多,按照半导体材料分为硅管和锗管;按照内部结构分为 NPN 型和 PNP 型(如图 7-5 所示),不论是硅管还是锗管都有 NPN 型和 PNP 型两种管子;按照用途分为放大管和开关管等;按照工作频率分为低频管和高频管;按照功率分为小功率管、中功率管和大功率管等。

NPN 型和 PNP 型两种管子符号的区别是发射极箭头的方向不同。NPN 型三极管发射极箭头的方向向外;PNP 型三极管发射极箭头的方向向内。三极管发射极箭头的方向表示正常工作时发射极电流的方向。

尽管 NPN 型和 PNP 型三极管的结构不同,使用时外加电源也不同,但接成放大电路时工作原理是相似的,本节以 NPN 型三极管为例,讨论三极管的基本放大原理。

7.3.2 晶体三极管的放大原理

1. 三极管放大交流信号的外部条件

三极管是两种载流子同时参与导电的半导体器件,也称为双极型晶体管。它的主要功能是具有电流放大作用,是放大电路中的核心元件。欲使三极管有电流放大作用除具有上面的内部结构外,还必须具备合适的外部条件,这就要求外加电压保证发射结加正向电压,习惯上称为正向偏置;集电结加反向电压,习惯上称为反向偏置。下面以 NPN 型三极管为例进行详细讨论,图 7-6 所示为该三极管满足放大的条件。

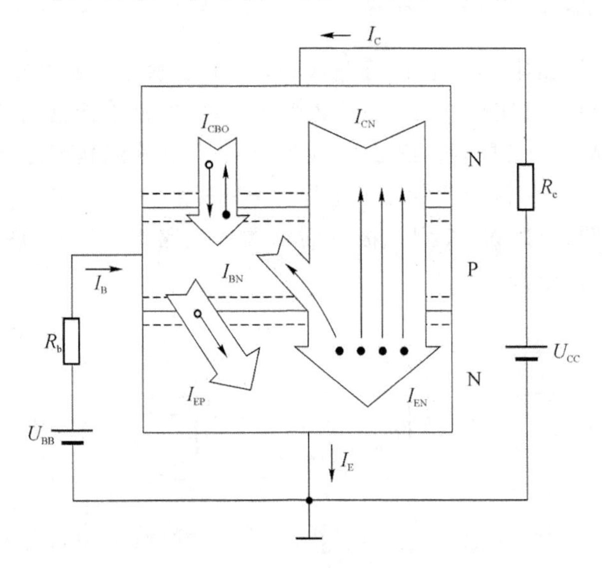

图 7-6 晶体三极管满足放大的条件

给发射结加正向电压,即 P 区接电源的正极,N 区接电源的负极;给集电结加反向电压,即 P 区接电源的负极,N 区接电源的正极。在图 7-6 中,输入端 U_{BB}(基极电源)通过一个电阻 R_b(称为基极偏置电阻)给发射结加正向偏压,基极与发射极之间的电压用 U_{BE} 表示,$U_{BE}>0$。放大时对于硅三极管 $U_{BE}=0.6\sim0.8$ V;对于锗三极管 $U_{BE}=0.2\sim0.3$ V。U_{CC}(集电极电源)通过集电极电阻 R_c 给集电结加反向偏压,基极与集电极之间的电压用 U_{BC} 表示,即 $U_{BC}<0$,通常用 $U_{CE}>U_{BE}$ 来表示,U_{CE} 为集电极与发射极之间的电压。显然,3 个电极的电位关系为 $V_E<V_B<V_C$。

对于 PNP 型三极管读者可自己分析,同样发射结加正向电压($U_{EB}>0$),集电结加反向电压($U_{CB}<0$ 或 $U_{BE}>U_{CE}$),3 个电极的电位为 $V_C<V_B<V_E$。

2. 三极管中的电流分配关系

三极管制作完成以后，基区的宽度与各区载流子的浓度就确定了。以NPN型三极管为例，因为发射区为高掺杂区，又因为发射结加正向电压，所以发射区的大量自由电子（多子）不断越过发射结扩散到基区，与此同时基区的空穴扩散到发射区，形成发射极电流 I_E（空穴形成的电流很小可忽略不计）；电子通过e结到达基区以后，由于基区很薄，掺杂浓度低，集电结又加了反向电压，在基区只有少部分电子与基区的空穴复合，并由基极的电源 U_{BB} 向基区提供空穴，形成基极电流 I_B；由于集电结加反向电压，结内形成了较强的电场，到达基区的大多数电子被集电结吸引而到达集电区，形成集电极电流 I_C。在图7-6所示的各电流的参考方向下，显然 $I_E=I_C+I_B$；由于基区的宽度、浓度一定，在基区复合的电子与到达集电区的电子的比例就确定了，因此 I_B 与 I_C 的关系也被确定下来了，与外加电压的大小无关。

发射极电流传输到集电极的电流分量 I_C 与基极复合电流分量 I_B 的比值，称为共发射极直流电流放大系数，用$\bar{\beta}$表示。即$\bar{\beta}=I_C/I_B$ 或写成 $I_C=\bar{\beta}I_B$（忽略一些次要因素）。当发射结两端的电压变化时 I_B 就要变化，I_C 也要随之变化，但其变化量比值固定不变。I_C 的变化量与 I_B 的变化量之比称为共发射极交流电流放大系数，用 β 表示，即 $\beta=\Delta I_C/\Delta I_B$。由于$\bar{\beta}$和 β 数值上相近，一般情况下不予严格区分，晶体管手册上都以 β 给出。

综上所述，三极管的电流分配关系为 $I_E=I_C+I_B$，$I_C=\beta I_B$，不论是NPN三极管还是PNP三极管，电流分配关系都是相同的。

三极管具有3个电极，可视为一个两端口网络，其中两个电极构成输入端口，两个电极构成输出端口，显然输入、输出端口共用某一个电极。根据公共电极的不同，三极管组成的放大电路有3种连接方式，通常称为放大电路的3种组态，即共发射极、共基极和共集电极电路组态，如图7-7所示。

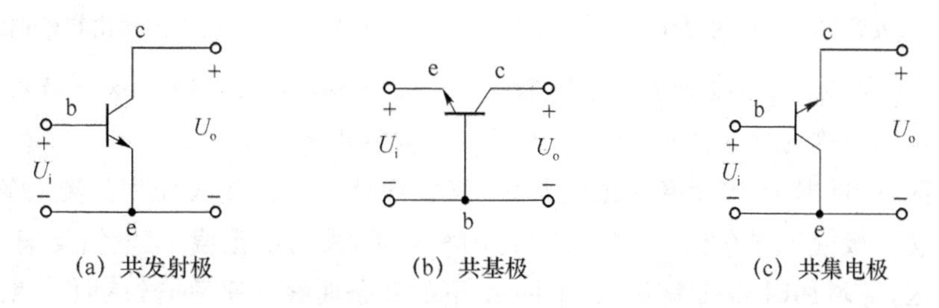

图7-7　三极管的3种连接方法

无论哪种连接方式，要使三极管有放大作用，都必须满足三极管的放大条件。3种连接方式都有放大作用，而且各有特点。共发射极接法应用较广泛，本节重点讨论共发射极电路。

7.3.3 晶体三极管的特性曲线

三极管的特性曲线是指其各电极间的电压和电流之间的关系曲线，它是三极管内部特性的外部表现，是分析放大电路的重要依据。因为三极管在电路中有输入端和输出端，所以特性曲线包括输入特性曲线和输出特性曲线。

1. 输入特性曲线

在集电极和发射极之间的电压为某一常数时，输入回路的基极与发射极之间的电压 u_{BE} 与基极电流 i_B 之间的关系曲线称为三极管输入特性曲线。通过实验的方法可以得到输入特性曲线，如图 7-8 所示。

当 $U_{CE}=0$ 时，c、e 短接，两个 PN 结都正偏，相当于两个二极管并联，所以输入特性曲线与二极管的正向特性曲线很相似。当 U_{BE} 大于导通电压 U_{on} 以后，i_B 随着 U_{BE} 的增加而增加。当 $U_{CE}>0$ 时，随着 U_{CE} 的增加输入特性曲线右移，当 $U_{CE}=1$ V 后集电结的电场已足够强，随 U_{CE} 增加特性曲线变化不大，即 $U_{CE}\geqslant1$ 特性曲线非常接近，因此只要测出一条 $U_{CE}=1$ V的特性曲线就可以作代表了。图 7-8 所示为 $U_{CE}=0$ V 和 $U_{CE}=1$ V 时的输入特性曲线。

2. 输出特性曲线

三极管输出特性曲线是指在基极电流 I_B 一定时，输出回路中集电极电流 i_C 与集电极和发射极之间的电压 U_{CE} 之间的关系曲线，称为输出特性曲线。通过实验的方法可以得到输出特性曲线，如图 7-9 所示。

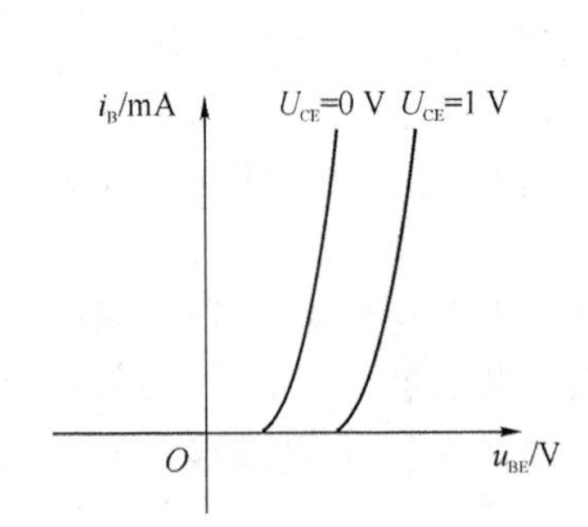

图 7-8　三极管的输入特性曲线

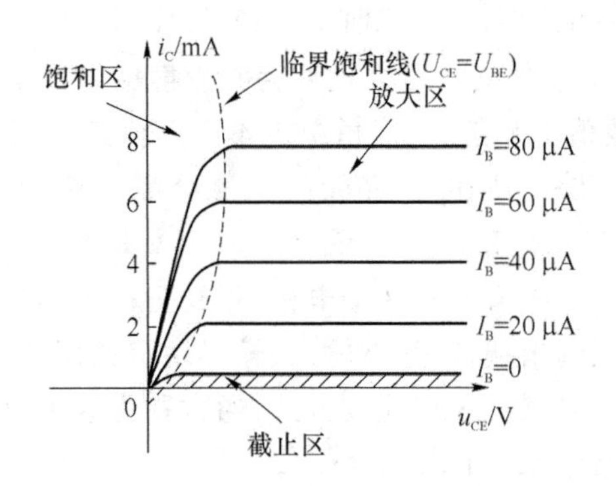

图 7-9　三极管的输出特性曲线

由图 7-9 可以看出，曲线分成 3 个区域。当 U_{CE} 较小时，曲线陡峭，这部分称为饱和区；中间比较平坦部分称为放大区；$I_B=0$ 以下区域称为截止区。

在放大区，i_C 随着 i_B 按 β 倍成比例变化，三极管具有电流放大作用。要对输入信号进行放大就要使三极管工作在放大区。放大区的特点是，发射结正偏，集电结反偏，$i_C=\beta i_B$。

在饱和区，i_B 增加时 i_C 变化不大，不同 i_B 下的几条曲线几乎重合，表明 i_B 对 i_C 失去控制，呈现"饱和"现象。一般情况下，把 $U_{CE}=U_{BE}$（C 结零偏）的点连起来称为临界饱和线（图 7-9 中的虚线）。临界饱和线左边的区域就是饱和区。饱和区的特点是，发射结和集电结都正偏，三极管没有放大作用。

在截止区，发射结加反偏或 $U_{BE}<U_{on}$，并且集电结反偏。$I_B=0$，$I_C=I_{CEO}$，这个从集电极直接穿过基极流向发射极的电流称为穿透电流，它不受 I_B 的控制。要使三极管可靠地截止，常使发射结处于反向偏置状态。截止区的特点是，发射结、集电结都反偏，$I_B=0$，$I_C\approx0$，三极管没有放大作用。

三极管工作在饱和区和截止区都没有放大作用，但是在饱和区电流可以很大，而电压很小，相当于一个闭合的开关；在截止区电压可以很大，而电流很小，相当于一个断开的开关，所以三极管具有开关作用。数字电路中的三极管就工作在饱和区和截止区。

7.3.4 晶体三极管的主要参数

三极管的参数是用来表征其性能和适用范围的数据，是选择和使用三极管的依据。三极管的参数很多，下面介绍一些主要的参数。

1. 共发射极电流放大系数

集电极电流的变化量与相应的基极电流的变化量的比值，称为共发射极交流电流放大系数，用 β 表示，它表明基极电流对集电极电流的控制能力。输出特性曲线间隔的大小就表明 β 的大小。β 可以用仪器测出，也可以从手册中查得(即 h_{fe} 参数)，一般为几十至几百不等；也可以由输出特性曲线求出。

2. 极间反向饱和电流

(1) 集电极-基极反向饱和电流(I_{CBO})。当发射极开路时，集电结加反向偏置电压，集电极和基极间的电流称为集电极-基极反向饱和电流，用 I_{CBO} 表示。

(2) 集电极-发射极反向饱和电流(I_{CEO})。当基极开路，集电结反偏和发射结正偏时的集电极电流称为集电极-发射极反向饱和电流，又称为穿透电流。它与 I_{CBO} 的关系为 $I_{CEO}=(1+\bar{\beta})I_{CBO}$，$I_{CBO}$、$I_{CEO}$ 是三极管噪声的根源，所以希望 I_{CBO}、I_{CEO} 越小越好。

3. 极限参数

极限参数是指三极管正常工作时不能超过的值，否则有可能损坏管子。

(1) 集电极最大允许电流(I_{CM})。

集电极电流 I_C 达到一定的数值以后 β 会下降，当 β 下降到正常值的 $\frac{1}{2}$ 时，所允许的最大集电极电流称为集电极最大允许电流。

(2) 集电极-发射极反向击穿电压($U_{(BR)CEO}$)。

$U_{(BR)CEO}$ 是指基极开路时，允许加在集电极与发射极之间的电压的最大值。

(3) 集电极允许最大耗散功率(P_{CM})。

正常工作时，I_C 流过集电结要消耗功率，而使三极管发热。三极管达到一定温度后，性能变差或者损坏。使用时应该使集电极消耗的功率 $P_C<P_{CM}$。

7.4 场效应管

场效应管(FET)是利用输入回路的电压在管子内部产生的电场效应来控制输出回路电流大小的一种半导体器件。它只有一种载流子(多数载流子)参与导电，所以称为单极型三极管。与双极性三极管相比，场效应管具有输入阻抗高($10^7\sim10^{12}\ \Omega$)、噪声低、体积小、耗电少、寿命长、热稳定性好、工艺简单、便于集成化生产等优点，因此它在电子电路、逻辑电路，尤其是超大规模集成电路中得到广泛的应用。

场效应管按结构的不同可分为结型和绝缘栅型两大类。

7.4.1 结型场效应管

1. 结型场效应管的结构

结型场效应管分为N沟道和P沟道两种。图7-10(a)所示为N沟道结型场效应管的结构图。在N型半导体的两侧通过高浓度扩散制造两个重掺杂P型区,形成两个PN结,将两个P型区连在一起引出一个电极,称为栅极(G,控制电极);在两个PN结之间的N型半导体称为导电沟道。在N型半导体两端各引出一个电极,这两个电极间加上一定电压便会在沟道中形成电场,在此电场的作用下,形成多数载流子——自由电子的定向移动,产生电流。将电子发源端称为源极(S),接收端称为漏极(D)。

图7-10(b)所示为N沟道结型场效应管的电路符号。场效应管与三极管一样,具有放大作用,场效应管的栅极相当于双极型三极管的基极,源极相当于发射极,漏极相当于集电极。所不同的是,场效应管是用栅源电压U_{GS}控制漏极电流I_D。和三极管一样,要使场效应管工作于放大状态,必须具备合适的外部条件。对于N沟道结型场效应管,在漏极和栅极之间需加正向电压($U_{DS}>0$),栅极和源极之间需加反向电压($U_{GS}<0$)。

如果在P型半导体上扩散两个N型区,形成两个PN结,构成P沟道结型场效应管,电路符号如图7-10(c)所示。N沟道结型场效应管与NPN管对应;P沟道结型场效应管与PNP管对应。

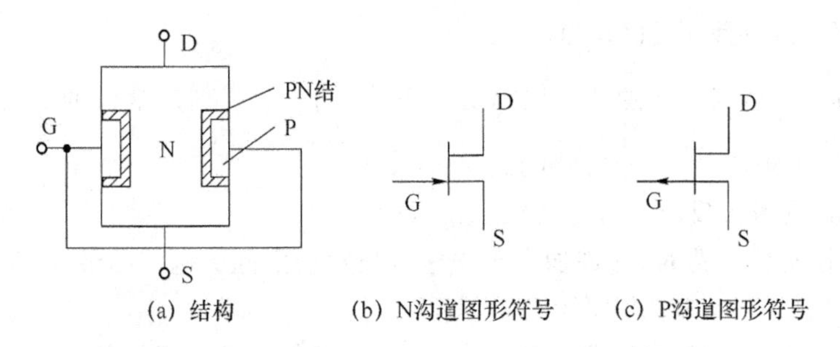

(a) 结构　　(b) N沟道图形符号　　(c) P沟道图形符号

图7-10　结型场效应管结构与图形符号

2. 结型场效应管的伏安特性

结型场效应管各电极的电压与电流之间的关系称为伏安特性。下面以N沟道场效应管为例来讨论。

(1) 转移特性

① 转移特性是指在场效应管漏源电压U_{DS}一定的情况下,输出电流i_D与输入电压U_{GS}的关系曲线,该曲线可通过实验测得。

② 转移特性曲线反映了栅源电压U_{GS}对漏源电流i_D的控制作用。结型场效应管的转移特性如图7-11(a)所示。显然漏极电流i_D受到栅源电压U_{GS}控制,当$U_{GS}=0$时i_D达到最大,称为饱和漏极电流,用I_{DSS}表示。$i_D=0$时的电压称为夹断电压,用U_P表示。

(2) 输出特性

① 输出特性是指在栅源电压U_{GS}一定的情况下,输出电流i_D与输出电压U_{DS}之间的关系曲线,其曲线同样可通过实验测得,如图7-11(b)所示。

② 依据曲线各部分的特征,可将曲线分为4个区域。当U_{DS}较小时,随着U_{DS}的增加i_D

也增加，称为可变电阻区；U_{DS}增加到一定程度后 i_D 几乎不随 U_{DS}的变化而变化，称为恒流区，要放大交流信号管子就工作在这个区域；再增加 U_{DS}，会使 PN 结因电压过大而击穿，电流急剧增加，所以称为击穿区；$U_{GS} \leqslant U_P$ 时导电沟道完全被夹断，$i_D=0$，称为截止区（也称夹断区）。

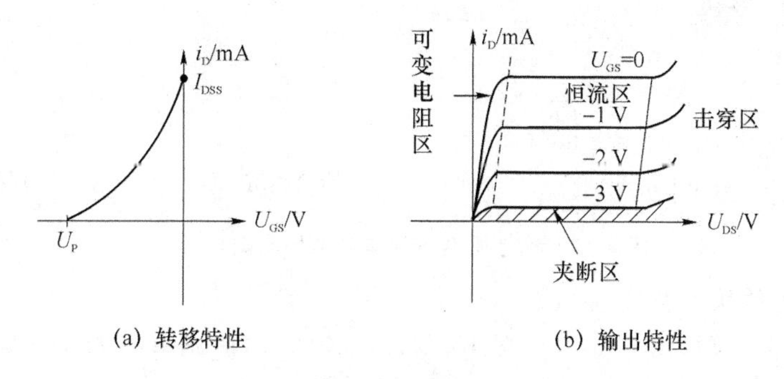

图 7-11　结型场效应管的特性曲线

3. 结型场效应管的主要参数

(1) 夹断电压(U_P)。当漏源电压为某一个固定的数值时，使漏极电流为零的栅源电压称为夹断电压。不同的漏源电压，夹断电压也不同，所以晶体管手册上给出的是一个范围。

(2) 漏极饱和电流(I_{DSS})。当 $U_{GS}=0$ 时的 I_D 称为漏极饱和电流。

(3) 漏源击穿电压(BU_{DS})。当 U_{GS}一定时，使漏极电流急剧增加的漏源电压称为漏源击穿电压。U_{GS}不同，BU_{DS}也不同。正常使用时，漏源电压应该小于 BU_{DS}。

(4) 低频小信号跨导(g_m)。当 U_{DS}为常数时，漏极电流的变化量与栅源电压的变化量之比称为跨导，用 g_m 表示。

$$g_m=\frac{\Delta i_D}{\Delta U_{GS}}\bigg|_{U_{DS}=\text{常数}}$$

g_m 的大小表示栅源电压对漏极电流的控制能力，它是表示放大作用的一个重要参数。

7.4.2　绝缘栅型场效应管

绝缘栅型场效应管是由金属、氧化物和半导体制成的，故又称为金属-氧化物-半导体场效应管，简称 MOS 管。它有 N 沟道和 P 沟道两类，其中每类按照工作方式又分为增强型和耗尽型两种。增强型没有原始的导电沟道；耗尽型有原始的导电沟道。下面只介绍增强型 N 沟道 MOS 管。

1. 绝缘栅型场效应管的结构

N 沟道绝缘栅型场效应管的结构示意图如图 7-12(a)所示。

它由一块 P 型半导体作为基片（称为衬底），利用扩散工艺在基片上制作两个 N 型区，并用金属铝引出两个电极，作为源极(S)和漏极(D)。在衬底表面覆盖一层很薄的二氧化硅绝缘层，在源极、漏极之间的绝缘层上再喷涂一层金属铝作为栅极(G)，栅极与源极、漏极均无电接触（是绝缘的），故称绝缘栅型。图 7-12(a)中从上到下分别为金属、氧化物、半导体，所以这种场效应管称为金属-氧化物-半导体场效应管，简称 MOS 管。对于 N 沟道的 MOS 管称为 NMOS 管，图 7-12(b)所示为电路符号。如果在 N 型半导体基片制作两个 P 型区，可以得到P沟道的MOS，简称PMOS，电路符号如图7-12(c)所示，使用时衬底也引出一个电极，与源极相连。

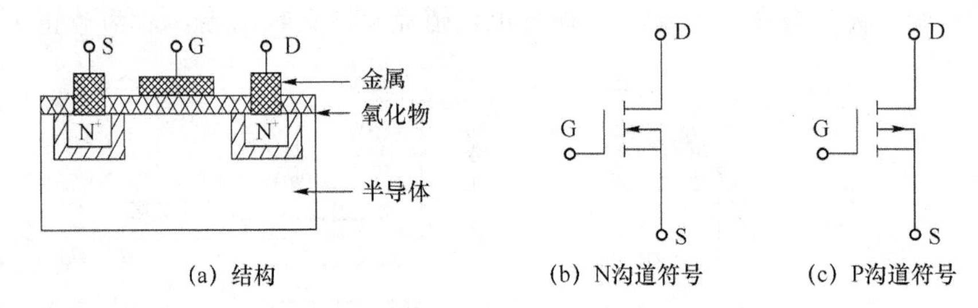

(a) 结构　(b) N沟道符号　(c) P沟道符号

图 7-12　绝缘栅型场效应管结构与图形符号

2. NMOS管的伏安特性

(1) 转移特性。在U_{DS}一定的情况下，漏极电流i_D与栅源电压U_{GS}的关系称为转移特性。NMOS管特性曲线如图7-13(a)所示，曲线可用实验的方法得到，它反映了栅源电压U_{GS}对漏极电流i_D的控制作用。

NMOS管特性曲线与三极管的输入特性曲线非常相似，所不同的是用栅源电压(输入电压)控制漏极电流(输出电流)，而且只有U_{GS}达到一定值以后才有漏极电流，这个电压称为开启电压，用U_{on}表示。

(2) 输出特性。在一定的情况下，漏极电流i_D与漏源电压U_{DS}的关系称为输出特性。NMOS管特性曲线如图7-13(b)所示，曲线可用实验的方法得到，其输出特性曲线与结型场效应管相似，分为可变电阻区、恒流区(放大区)、击穿区和截止区4个区域。

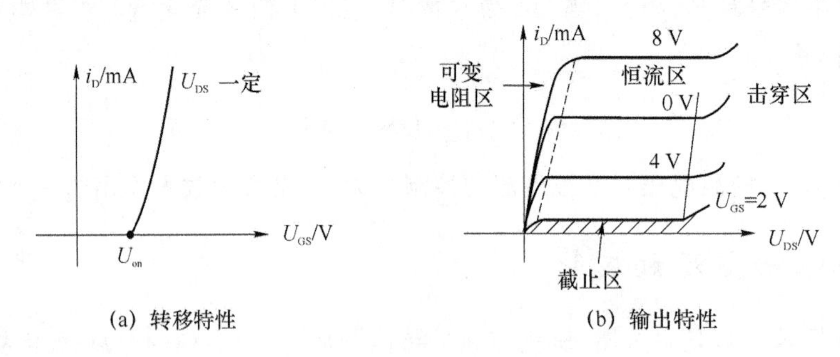

(a) 转移特性　(b) 输出特性

图 7-13　NMOS特性曲线

3. MOS管的主要参数

(1) 跨导g_m：与结型场效应管的相同。

(2) 开启电压U_{on}：指管子截止与导通的分界点，是管子导通的最小电压值。

(3) 最大漏极电流I_{DM}：是指管子正常工作时所允许的漏极最大电流，使用时不要超过这个数值。

(4) 漏极最大耗散功率P_{DM}：是指正常工作时漏极耗散功率的最大值，使用时不要超过这个数值。

4. 使用场效应管注意事项

(1) 电压的极性不能接错，工作电压和电流不能超过最大允许值。

(2) 由于MOS管输入电阻太高，所以保存时应将3个电极短路，以防击穿栅极。

(3) 测试仪表、焊接的电烙铁都要可靠地接地，最好将电烙铁的电源切断以后，快速焊接，而且焊接时先焊接源极、漏极，最后焊接栅极。

重要知识点

- **半导体的导电特性**：具有热敏性、光敏性、杂敏性。
- **N型半导体**：在硅(或锗)本征半导体中掺入微量5价元素，如磷，则形成N型半导体。
- **P型半导体**：在硅(或锗)本征半导体中掺入微量3价元素，如硼，则形成P型半导体。
- **PN结**：利用特殊的制造工艺，在一块本征半导体(硅或锗)材料中，一边掺杂成N型半导体，一边掺杂成P型半导体，这样在两种半导体的交界面就会形成一个空间电荷区，这就是PN结。
- **单向导电性**：PN结加正向电压时导通，呈低阻态，有较大的正向电流流过；加反向电压时截止，呈高阻态，只有很小的反向电流。
- **伏安特性曲线**：指其各电极间的电压和电流之间的关系曲线。
- **放大区**：发射结加正偏，集电结反偏，i_C 随着 i_B 按 β 倍成比例变化，三极管具有电流放大作用。
- **饱和区**：发射结加正偏，集电结也正偏，i_B 增加时 i_C 变化不大，不同 i_B 下的几条曲线几乎重合，表明 i_B 对 i_C 失去控制，呈现"饱和"现象。
- **截止区**：发射结加反偏，集电结也反偏。$I_B=0, I_C=I_{CEO}$，这个从集电极直接穿过基极流向发射极的电流称为穿透电流，它不受 I_B 的控制。
- **电流放大系数 β**：集电极电流的变化量与相应的基极电流的变化量的比值，称为共发射极交流电流放大系数，它表明基极电流对集电极电流的控制能力。输出特性曲线间隔的大小就表明 β 的大小。β 可以用仪器测出，也可以从手册中查得(即 h_{fe} 参数)，一般为几十至几百不等。
- **开启电压**：MOS管的主要参数之一。指管子截止与导通的分界点，是管子导通的最小电压值。
- **跨导 g_m**：衡量场效应管放大能力的物理量。当 U_{DS} 为常数时，漏极电流的变化量与栅源电压的变化量之比称为跨导，用 g_m 表示。

$$g_m=\frac{\Delta i_D}{\Delta U_{GS}}\bigg|_{U_{DS}=\text{常数}}$$

本章小结

电子电路中常用的半导体器件有晶体二极管、晶体三极管及场效应管。制造这些器件的主要材料是半导体。

1. 半导体基础知识

纯净半导体称为本征半导体,在常温下它的导电能力很差。本征半导体中有两种载流子,电子和空穴。在本征半导体中掺入不同的杂质就形成N型半导体和P型半导体。N型半导体是在本征半导体中掺入5价元素,多数载流子是电子,少数载流子是空穴;P型半导体是在本征半导体中掺入3价元素,多数载流子是空穴,少数载流子是电子。

把P型半导体和N型半导体通过一定的工艺制作在一起就是一个PN结,PN结具有单向导电性,加正向电压导通,加反向电压截止。

2. 晶体二极管

一个PN结经封装并引出电极后就构成二极管,它的主要特点是具有单向导电性。二极管导通时电阻很小,一般只有几十欧到几千欧,二极管截止时电阻很大,一般有几十千欧到几百千欧。一般二者相差1 000倍左右。

3. 晶体三极管

三极管具有电流放大作用,三极管实现放大必须满足一定内部结构条件和合适的外部条件。三极管可用输入、输出特性曲线全面描述其特性。它有3个工作区域,即截止区、放大区、饱和区。为了对输入信号进行线性放大,应保证三极管工作在放大区内,其工作在放大区的外部条件是:给发射结加正向电压,集电结加反向电压。

4. 场效应管

场效应管具有放大作用,场效应管是利用输入电压的电场效应来控制输出电流的,是一种电压控制器件。衡量场效应管放大能力的物理量是跨导 g_m,g_m 越大场效应管的放大能力越大。

场效应管的主要特点是输入电阻高,而且易于大规模集成化,近年来发展很快。

思考题与习题

7-1　纯净的半导体称为________半导体,掺入杂质后的半导体称为杂质半导体,根据掺入的杂质不同,杂质半导体又分为________型半导体和________型半导体。

7-2　半导体的导电特性为________、________、________。

7-3　PN结具有单向导电性,加正向电压时,即P型区接电源的________,N型区接电源的________,可以________;加反向电压时,即P型区接电源的________,N型区接电源的________,可以________。

7-4　二极管主要的特点是________;主要参数有________、________、________。硅二极管的导通电压是________。

7-5　用三极管组成放大器时有3种接法,分别是________、________和________。

7-6　三极管工作在放大区的条件是:发射结加________电压,集电结加________电压;三极管工作在饱和区的条件是:发射结加________电压,集电结加________电压;三极管工作在截止区的条件是:发射结加________电压,集电结加________电压。

7-7　三极管的极限参数是指晶体管正常工作时不能超过的参数值,否则有可能损坏三极管,它们分别是________、________和________。

7-8　场效应管按结构不同分为绝缘栅型场效应管和________场效应管，绝缘栅型场效应管又分为________和________两种。

7-9　测量二极管时，如果正向电阻和反向电阻都大，管子能否使用？为什么？如果正向电阻和反向电阻都小，管子能否使用？为什么？

7-10　某人在测量二极管的反向电阻时，为了使表笔与管脚接触良好，用两只手捏紧管脚，结果发现二极管的反向电阻较小，认为不合格，但是把二极管接到电路中，却能够正常工作。为什么？

7-11　三极管有哪些分类方法？是怎样进行分类的？三极管有哪几种工作状态？各有什么特点？

7-12　三极管的输出特性曲线如图 7-14 所示，能否求出电流放大系数 β？如果能，β 是多少？

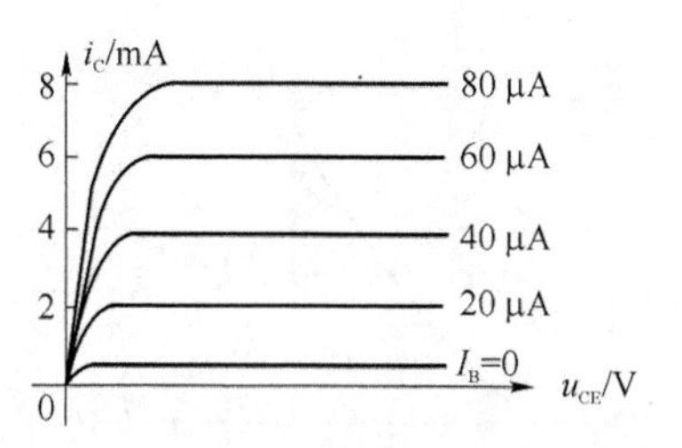

图 7-14　习题 7-12 图

7-13　硅二极管加在电路当中，如图 7-15 所示，已知 $U_S=3$ V，求电路中电流大小及输出电压 U_O 的大小。

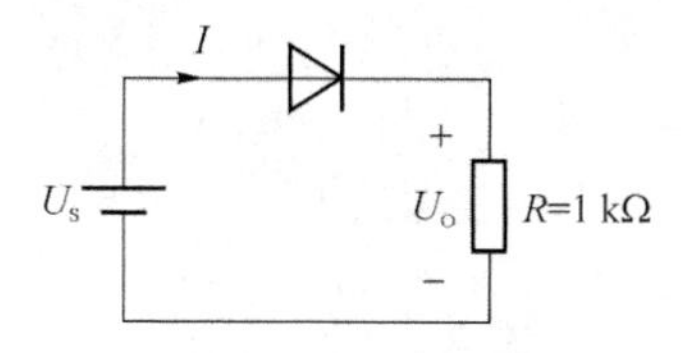

图 7-15　习题 7-13 图

7-14　三极管在放大电路中均处于放大状态，用电压表测得各电极对地的电压如图 7-16 所示，试判断此三极管是 PNP 型还是 NPN 型，是硅管还是锗管，该三极管的三个电极分别是什么极。

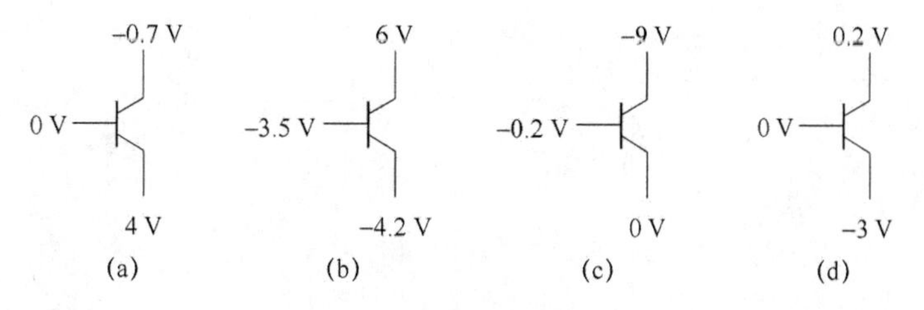

图 7-16　习题 7-14 图

7-15　已知某晶体三极管的电流放大系数 $\beta=80$，当基极电流的变化量为 40 μA 时，问集电极电流的变化量为多少？

7-16　已知某 NMOS 管的输出特性曲线如图 7-17 所示，求跨导 g_m。

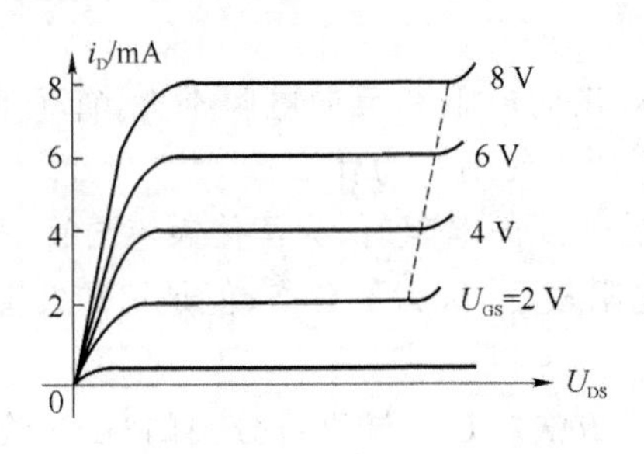

图 7-17　习题 7-16 图

7-17　已知某结型场效应管的转移特性曲线如图 7-18 所示，它的夹断电压为多少？漏极饱和电流为多少？

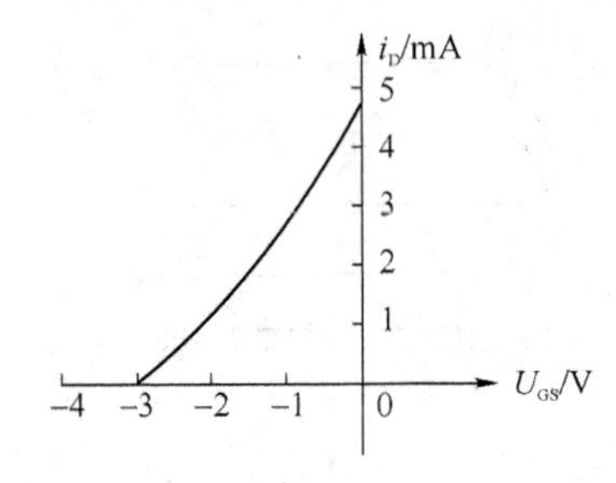

图 7-18　习题 7-17 图

第8章　基本放大电路

【本章要点】

- 单管共射放大电路。
- 射极输出(共集电极)放大电路。
- 多级放大电路。
- 负反馈放大电路。
- 功率放大电路。

【本章重点难点】

- 放大电路的组成及工作原理。
- 放大电路静态工作点的估算及微变等效电路动态分析方法。
- 放大电路反馈极性、类型的判断。
- 功率放大电路的特点、分类及主要技术指标的计算。

通过本章的学习，要了解基本放大电路的组成、工作原理和主要技术指标；掌握放大电路静态工作点的估算和电压放大倍数、输入电阻和输出电阻的计算；理解微变等效电路动态分析方法；熟练判断反馈的类型和极性，掌握负反馈对放大电路性能指标的影响；熟悉功率放大电路的特点及分类；掌握互补对称放大电路主要技术指标的计算。

本章从放大电路的概念及组成入手，由浅入深地提出研究的各种基本放大电路。

单管共射放大电路是组成各种复杂放大电路的基本单元，本章以单管共射放大电路为基础，介绍图解法和微变等效电路两种分析方法，利用上述方法对放大电路进行静态分析，对电压放大倍数、输入电阻和输出电阻进行计算；接着介绍反馈的概念及其判断，以及反馈对放大电路的性能影响，最后介绍两种基本功率放大电路。

8.1　概述

无论是在工农业生产、通信技术，还是在日常生活中，往往都需要将微弱的电信号放大成较大的电信号，以推动设备工作。例如，声音通过话筒转换成的信号电压往往在几十毫伏以下，它不可能使扬声器发出足够音量的声音；而从天线接收下来的无线电信号电压更小，只有微伏数量级。因此信号放大电路是电路系统中最基本的电路，应用十分广泛。

任何一个放大电路都可以看成一个两端口网络。如图8-1所示为放大电路示意图。左边为输入端口，输入信号经过放大电路放大后，从右边的输出端口输出。由此可见，任何一个放大电路都由输入、放大电路和输出三部分组成。以共发射极放大电路为例，分析放大电路的组成。

三极管的主要用途之一是利用其放大作用组成放大电路，在生产和生活中常常需要把一些微弱信号放大到便于测量和利用的程度。所谓放大，表面上是将信号的幅度由小增大，但放大的实质是能量的转换，即由一个较小的输入信号控制直流电源，使之转换成交流能量输出，驱动负载。例如，从收音机天线接收到的无线电信号或者从传感器得到的信号，有时只有微伏或毫伏的数量级，必须经过放大才能驱动扬声器或者进行观察、记录和控制。又例如，在自动控制机床上，需要将反映加工要求的控制信号加以放大，得到一定输出功率以推动执行元件。

图 8-2 所示电路中输入回路和输出回路的公共端是三极管的发射极，所以该电路称为单管共射极（以下简称单管共射）放大电路。它由直流电源、三极管、电阻、电容等元件组成。

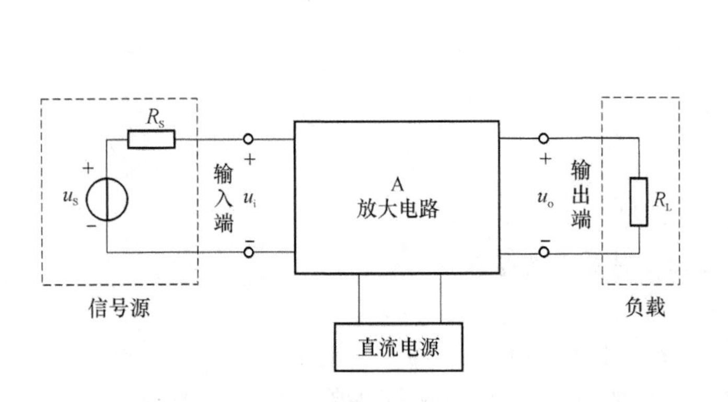

图 8-1　放大电路示意图

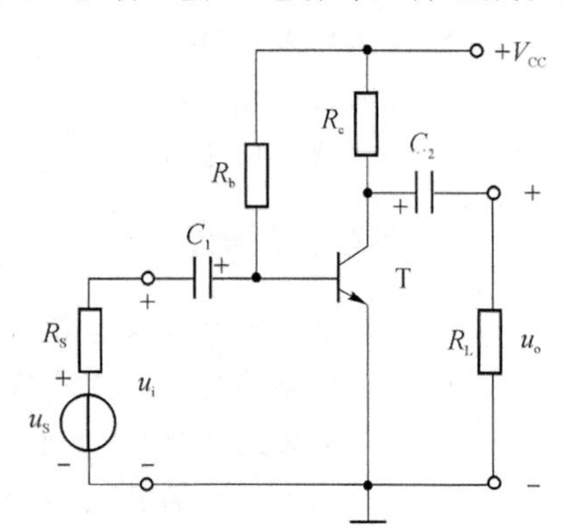

图 8-2　单管共射放大电路

1. 放大电路的组成原则

（1）保证三极管工作在放大区。

（2）电路中应保证输入信号能够从放大电路的输入端加到三极管上，经过放大电路后能从输出端输出。

（3）元件参数的选择要合适，尽量使信号能不失真地放大，并能满足放大电路的性能指标。

2. 电路中各元件的作用

（1）三极管是放大电路的核心器件，在电路中起放大作用。

（2）直流电源 $+V_{CC}$ 既为放大电路的输出提供能量，又保证发射结处于正向偏置，集电结处于反向偏置，使三极管工作在放大区。其电压一般为几伏到几十伏。

（3）集电极负载 R_c，它的作用是将集电极电流的变化转化为输出电压的变化，以使放大电路实现电压的放大。其阻值一般为几千欧到几十千欧。

（4）基极偏置电阻 R_b，它和电源一起为基极提供大小合适的基极电流，以使放大电路能够不失真地放大。其阻值一般为几十千欧到几百千欧。

（5）耦合电容的作用："隔离直流，传送交流"，即使交流信号顺利通过，而无直流联系。对于电容极性在此不作分析，一般的低频放大电路通常采用无极性的电解电容。

3. 放大电路的电压和电流符号规定

为防止理解上的错误和概念上的混淆，这里有必要对放大电路中电压和电流符号的使用规定预先进行说明。

(1) 小写的字母和小写的下角标，表示纯交流量，且为瞬时值，如 i_b、i_c、u_{be}、u_{ce}、u_o 等；

(2) 大写的字母和大写的下角标，表示纯直流量，如 I_B、I_C、U_{BE}、U_{CE} 等；

(3) 大写的字母和小写的下角标，表示纯交流量的有效值，如 U_i、U_o 等；

(4) 小写的字母和大写的下角标，表示包含交流分量和直流分量的总瞬时值，如 $i_B = I_B + i_b$。

8.2 单管共射放大电路

对放大电路可以分静态和动态两种情况来分析。静态是当放大电路没有输入信号时的工作状态；动态则是有输入信号时的工作状态。静态分析：又称为直流分析，是指当输入信号为零时，电路中只有直流电流，求出电路的直流工作状态，即基极直流电流 I_B；集电极直流电流 I_C；集电极与发射极间的直流电压 U_{CE}。动态分析：又称交流分析，是指加入信号后放大时，应考虑电路的交流通路，用来求出电压放大倍数、输入电阻和输出电阻。

所以在分析、计算具体放大电路前，应分清放大电路的交、直流通路。由于放大电路中存在着电抗元件，所以直流通路和交流通路不相同。在直流通路中：电容视为开路，电感视为短路；在交流通路中：电容和电感作为电抗元件处理，一般电容按短路处理，电感按开路处理。直流电源因为其两端的电压固定不变，内阻视为零，故在画交流通路时也按短路处理。本章主要对单管共射放大电路进行分析。

8.2.1 单管共射放大电路的静态分析

在放大电路中，当输入交流信号 $u_i = 0$ 时，电路中各电压、电流均为恒定的直流工作状态，不变化，故通常称为静态或直流工作状态。此时，晶体管的 I_B、I_C、U_{BE}、U_{CE} 称为放大电路的静态工作点，简称 Q 点，记为 I_{BQ}、I_{CQ}、U_{BEQ}、U_{CEQ}。这组数据可以通过直流通路估算得到，也可以用图解法通过做图近似得到。

1. 由放大电路的直流通路估算静态工作点

静态值就是没有加入信号的直流值，故可用放大电路的直流通路来分析计算。首先画出图 8-2 所示的直流通路，画直流通路时，电容 C_1 和 C_2 视为开路，如图 8-3 所示。

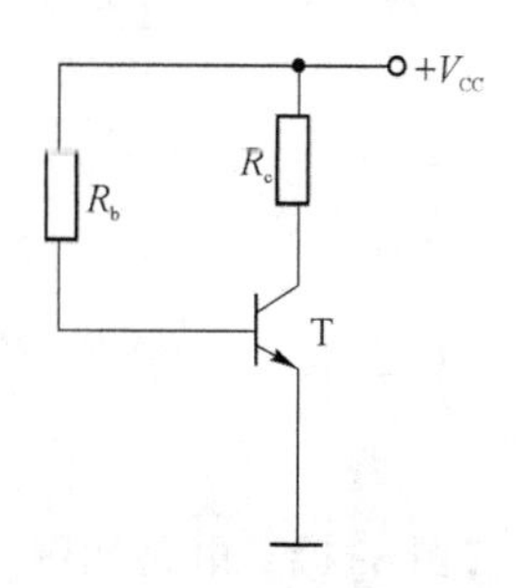

图 8-3　直流通路

由直流通路，用估算法可得出静态时的基极电流：

$$I_B = \frac{V_{CC} - U_{BE}}{R_b} \tag{8-1}$$

式中 U_{BE}，对于硅管约为 0.7 V，锗管约为 0.2 V。

在忽略 I_{CEO} 的情况下，根据三极管的电流分配，可得集电极静态电流：

$$I_C=\bar{\beta}I_B \tag{8-2}$$

由 KVL,可得出

$$U_{CE}=V_{CC}-I_CR_c \tag{8-3}$$

所得的 I_B、I_C 和 U_{CE} 是一组直流量,就是交流放大电路的静态工作点 $Q(I_B、I_C、U_{CE})$。

从以上分析可知,当电源 V_{CC} 和集电极电阻 R_c 确定后,静态工作点的位置就取决于静态基极电流 I_B,称 I_B 为基极偏流。提供基极偏流的电路称偏置电路。图 8-2 所示的放大电路,偏置电路只由电阻 R_b 组成。当 V_{CC} 和 R_b 一经确定后,I_B 是固定不变的,因此称这种偏置电路为固定偏置电路。

2. 用图解法求静态工作点

如图 8-4 所示为另一种基本共射放大电路的直流通路。三极管输入回路的电流和电压之间的关系可以用输入特性曲线来描述;输出回路的电流与电压之间的关系可以用输出特性曲线来描述。采用在放大电路中三极管的输入、输出特性曲线上,直接用作图的方法求解放大电路的工作情况,这种方法称之为图解法。

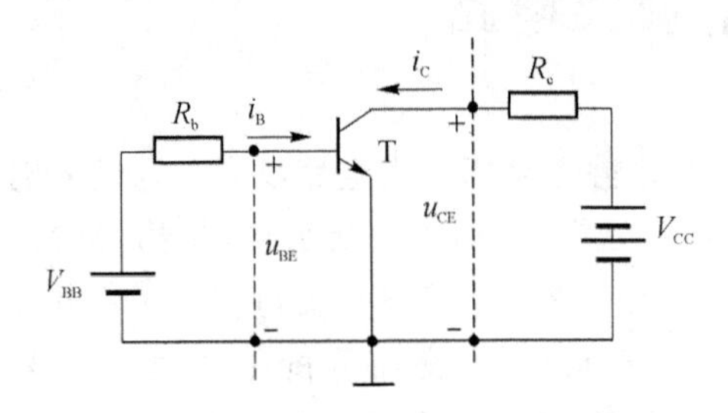

图 8-4 基本共射放大电路直流通路

图解法分析静态的任务是用作图的方法确定放大电路的静态工作点 Q,求出 I_{BQ}、I_{CQ} 和 U_{CEQ}。图解法求 Q 点的步骤如下。

(1) 作直流负载线。在输出特性曲线所在坐标中,按直流负载线方程 $u_{ce}=V_{CC}-i_cR_c$,作出直流负载线。三极管的输出特性可以按已选管子型号在手册上查得。

(2) 如图 8-5(a)所示,由基极回路通过式(8-1)或在输入特性图上用图解方法求出 I_{BQ} 的值。

(3) 找出 $i_B=I_{BQ}$ 这一条输出特性曲线与直流负载线的交点即为 Q 点,如图 8-5(b)所示。读出 Q 点的电流、电压即为所求。

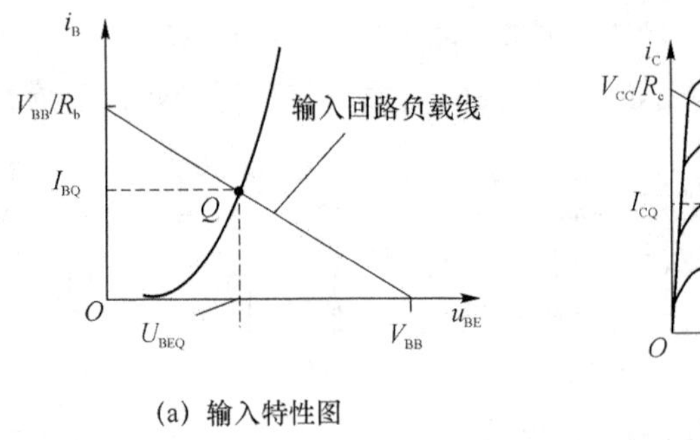

(a) 输入特性图

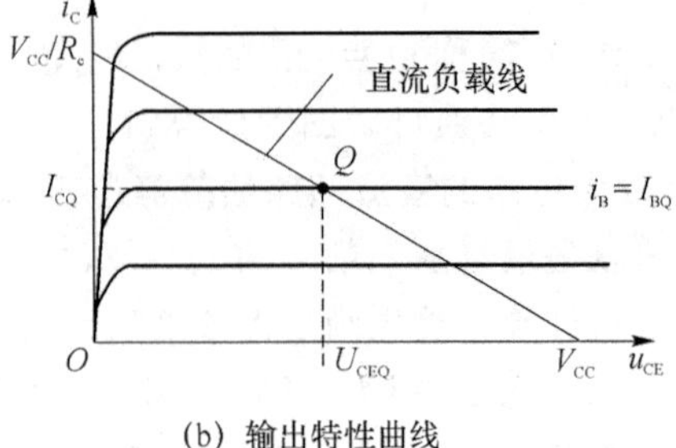

(b) 输出特性曲线

图 8-5 图解分析

【例 8-1】 电路如图 8-6(a)所示,三极管的输出特性曲线如图(b)所示,已知三极管 $\beta=100$,静态时 $U_{BEQ}=0.7\ \text{V}$。利用估算法和图解法求静态工作点。

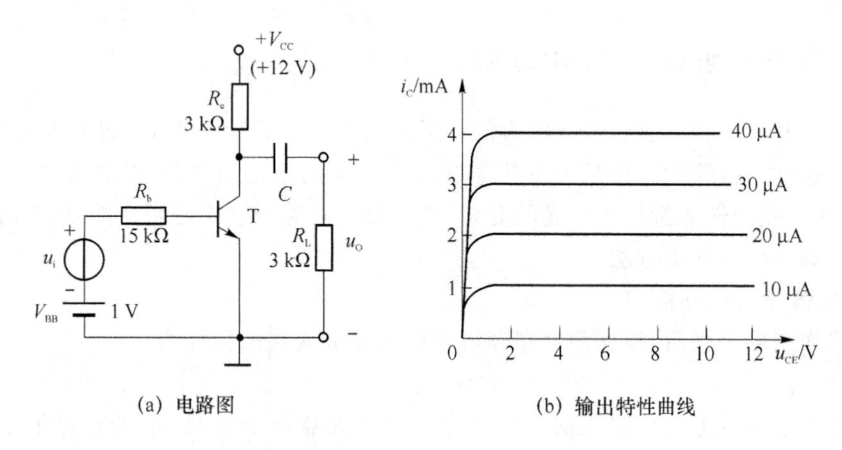

(a) 电路图　　(b) 输出特性曲线

图 8-6　例 8-1 电路图与输出特性曲线

解　(1) 估算法求静态工作点

空载时,先画出图 8-6(a)所示电路的直流通路如图 8-7(a)所示,由直流通路可知

$$I_{BQ}=\frac{V_{BB}-U_{BEQ}}{R_b}=\frac{1-0.7}{15\times10^3}=20\ \mu A$$

已知 $\beta=100$,根据

$$I_{CQ}=\beta I_B=100\times20\ \mu A=2\ mA$$

$$U_{CEQ}=V_{CC}-I_CR_c=12-2\times10^{-3}\times3\times10^3=6\ V$$

(2) 图解法

首先在输出特性曲线的坐标平面内作出直流负载线。由直流通路列出输出回路的直流负载线方程为:$u_{CE}=V_{CC}-i_CR_c=12-3\ 000i_C$。令 $i_C=0$,则 $u_{CE}=12$ V,得 $M(12,0)$,又令 $u_{CE}=0$,则 $i_C=4$ mA,得 $N(0,4)$。连接 MN 两点,便得到直流负载线,与 $i_B=I_B=20\ \mu A$ 这一条输出特性曲线的交点即为 Q 点,如图 8-7(b)中 Q 点。从曲线上可查得:$I_{BQ}=20\ \mu A$, $I_{CQ}=2$ mA,$U_{CEQ}=6$ V。

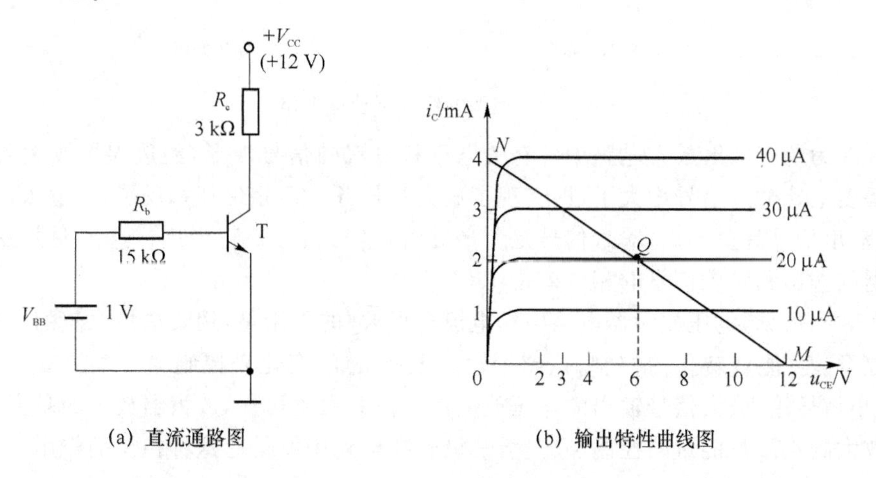

(a) 直流通路图　　(b) 输出特性曲线图

图 8-7　例 8-1 的图解

8.2.2 单管共射放大电路的动态分析

以图 8-2 基本单管共射放大电路为例。当输入端加入信号 u_i 时，此时输入电流 i_B 不会静止不动。这样三极管的工作状态将随着输入信号 u_i 的变化而变化，对放大电路中信号传输过程、放大电路的性能指标等问题的分析，就是放大电路的动态分析。图解法和微变等效电路法是动态分析的基本方法。

1. 输出信号波形分析

静态工作点确定之后，根据叠加定理可得放大器输入端的信号为

$$u_{BE}=U_{BEQ}+u_i \tag{8-4}$$

即在静态工作点电压上叠加输入的交流信号。在放大器不带负载 R_L 的前提下，放大器放大信号的过程如下。

如图 8-8 所示，当输入是 $u_i>0$ 的正半周信号时，放大器输入端的工作点沿输入特性曲线从 Q 点往 a 点移，放大器输出端的工作点沿直流负载线从 Q 点往 c 点移，在输出端形成 $u_o<0$ 的负半周信号；当输入是 $u_i<0$ 的负半周信号时，放大器输入端的工作点沿输入特性曲线从 Q 点往 b 点移，放大器输出端的工作点沿直流负载线从 Q 点往 d 点移，在输出端形成 $u_o>0$ 的正半周信号，完成对正、负半周输入信号的放大。

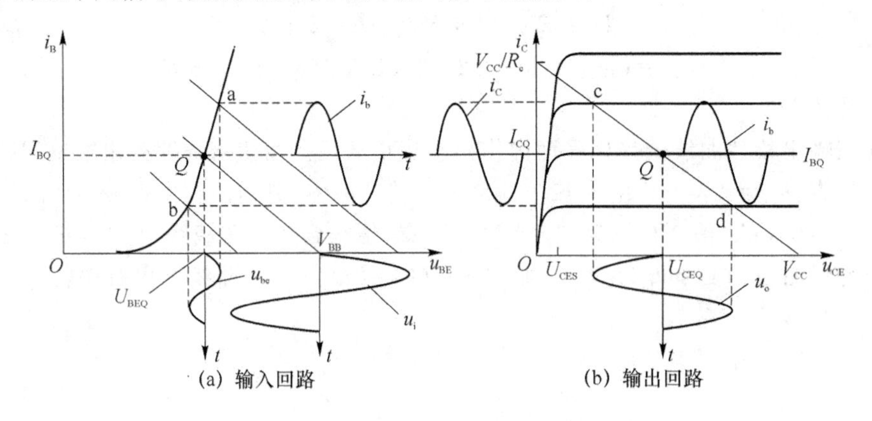

图 8-8 用图解法分析动态工作

图 8-9 为单管共射放大电路中各有关电压和电流的信号波形，经放大器放大后的输出信号在幅度上比输入信号增大了，即实现了放大的任务。但相位却相反了，即输入信号是正半周时，输出信号是负半周；输入信号是负半周时，输出信号是正半周。这说明共发射极电压放大器的输出和输入信号的相位差是 180°。

由图 8-9 可见，电压放大器电路中集电极电阻 R_c 的作用是：用集电极电流的变化，实现对直流电源 V_{CC} 能量转化的控制，达到用输入电压 u_i 的变化来控制输出电压 u_o 变化的目的，实现小信号输入、大信号输出的电压放大作用。并由此可得，放大器放大的是变化量，放大电路放大的本质是能量的控制和转换，三极管在电路中就是起这种控制的作用。

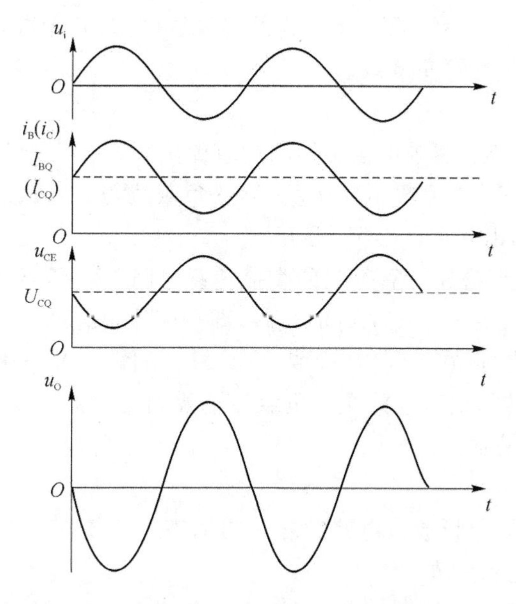

图 8-9　放大电路中各电压与电流

2. 图解法分析动态特性

当放大器接有负载 R_L 时，对交流信号而言，R_L 和 R_c 是并联的关系，并联后的总电阻为

$$R'_L = R_L // R_c \tag{8-5}$$

根据该电阻，在输出特性曲线上也可做一条斜率为 $-1/R'_L$ 的直线，该直线称为交流负载线，如图 8-10 所示。在信号的作用下。三极管工作状态的移动不再沿直流负载线，而是按交流负载线移动。因此，分析交流信号前，应先画出交流负载线。

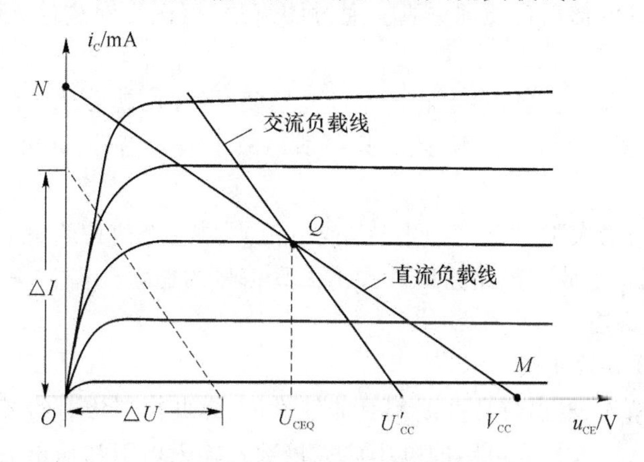

图 8-10　交流负载线的画法

(1) 交流负载线的特点与画法

以图 8-2 基本单管共射放大电路为例。通过分析可以知道交流负载线通常比直流负载线更陡，并且该直线一定通过静态工作点 Q，因为当外加输入电压 u_i 的瞬间值等于零时，两电容 C_1 和 C_2 可视为开路，可认为放大电路相当于静态时的情况，则此时放大电路的工作点既在交流负载线上，又在静态工作点 Q 上，即交流负载线必经过 Q 点。因此，只要通过 Q 点作一条斜率为 $-1/R'_L$ 的直线，即可得到交流负载线。

具体作法如下：首先作一条 $\Delta U/\Delta I=R'_L$ 的辅助线（此线有无数条），然后过 Q 点作一条平行于辅助线的直线即为交流负载线。

（2）图解法的步骤

① 由放大电路的直流通路画出输出回路的直流负载线。

② 根据式(8-1)估算静态基极电流 I_{BQ}。直流负载线与 $i_B=I_{BQ}$ 的一条输出特性曲线的交点即是静态工作点 Q，由图可得出 I_{CQ} 和 U_{CEQ}。

③ 由放大电路的交流通路计算等效的交流负载电路 $R'_L=R_c//R_L$。在三极管的输出特性曲线上，通过 Q 点画出斜率为 $-1/R'_L$ 的直线，即是交流负载线。

④ 求电压放大倍数，可在 Q 点附近取一个 Δi_B 的值，在输入特性曲线上找到相应的 Δu_{BE}，然后再根据 Δi_B，在输出特性的交流负载线上找到相应的 Δu_{CE}，Δu_{CE} 与 Δu_{BE} 的比值即是放大电路的电压放大倍数。

（3）图解法的应用

利用图解法除了可以分析放大电路的静态与动态工作情况以外，还可以分析电路的非线性失真：截止失真和饱和失真。

当工作点设置过低时，I_B 较小，在输入信号的负半周，三极管的工作状态进入截止区，因而引起 i_B、i_C、u_{CE} 的波形失真，称为截止失真。对于 NPN 型共射极放大电路，截止失真时，输出电压 u_{CE} 的波形出现顶部失真，如图 8-11(a)所示。对于 PNP 型共射极放大电路，截止失真时，输出电压 u_{CE} 的波形出现底部失真。

当工作点设置过高时，I_B 过大，在输入信号的正半周，三极管的工作状态进入饱和区，因而引起 i_C、u_{CE} 的波形失真，称为饱和失真。对于 NPN 型共射极放大电路，饱和失真时，输出电压 u_{CE} 的波形出现底部失真，如图 8-11(b)所示。对于 PNP 型共射极放大电路，饱和失真时，输出电压 u_{CE} 的波形出现顶部失真。通过图解法，可画出对应输入波形时的输出电流和输出电压的波形。

如果静态工作点选取适当，则当输入信号的幅度增加时，就会使输出波形同时出现截止失真和饱和失真，如图 8-11(c)所示，此时只要适当减小输入信号，即可使波形既不失真，电压幅度又最大。

通常将放大电路最大不失真输出电压（或电流）的峰-峰值称为放大电路的电压（或电流）动态范围。它反映了放大电路输出最大不失真信号的能力。

3. 微变等效电路法

（1）简化三极管等效变换

由于三极管的输入、输出特性曲线都是非线性的，因此由三极管组成的放大电路也是非线性电路，定量分析、计算放大电路的电压放大倍数及输入电阻和输出电阻等动态指标很不方便。但在三极管的静态工作点附近一个微小的范围内，用一小段直线近似代替那一段曲线，把非线性元件三极管等效成一个线性元件，这样就把非线性电路的分析转换成线性电路的分析。这种分析方法称之为微变等效电路分析法。通过证明，对于小信号，三极管可等效成如图 8-12 所示的微变等效电路。应注意：微变等效电路是交流信号的等效电路，只能进行交流分量的分析与计算，不能用来分析和计算直流分量。

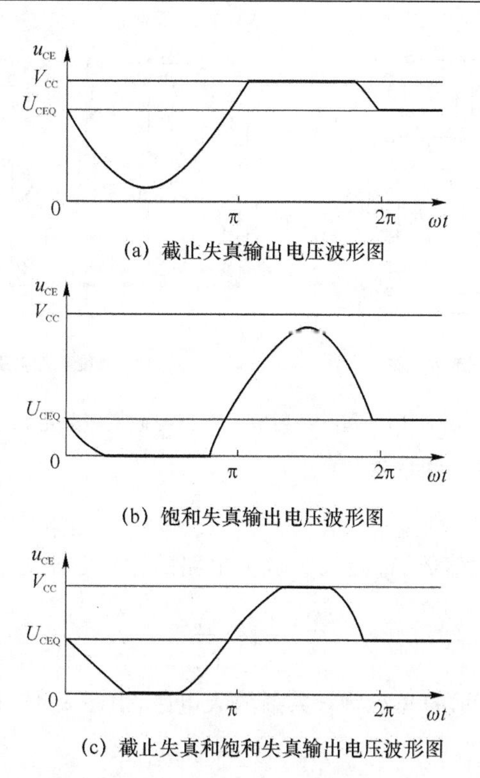

(a) 截止失真输出电压波形图

(b) 饱和失真输出电压波形图

(c) 截止失真和饱和失真输出电压波形图

图 8-11　失真波形图与静态工作点的关系

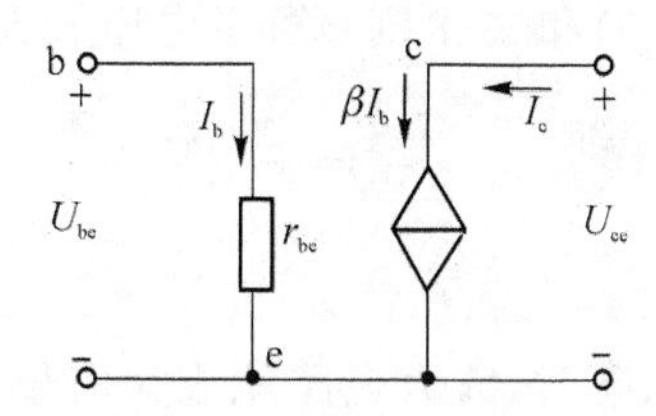

图 8-12　三极管的微变等效电路

在实践应用中，β 和 r_{be} 可从特性曲线求出，或参考产品手册给出的数值。r_{be} 常用近似公式来计算，即

$$r_{be}=r_{bb}{}'+(1+\beta)\frac{U_T}{I_{EQ}} \tag{8-6}$$

其中，$r_{bb}{}'$ 为基区半导体的电阻，可以查阅手册得到，在本书中如无特殊指明，则近似 300 Ω，在常温下 U_T 可取 26 mV。I_{EB} 为发射极的静态电流。故本书中无特殊说明，式(8-6)常写为下面的形式：

$$r_{be}=300+(1+\beta)\frac{26\ \text{mV}}{I_{EQ}(\text{mA})}\ (\Omega) \tag{8-7}$$

下面采用微变等效电路分析基本共射放大电路，计算其各性能指标。图 8-13 为直接耦合的基本放大电路图和其微变等效电路。

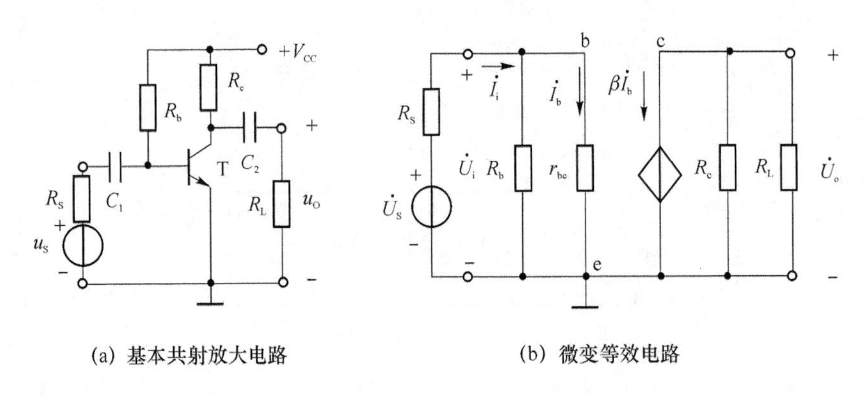

(a) 基本共射放大电路

(b) 微变等效电路

图 8-13　基本共射放大电路与微变等效电路

(2) 放大电路的动态性能指标

① 电压放大倍数

放大电路的电压放大倍数 $\dot{A}_u$ 定义为放大电路的输出电压与输入电压之比，即

$$\dot{A}_u=\frac{\dot{U}_o}{\dot{U}_i} \tag{8-8}$$

对于如图 8-13(a)所示的基本单管共射放大电路，由图 8-13(b)可知：

$$\dot{U}_i=\dot{U}_{be}=\dot{I}_b r_{be} \tag{8-9}$$

$$\dot{U}_o=-\dot{I}_C(R_c//R_L)=-\dot{I}_C R_L{}' \tag{8-10}$$

式中 $R_L{}'=R_c//R_L$，由式(8-9)和式(8-10)可得电压放大倍数：

$$\dot{A}_u=\frac{\dot{U}_o}{\dot{U}_i}=-\beta\frac{R_L{}'}{r_{be}} \tag{8-11}$$

② 输入电阻

把信号源加到放大电路输入端时，放大电路就成为信号源的负载，这个负载用等效电阻 R_i 来表示，称为放大电路的输入电阻，它是从放大电路输入端看进去的交流等效电阻。R_i 定义为放大器输入端口处的电压和电流之比，即

$$R_i=\frac{u_i}{i_i} \tag{8-12}$$

对于图 8-13 所示基本单管共射放大电路，由图 8-13(b)可知：

$$R_i=r_{be}//R_b \tag{8-13}$$

若信号源有内阻 R_S 时，则放大电路输入电压是信号源电压在输入电阻上的分压，即

$$\dot{U}_i=\dot{U}_S\frac{R_i}{R_S+R_i} \tag{8-14}$$

③ 输出电阻

放大电路向负载提供信号电流和电压，对负载而言它是电源，电源的内阻 R_o 称为放大电路的输出电阻。由于 R_o 的存在，所以放大电路带上负载 R_L 后，输出电压会降低。

R_o 反映了放大器带负载能力。如果放大电路的输出电阻 R_o 较大，当负载 R_L 变化时，输出电压 U_o 的变化较大，称放大器带负载能力差。反之带负载能力强。

放大电路的输出电阻是从放大电路输出端看进去的等效电阻，其求解可以用戴维南等

效电路中的求等效电阻的方法。将信号源短路，负载 R_L 断开，在输出端外加测试电压 u，产生了相应的测试电流 i。其输出电阻为

$$R_o=\frac{u}{i} \tag{8-15}$$

对于图 8-13(a)所示的基本单管共射放大电路，由图 8-13(b)可知：

$$R_o=R_c \tag{8-16}$$

(3) 微变等效电路分析步骤

① 首先确定放大电路的静态工作点 Q。

② 求出静态工作点处的微变等效电路的参数 β 和 r_{be}。

③ 画出放大电路的微变等效电路，可先画出三极管的等效电路，然后画出放大电路其余部分的交流通路。

④ 列出电路方程求解各主要性能指标。

【例 8-2】 如图 8-14 电路中，已知 $V_{CC}=6\ \text{V}$，$R_b=150\ \text{k}\Omega$，$\beta=50$，$R_c=R_L=2\ \text{k}\Omega$。

(1) 求放大器的静态工作点 Q；

(2) 计算电压放大倍数、输入电阻、输出电阻。

解 (1) 根据式(8-1)、式(8-2)、式(8-3)可得放大器的静态工作点 Q 的数值。

$$I_{BQ}=\frac{V_{CC}-U_{BE}}{R_{b2}}=\frac{6-0.7}{150\times10^3}=35.3\ \mu\text{A}$$

$$I_{CQ}=\beta I_{BQ}=50\times35.3\times10^{-6}\approx1.76\times10^{-3}\ \text{A}=1.76\ \text{mA}$$

$$U_{CEQ}=V_{CC}-I_{CQ}R_c=6-1.76\times10^{-3}\times2\times10^3=2.48\ \text{V}$$

(2) 画微变等效电路图，如图 8-15 所示，计算 r_{be} 的值，根据式(8-11)、式(8-13)和式(8-16)可得

$$r_{be}=300+(1+\beta)\frac{26\ \text{mV}}{I_{EQ}(\text{mA})}=300+51\times\frac{26}{1.8}\approx1\ \text{k}\Omega$$

$$\dot{A}_u=\frac{\dot{U}_o}{\dot{U}_i}=-\beta\frac{R_L{}'}{r_{be}}=-50\times\frac{1\times10^3}{1\times10^3}=-50$$

$$R_i=r_{be}//R_b=1\ \text{k}\Omega//150\ \text{k}\Omega\approx1\ \text{k}\Omega$$

$$R_o=R_c=2\ \text{k}\Omega$$

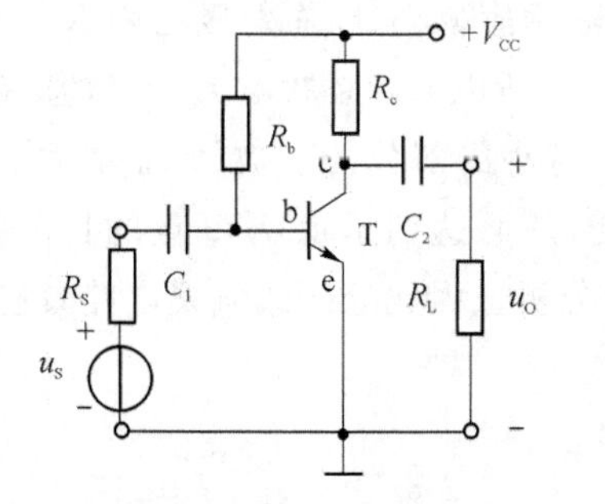

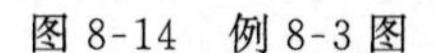
图 8-14　例 8-3 图

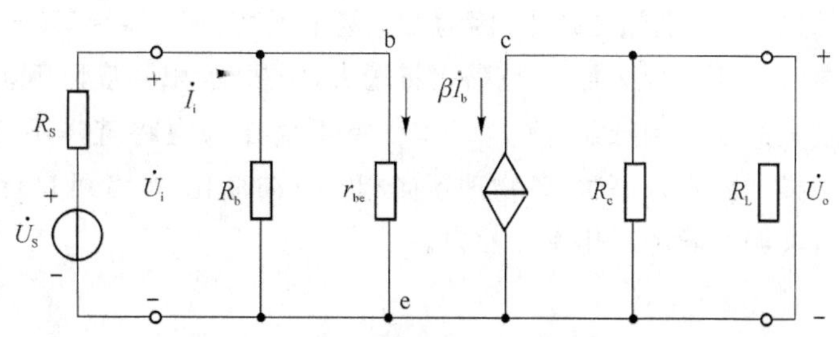

图 8-15　例 8-3 图电路微变等效电路

4. 共射放大电路的特点

共射放大电路具有较大的电压放大倍数和电流放大倍数，输出电压与输入电压相位相

反，同时输入电阻和输出电阻又比较适中。所以，一般只要是对输入电阻、输出电阻和频率响应没有特殊要求的地方，均可以采用。因此，共射极放大电路被广泛地用于作低频电压放大的输入级、中间级和输出级。

8.2.3 静态工作点的稳定

在对放大电路进行动态分析之前必须计算其静态工作点，这说明静态工作点影响放大电路的性能指标，它不仅与放大倍数、输入电阻等指标有关，而且如果设置不合理还会造成输出信号的失真。影响静态工作点的因素较多，主要因素是环境温度。

为了稳定静态工作点，通常采用三种措施：①将放大器置于恒温装置中，这种方法造价很高；②在直流偏置中引入负反馈来稳定静态工作点；③在偏置电路中采用温度补偿措施。

典型的静态工作点稳定电路如图 8-16 所示，它的偏置电路由电阻 R_{b1}、R_{b2} 和射极电阻 R_e 组成。在图 8-16(b)中 B 点的电流方程为：$I_2=I_1+I_{BQ}$。为了稳定静态工作点，通常情况下，参数的选取应满足：$I_1>>I_{BQ}$，因此 $I_2\approx I_1$，故 B 点的电位为

$$U_{BQ}\approx\frac{R_{b1}}{R_{b1}+R_{b2}}\cdot V_{CC} \tag{8-17}$$

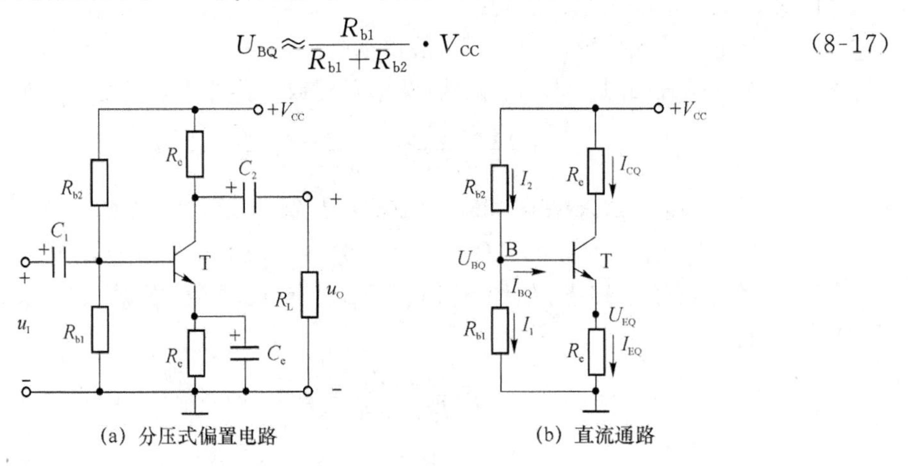

图 8-16 静态工作点稳定电路

式(8-17)表明基极电位几乎仅决定于 R_{b1} 与 R_{b2} 对 V_{CC} 的分压，而受环境温度影响很小，即当温度变化时，U_{BQ} 基本不变。

当温度降低时，集电极电流 I_C 减小，发射极电流 I_E 必然相应减小，因而射极电阻 R_e 上的电位 V_E 也随之减小；因为 U_{BQ} 基本不变，而 $U_{BE}=V_B-V_E$，所以 U_{BE} 必然增大，导致基极电流 I_B 增大，从而 I_C 也随之将增大，结果 I_C 随温度降低而减小的部分几乎被因 I_B 增大而增大的部分相抵消，使 I_C 基本保持不变，U_{CE} 也将基本不变，从而达到了稳定 Q 点的目的。同样当温度升高时，各物理量向相反方向变化，读者可自行分析。因此分压式偏置电路具有自动调节静态工作点的能力。

8.3 射极输出器

根据所选输入信号与输出信号公共端电极的不同，放大电路有三种基本的接法，除了前

面讲过的共发射极放大电路以外，还有共基极和共集电极放大电路。下面主要讲解共集电极放大电路，共基极放大电路的分析方法与其相同，这里不再赘述。

图 8-17(a)所示为共集电极放大电路完整电路图，由于输出信号是从发射极输出，故这种电路又称为射极输出器；图 8-17(b)所示为该电路的直流通路；图 8-17(c)所示为该电路的交流通路。

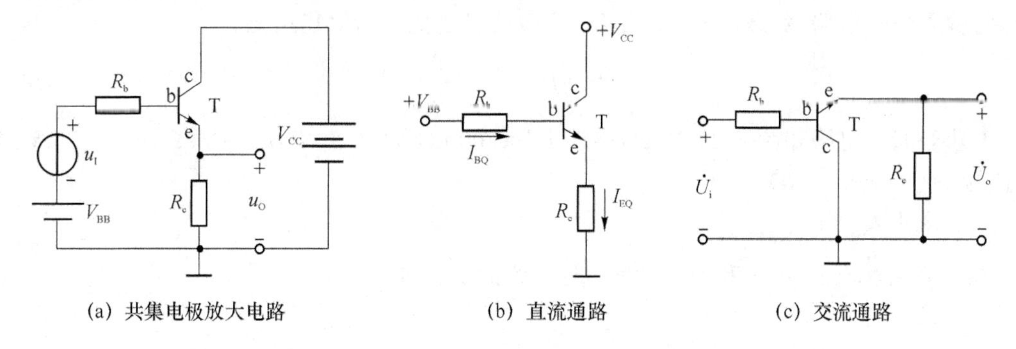

(a) 共集电极放大电路　(b) 直流通路　(c) 交流通路

图 8-17　基本共集放大电路

1. 静态工作点估算

由图 8-17(b)所示，根据直流通路，可以确定此电路的静态工作点：

$$I_{BQ}=\frac{V_{BB}-U_{BEQ}}{R_b+(1+\beta)R_e} \tag{8-18}$$

$$I_{EQ}=(1+\beta)I_{BQ} \tag{8-19}$$

$$U_{CEQ}=V_{CC}-I_{EQ}R_e \tag{8-20}$$

2. 动态分析

图 8-18 所示为共集电极放大电路交流通路图 8-17(c)的微变等效电路图。根据微变等效电路可计算出各动态性能指标。

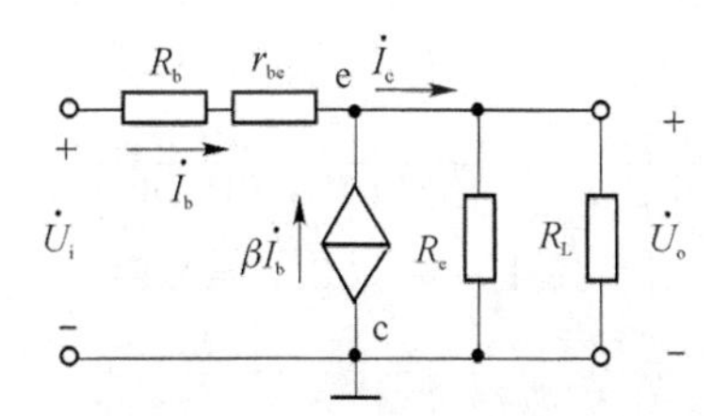

图 8-18　基本共集放大电路微变等效电路

(1) 电压放大倍数

由图 8-18 电路可知

$$\dot{U}_i=\dot{I}_b(R_b+r_{be})+\dot{I}_eR_L' \tag{8-21}$$

其中 $R_L'=R_e//R_L$，R_L 为负载。

$$\dot{U}_o=(1+\beta)\dot{I}_bR_L' \tag{8-22}$$

$$\dot{A}_u=\frac{\dot{U}_o}{\dot{U}_i}=\frac{(1+\beta)R_L'}{R_b+r_{be}+(1+\beta)R_L'} \tag{8-23}$$

(2) 输入电阻

由图 8-18 电路可知

$$R_i = R_b + r_{be} + (1+\beta)R_L' \tag{8-24}$$

(3) 输出电阻

根据图 8-18 电路，可以采用电路原理分析等效电阻的求法，在输出端外加一个电压 U_O，将输入信号短路，负载断开，求出 I_O，然后两者之比即为输出电阻。

$$R_o = R_e // \frac{R_b + r_{be}}{1+\beta} \tag{8-25}$$

【例 8-3】 电路如图 8-19 所示，已知 $R_b = 200\ \text{k}\Omega$，$R_S = 2\ \text{k}\Omega$，$R_e = 3\ \text{k}\Omega$，$V_{CC} = 15\ \text{V}$，晶体管的 $\beta = 80$，$r_{be} = 1\ \text{k}\Omega$。

(1) 求出 Q 点；

(2) 分别求出 $R_L = \infty$ 和 $R_L = 3\ \text{k}\Omega$ 时电路的 $\dot{A}_u$ 和 R_i；

(3) 求出 R_o。

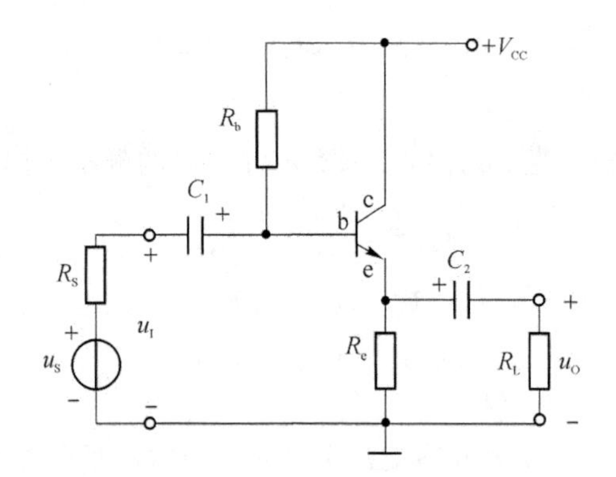

图 8-19 例 8-4 图

解 (1) 求解 Q 点

$$I_{BQ} = \frac{V_{CC} - U_{BEQ}}{R_b + (1+\beta)R_e} = \frac{15 - 0.7}{20\times10^3 + (1+80)\times3\times10^3} \approx 32.3\ \mu\text{A}$$

$$I_{EQ} = (1+\beta)I_{BQ} = (1+80)\times32.3 \approx 2.610\ \text{mA}$$

$$U_{CEQ} = V_{CC} - I_{EQ}R_e = 15 - 2.61\times10^{-3}\times3\times10^{-3} \approx 7.17\ \text{V}$$

(2) 求解输入电阻和电压放大倍数

$R_L = \infty$ 时

$$\begin{aligned} R_i &= R_b // [r_{be} + (1+\beta)R_e] \\ &= 200\times10^3 // [1\times10^3 + (1+80)\times3\times10^3] \approx 110\times10^3\ \Omega \end{aligned}$$

$$\dot{A}_u = \frac{(1+\beta)R_e}{r_{be} + (1+\beta)R_e} = \frac{(1+80)\times3\times10^3}{1\times10^3 + (1+80)\times3\times10^3} \approx 0.996$$

$R_L = 3\ \text{k}\Omega$ 时

$$\begin{aligned} R_i &= R_b // [r_{be} + (1+\beta)(R_e // R_L)] \\ &= 200\times10^3 // [1\times10^3 + (1+80)\times1.5\times10^3] \approx 76\times10^3\ \Omega \end{aligned}$$

$$\dot{A}_u = \frac{(1+\beta)(R_e // R_L)}{r_{be} + (1+\beta)(R_e // R_L)} = \frac{(1+80)\times1.5\times10^3}{1\times10^3 + (1+80)\times1.5\times10^3} \approx 0.992$$

(3) 求解输出电阻

$$R_o=R_e /\!/ \frac{R_S /\!/ R_b+r_{be}}{1+\beta}=3\times10^3 /\!/ \frac{2\times10^3 /\!/ (200\times10^3+1\times10^3)}{1+80}\approx37\ \Omega$$

(4) 特点与应用

射极输出器的主要特点是：输入电阻大；输出电阻小；电压放大倍数小于 1 而接近 1；输出电压与输入电压相位相同；虽然没有电压放大倍数，但仍有电流和功率放大作用；由于具有这些特点，常被用做多级放大电路的输入级、输出级或作为隔离用的中间级。

8.4　多级放大电路

在实际应用中，常对放大电路的性能提出多方面的要求。例如，要求一个放大电路输入电阻大于 1 MΩ、电压放大倍数大于 1 000、输出电阻小于 100 Ω 等，仅靠前面讲过的任何一种基本放大电路都不可能同时满足上述要求。这时可选择多个单级放大电路，并将它们合理地连接构成多级放大电路，才可满足实际要求。

8.4.1　多级放大电路的组成

多级放大电路组成框图如图 8-20 所示。多级放大通常包括输入级、中间级和输出级。

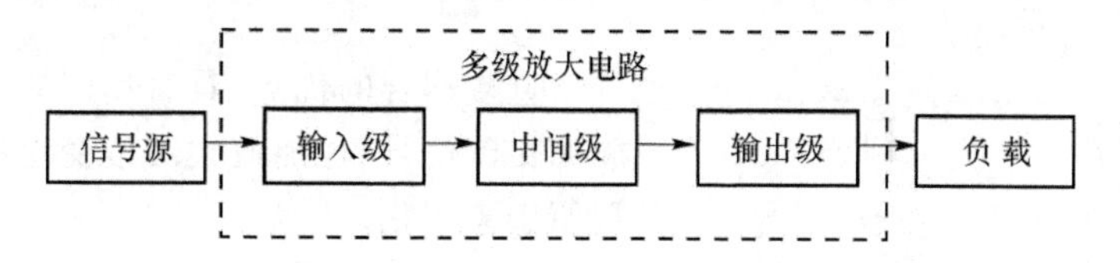

图 8-20　多级放大电路组成框图

对输入级的要求，往往与信号源的性质有关。例如，当输入信号源为高阻电压源时，则要求输入级也必须有高的输入电阻，以减少信号在内阻上的损失。如果输入信号为电流源，为了充分利用信号电流，则要求输入级有较低的输入电阻。

中间级的主要任务是电压放大，多级放大电路的放大倍数，主要取决于中间级，它本身就可能由几级放大电路组成。

输出级主要是推动负载。当负载仅需较大的电压时，则要求输出具有大的电压动态范围。更多场合下，输出级推动扬声器、电机等执行部件，需要输出足够大的功率，常称为功率放大电路。

8.4.2　多级放大电路的耦合方式

在多级放大电路中，各个基本放大电路之间的连接称为级间耦合。常见的耦合方式有阻容耦合、直接耦合和变压器耦合。

1. 阻容耦合

通过电阻、电容将前级输出接至下一级的输入端，这种连接方式称为阻容耦合，如图 8-21 所示。

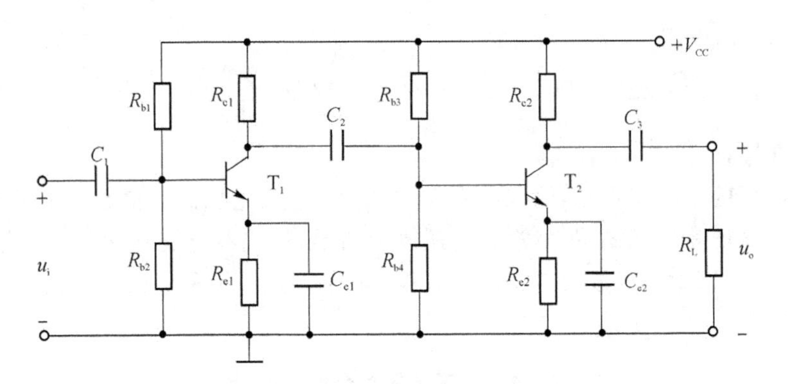

图 8-21 阻容耦合放大电路

阻容耦合的优点：由于前后级是通过电容相连的，所以各级的静态工作点是相互独立的，不互相影响，这给放大电路的分析、设计和调试带来了很大的方便。而且只要电容选得足够大，就可以使得前级输出的信号在一定的频率范围内，几乎不衰减地传到下一级。所以阻容耦合方式在分立元件组成的放大电路中得到广泛的应用。

阻容耦合的缺点：不适用传送缓慢变化的信号，更不能传送直流信号；另外，大容量的电容在集成电路中难以制造，所以，阻容耦合在线性集成电路中无法采用。

2. 直接耦合

将前级的输出端直接通过电阻或导线连接至下一级的输入端，这种连接方式称为直接耦合，如图 8-22 所示。

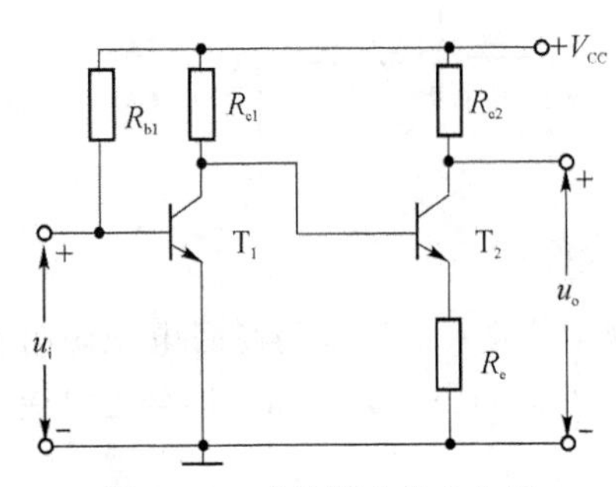

图 8-22 直接耦合放大电路

直接耦合的优点：具有良好的低频特性，既能放大交流信号，也能放大缓慢变化的直流信号，并且便于集成化。

直接耦合的缺点：前后各级静态工作点相互影响，不能独立。对于多级放大电路不便分析、设计和调试。另外，容易产生零点漂移。所谓零点漂移，指在无输入信号下，由于温度、电源电压等因素变化，使输出电压离开零点，缓慢地发生不规则的变化。

3. 变压器耦合

通过变压器，把初级的交流信号传送到次级。而直流电压和电流不能通过变压器传送。变压器耦合主要用于功率放大电路。

变压器耦合的优点是静态工作点各自独立，具有阻抗变换作用，与负载阻抗可实现合理配合。缺点是体积大、重量大、频率特性差，且不能传递直流信号。

8.4.3 多级放大电路的性能指标计算

图 8-21 所示的阻容耦合放大电路中，由于电容的“隔直”作用，各级的直流工作状态是互相独立的，与单级放大电路静态分析完全相同。下面主要进行动态分析。阻容耦合两级放大电路的微变等效电路如图 8-23 所示。

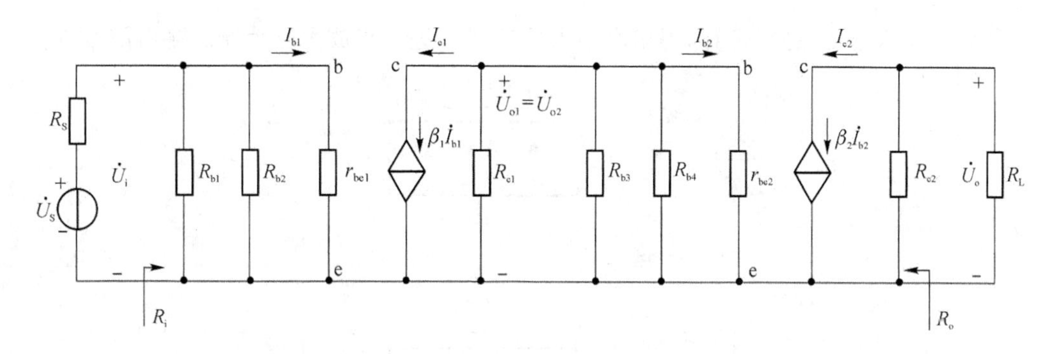

图 8-23　阻容耦合两级放大电路的微变等效电路

1. 电压放大倍数

由图 8-23 可知,放大电路第一级的输出电压就是第二级的输入电压,所以

$$\dot{A}_u=\frac{\dot{U}_o}{\dot{U}_i}=\frac{\dot{U}_{o1}}{\dot{U}_i}\frac{\dot{U}_o}{\dot{U}_{o1}}=\frac{\dot{U}_{o1}}{\dot{U}_i}\frac{\dot{U}_o}{\dot{U}_{i2}}=\dot{A}_{u1}\dot{A}_{u2} \tag{8-26}$$

推广到 n 级放大电路,则有

$$\dot{A}_u=\dot{A}_{u1}\dot{A}_{u2}\cdots\dot{A}_{un} \tag{8-27}$$

式(8-27)说明,多级放大电路总的电压放大倍数为各级放大电路电压放大倍数的乘积。

多级放大电路的放大倍数非常庞大,计算和表示起来都不方便,因此常取另外一种表示方法:对数表示。在声学理论中,放大电路的输出功率与输入功率之比的功率放大倍数用对数表示,其单位为贝尔(B)。为了减小单位,常用贝尔的 1/10 作单位,称为分贝(dB)。当放大倍数用分贝单位表示时,称为增益。电压增益定义为

$$G_u=20\lg\frac{\dot{U}_o}{\dot{U}_i}\ (\text{dB}) \tag{8-28}$$

这样用增益表示多级放大电路的总电压放大倍数时,便可把各级电压放大倍数的乘积转化为各级放大电路的电压增益之和。

2. 输入电阻

从图 8-23 中可知,多级放大电路的输入电阻等于第一级的输入电阻,即

$$R_i=R_{i1}=R_{b1}//R_{b2}//r_{be1} \tag{8-29}$$

3. 输出电阻

从图 8-23 中可知,多级放大电路的输出电阻等于最后一级的输出电阻,即

$$R_o=R_{o2}=R_{c2} \tag{8-30}$$

8.5　负反馈放大电路

将放大电路输出信号的部分或全部,通过一定的电路送回到输入回路,这种过程称为反馈。反馈在电子技术中得到了广泛的应用。反馈放大器电路的组成框图如图 8-24 所示。输入信号 $\dot{X}_i$ 经过一个放大电路 A 产生一个输出 $\dot{X}_o$,反馈网络 F 将输出的部分或者全部反

馈回去与输入信号 $\dot{X}_i$ 进行运算，得出净输入信号 $\dot{X}_{id}$，进一步放大产生新的输出信号 $\dot{X}_o$。

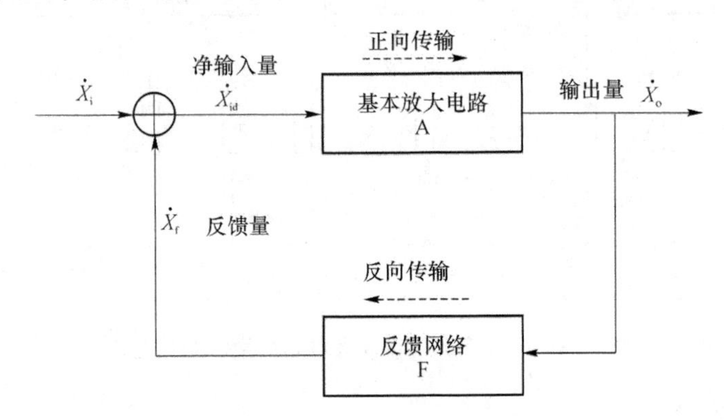

图 8-24　反馈放大器框图

8.5.1　反馈的分类

1. 正反馈与负反馈

根据反馈极性的不同，可将反馈分为正反馈和负反馈。反馈作用结果将产生两种类型的净输入信号。反馈信号使放大器净输入信号增加的，称为正反馈；反馈信号使放大器净输入信号减小的，称为负反馈。处在负反馈工作状态下的放大器称为负反馈放大器。

引入负反馈后，削弱了外加输入信号的作用，使放大电路的放大倍数降低了，但可以稳定放大电路中的某个电量，能使其他性能得到改善。

通常，可采用瞬时极性法来判断正、负反馈的类型。瞬时极性法为：在放大电路的输入端，假设一个输入信号对地的极性（用＋、－号表示瞬时极性的正、负或代表该点瞬时信号变化的升高或降低），然后按照先放大、后反馈的正向传输顺序，逐级推出电路中有关各点的瞬时极性，最后判断反馈到输入回路信号的瞬时极性是增强还是减弱原输入信号（或净输入信号），增强者为正反馈，减弱者则为负反馈。当输入信号和反馈信号在同一节点引入时，若两者极性相同，则为正反馈；若两者极性相反，则为负反馈。当输入信号和反馈信号在不同节点引入时，若两者极性相同，则为负反馈；若两者极性相反，则为正反馈。

【例 8-4】　试判断图 8-25 所示电路中的反馈是正反馈还是负反馈。

解　在如图 8-25(a)所示电路中，设 u_i 瞬时对地极性为"＋"，那么 T_1 管的基极对地为"＋"。由于共发射极电路输出电压与输入电压反相，所以 T_1 管集电极对地电位为"－"，T_2 管集电极对地电位为"＋"，即输出电压 u_o 极性为上"＋"下"－"。由此可得，u_f 的极性为上"＋"下"－"。由于 $u_{be1}=u_i-u_f$，使 u_{be1} 减小，故电路引入了负反馈。

在如图 8-25(b)所示电路中，设 u_i 对地瞬时极性为"＋"，那么 T_1 管的基极对地为"＋"，T_1、T_2 均组成共发射极电路，经过两次反相后，T_2 管集电极对地电位为"＋"，故流过 R_f 的电流 i_f 方向如图中所标注。反馈作用的结果，使净输入电流 $i_b=i_f+i_i$ 增加，故电路引入了正反馈。

2. 电压反馈和电流反馈

根据反馈信号在放大电路输出端采样方式不同，可分为电压反馈和电流反馈。凡反馈信号取自输出电压信号的称为电压反馈；凡反馈信号取自输出电流信号的称为电流反馈。

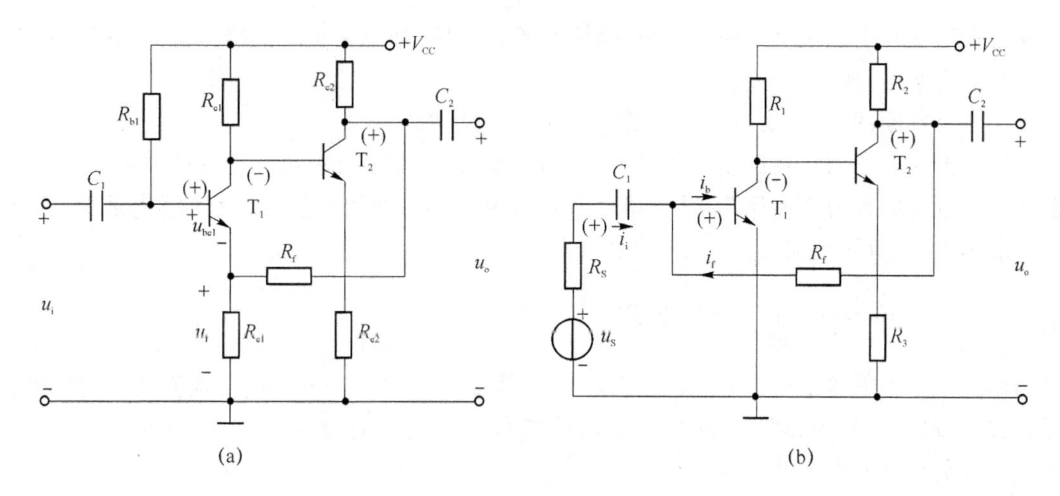

图 8-25　例 8-5 图

放大电路引入电压负反馈，将使输出电压保持稳定，其效果是降低了电路的输出电阻；而电流负反馈将使输出电流保持稳定，因而提高了输出电阻。

为了判断放大电路中引入电压反馈还是电流反馈，常采用输出短路法：一般可假设将输出端交流短路（输出电压等于零），看电路中此时是否还有反馈信号，如果存在反馈信号，则为电流反馈，如果反馈信号不再存在，则为电压反馈。

【例 8-5】 试判断图 8-26 所示电路中的反馈是电压反馈还是电流反馈。

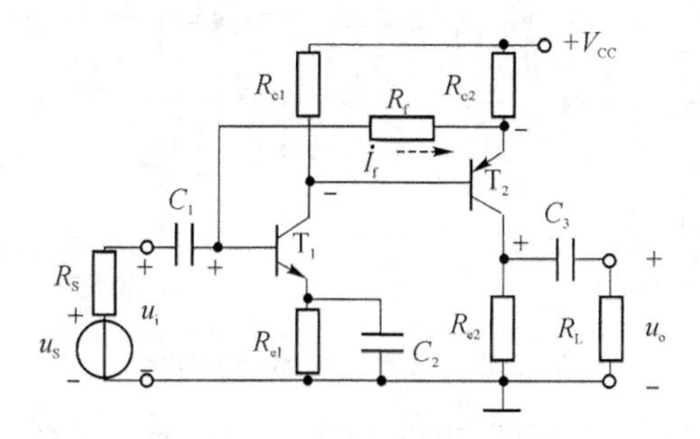

图 8-26　例 8-6 图

解　如图 8-26 所示电路中，R_f 为反馈电阻，u_o 为输出电压，根据电压反馈、电流反馈判断方法，假设输出端交流短路，即将负载 R_L 短路，则 $u_o=0$，但仍然有信号通过反馈电阻反馈回 T_1 的基极，即反馈信号仍然存在，故该电路为电流反馈。

3. 串联反馈和并联反馈

根据输入信号和反馈信号在放大电路输入回路中连接方式不同，可以分为串联反馈和并联反馈。若输入信号与反馈信号在输入端回路中串联连接，称为串联反馈；若输入信号与反馈信号在输入端回路中并联连接，称为并联反馈。

判断串联反馈和并联反馈一般根据定义来判断。如果在放大电路输入回路中，反馈信号与输入信号以电压的形式相加（反馈信号与输入信号串联），即为串联反馈；如果反馈信号与输入信号以电流的形式相加（反馈信号与输入信号并联），即为并联反馈。

在分立元件的共射放大电路中，一般来说，如果输入信号加在三极管的基极，而来自输出端的反馈信号引到三极管的发射极，通常为串联反馈；如果来自输出端的反馈信号直接引到三极管的基极，通常为并联反馈。

很容易判断图 8-26 所示电路中的反馈是并联反馈。

除了上面介绍的一些反馈分类以外，还有直流反馈、交流反馈或交直流反馈之分。凡反馈信号是直流的称为直流反馈，凡反馈信号是交流的称为交流反馈，凡反馈信号是交、直流均有的称为交、直流反馈。

8.5.2 负反馈放大电路的基本组态

实际上一个电路中反馈形式不是单一的而是多种多样的。对于负反馈而言，按其连接方式来说，可以归结为如图 8-27 所示的四种基本组态：电压串联负反馈、电流串联负反馈、电压并联负反馈和电流并联负反馈。

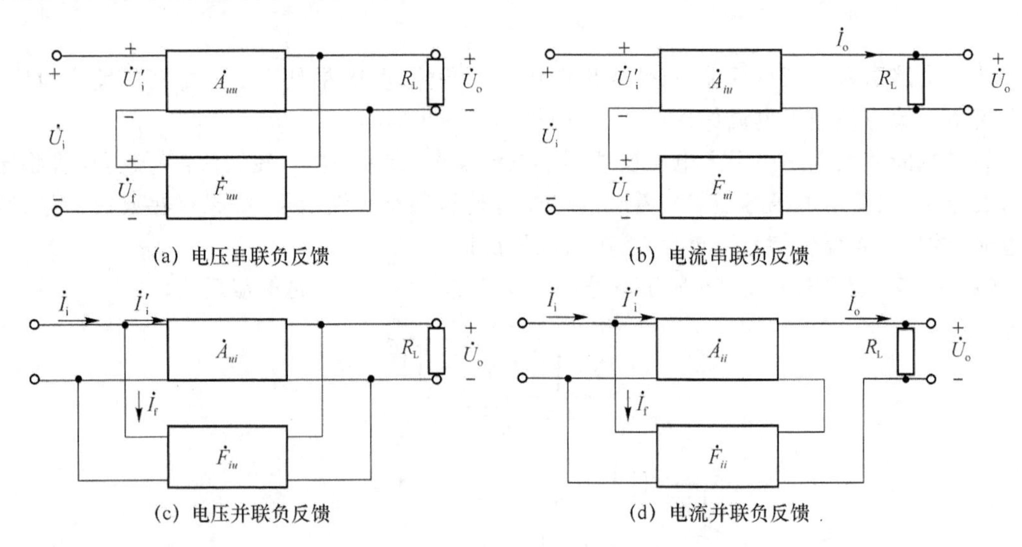

图 8-27 四种反馈组态方框图

在分析反馈放大电路时，一般可以按以下顺序进行：找出联系放大电路的输出回路与输入回路的反馈网络，并用瞬时极性法判断反馈的极性（正反馈还是负反馈）；从放大电路的输出回路分析，反馈信号是采样输出电压还是采样输出电流，确定为电压反馈还是电流反馈；从放大电路的输入回路来分析反馈信号与输入信号的连接方式，从而确定是并联反馈还是串联反馈。

对于四种负反馈组态，它们具有不同的特点。电压串联负反馈稳定输出电压、闭环电压放大倍数（表示引入反馈后，放大电路的输出电压与外加输入电压之间总的放大倍数）和提高输入电阻；电压并联负反馈稳定输出电压、闭环互阻放大倍数（表示引入反馈后，放大电路的输出电压与外加输入电流之间总的放大倍数）和降低输入电阻；电流串联负反馈稳定输出电流、闭环互导放大倍数（表示引入反馈后，放大电路的输出电流与外加输入电压之间总的放大倍数）和提高输入电阻；电流并联负反馈稳定输出电流、闭环电流放大倍数（表示引入反馈后，放大电路的输出电流与外加输入电流之间总的放大倍数）和降低输入电阻。

【例 8-6】　试判断图 8-28 所示电路中的反馈属于何种组态。

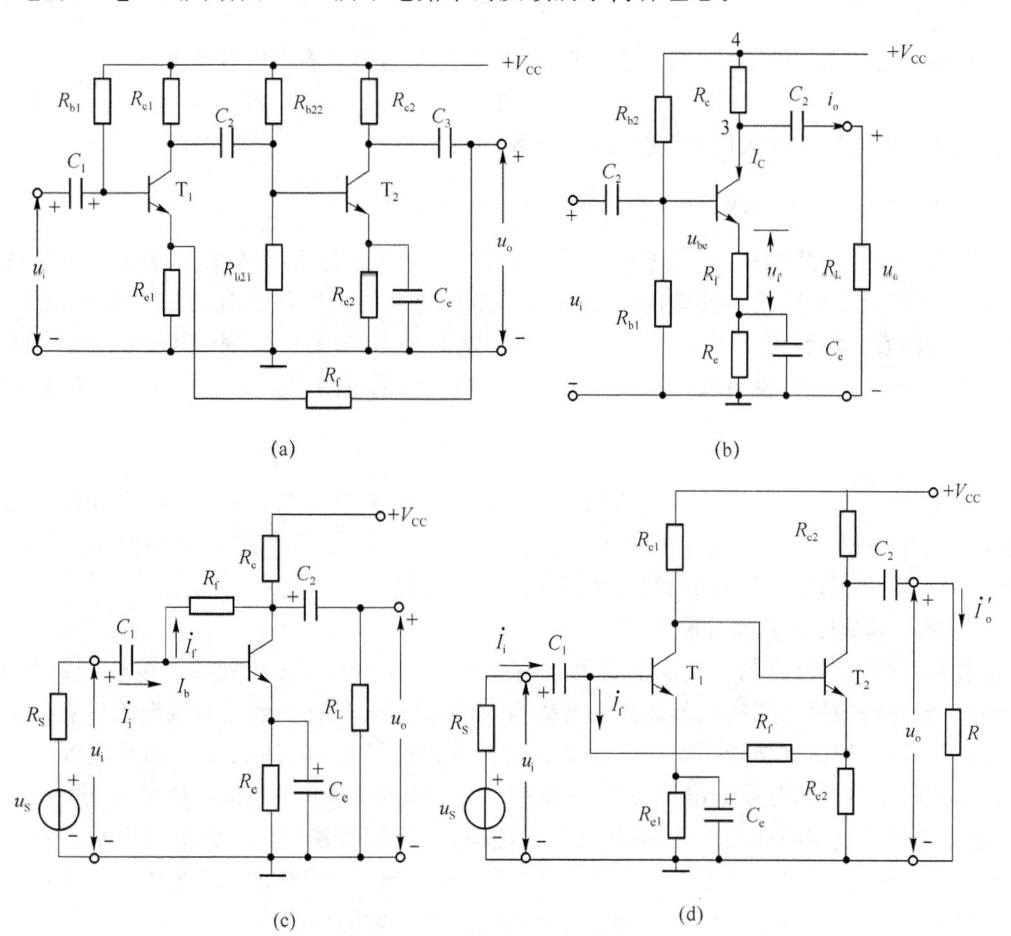

图 8-28　四种负反馈组态

解　图(a)通过 R_f 引回级间反馈，根据瞬时极性法易判断此反馈为负反馈，根据短接负载，则不存在负反馈，故可判断为电压反馈。由于反馈点和输入点不在同一点，故可判断为串联反馈，所以图(a)的反馈组态为串联电压负反馈。

同样方法可以判断图(b)、图(c)和图(d)分别为串联电流负反馈、并联电压负反馈和并联电流负反馈。

8.5.3　负反馈对放大电路性能的影响

在放大电路中引入负反馈的目的就是希望改善放大电路的各项性能。但是要注意，不同类型的负反馈对放大电路的性能改善不同。

1. 提高放大倍数的稳定性

在无反馈时，基本放大器的放大倍数(又称开环放大倍数)A 为

$$A=\frac{X_o}{X_i} \tag{8-31}$$

反馈信号量和输出信号量的比称为反馈系数 F，即

$$F=\frac{X_f}{X_o} \tag{8-32}$$

当反馈信号 X_f 加到放大器的输入端时，基本放大器的净输入信号量为

$$X_i'=X_i-X_f \tag{8-33}$$

则反馈时放大电路的放大倍数（闭环放大倍数）A_f 为

$$A_f=\frac{X_o}{X_i}=\frac{X_o}{X_f+X_f}=\frac{X_o}{X_i'+AFX_i'}=\frac{A}{1+AF} \tag{8-34}$$

对于不同的反馈形式，A 的意义不同。式(8-34)中 AF 称为回路增益，表示在反馈放大电路中，信号沿放大网络和反馈网络组成的环路传递一周以后所得到的放大倍数；$1+AF$ 称为反馈深度，表示引入反馈后放大电路的放大倍数与无反馈时变化的倍数。根据式(8-34)可知 $A_f<A$，说明放大器引入负反馈后放大倍数下降了。对式(8-34)求导，整理得

$$\frac{dA_f}{A_f}=\frac{1}{1+AF}\cdot\frac{dA}{A} \tag{8-35}$$

式(8-35)表明，负反馈放大电路闭环放大倍数的相对变化量，等于无反馈时放大网络放大倍数 A 的相对变化量的 $1/(1+AF)$。换句话说，引入负反馈后，放大倍数下降为原来的 $1/(1+AF)$，但放大倍数的稳定性提高了 $1+AF$ 倍。

2. 减小非线性失真和抑制干扰

放大电路的三极管是一个非线性器件，在放大信号时不可避免地会产生非线性失真。另外，放大电路中静态工作点若选择不当后输入信号过大，同样引起信号波形的失真。在引入负反馈后，这种失真将会得到一定程度的改善，示意图如图 8-29 所示。如果输入正弦波经过放大电路后下部分波形出现失真，因为引入的负反馈，净输入为输入信号与反馈信号相减，使输出的波形减小非线性失真，负反馈得越深，则改善得越好。放大电路中不可避免地存在噪声的干扰，将噪声视为放大电路内部产生的谐波电压，根据加入负反馈后放大倍数下降为原来的 $1/(1+AF)$ 这一特性，那么噪声将会得到有效的抑制。

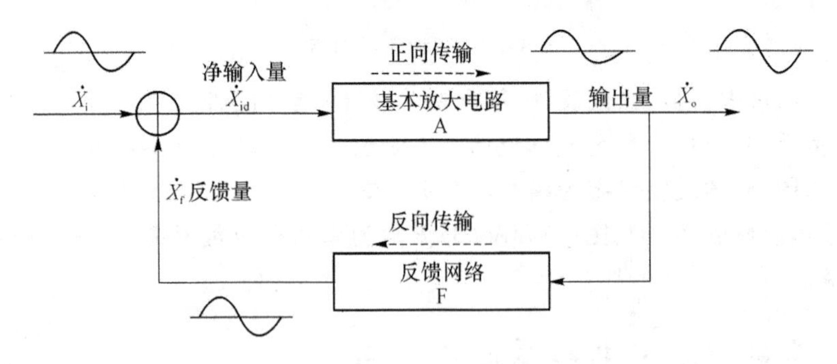

图 8-29 负反馈改善非线性失真示意图

3. 扩展放大电路的通频带

在放大电路中，由于放大倍数与频率有关，在高频频率段，通常规定：当放大倍数下降到中频放大倍数的 0.707 倍时所对应的频率称为上限频率，同样在低频频率段，放大倍数下降到中频放大倍数的 0.707 倍时所对应的频率称为下限频率。上限频率与下限频率之差为通频带。由于负反馈可以提高放大倍数的稳定性，在整个频段内，放大电路的中频放大倍数减小了，从而使上限频率提高了，下限频率减小了，从而使通频带展宽。

4. 改变输入电阻和输出电阻

负反馈放大电路对输入电阻的影响，主要取决于串联、并联反馈的类型，而与输出端采样的方式无关。可以通过计算，引入串联负反馈后，输入电阻可以提高 $1+AF$ 倍；引入并联负反馈后，输入电阻减小为开环输入电阻的 $1/(1+AF)$。

负反馈放大电路对输出电阻的影响，主要取决于输出端采样的方式，而与输入端连接方式无关。可以通过计算，引入电压负反馈后可使输出电阻减小到 $R_o/(1+AF)$；引入电流负反馈后可使输出电阻增大到 $(1+AF)R_o$。

由以上的分析可知，负反馈对放大器性能的影响是多方面的，且负反馈对放大器性能的改善均与反馈深度 $1+AF$ 有关。在电子技术课程中，因为负反馈放大器均是处在深度负反馈的状态下，所以对负反馈放大器的定性分析比定量分析更重要。对负反馈放大器的定性分析主要是判断反馈的组态，熟悉各反馈组态对放大器性能改善的影响，为设计负反馈放大器提供参考。下面是设计电路时根据需要而引入负反馈的一般原则。

(1) 引入直流负反馈是为了稳定静态工作点；引入交流负反馈是为了改善放大器的动态性能。

(2) 引入串联反馈还是并联反馈主要由信号源的性质来定。当信号源为恒压源或内阻很小的电压源时，增大放大器的输入电阻，可减小放大器对信号源的影响，放大器也可从信号源获得更大的电压信号输入，在这种情况下应选用串联负反馈；当信号源为恒流源或内阻很大的电压源时，减少放大器的输入电阻，可提高放大器从电流源吸收电流的大小，使放大器从信号源获得更大的电流信号输入，在这种情况下应选用并联负反馈，即要提高输入电阻，应引入串联负反馈；要减小输入电阻，应引入并联负反馈。

(3) 根据放大器所带负载对信号源的要求来确定选用电压反馈还是电流反馈。当负载需要稳定的电压输入时，因电压反馈可稳定放大器的输出电压，所以应选用电压反馈；当负载需要稳定的电流输入时，因电流反馈可稳定放大器的输出电流，所以应选用电流反馈。

(4) 根据信号变换的需要，选择合适的组态，在实施负反馈的同时，实现信号的转换。

8.6　功率放大电路

放大电路的作用是将放大后的信号输出，并驱动负载，如驱动扩音机的扬声器、驱动电动机旋转、驱动仪表的指针偏转等。不同的负载具有不同的功率，功率放大器就是以输出功率为主要技术指标的放大电路。能够向负载提供足够输出功率的电路称为功率放大器，简称功放。

8.6.1　功率放大器的特点与分类

放大电路的实质是能量的转换和控制电路。从能量转换和控制的角度来看，功率放大器和电压放大器没有什么本质的区别，电压放大器和功放电路的主要差别是所完成的任务不同。

电压放大器是对小信号进行放大，其主要性能指标是电压放大倍数、输入电阻、输出电阻；而功率放大器则要求在高的效率下，通过对信号的放大，获得足够大的功率去驱动负载，其主要性能指标是输出功率和效率。因此,功率放大电路中包含一系列在电压放大电路中所没有出现过的特殊问题,这些就是功率放大电路具备的特点。

1. 功率放大器的特点

(1) 输出功率足够大

为了获得足够大的输出功率,要求功放管的电压和电流都要有足够大的输出幅度,因此,三极管常常工作在极限的状态下,它的一个主要技术指标是最大输出功率 P_{om}。

(2) 具有较高的功率转换效率

功率放大器的转换效率是指负载上得到的信号功率与电源供给的直流功率之比,设放大器的输出功率为 P_O,电源供给的功率为 P_E,则功放电路的效率为

$$\eta=\frac{P_O}{P_E} \tag{8-36}$$

(3) 尽量减小非线性失真

由于三极管常常工作在大信号状态下,不可避免地会产生非线性失真,这样功率放大器的非线性失真和输出足够大功率就形成了一对矛盾。在不同的应用场合,根据设备的要求,处理这对矛盾的方法不相同。例如,在测量系统中,对失真的要求很严格,因此,在采取措施避免失真的条件下,要满足一定输出功率要求;而在工业控制系统中,通常对非线性失真不要求,只要求功放的输出功率足够大。

(4) 其他特点

由于功率放大器承受高电压、大电流,因而必须采用适当的措施对功放管进行散热,常采用安装散热片。

为了输出较大的功率信号,管子承受的电压要高,通过的电流要大。功率管损坏的可能性比较大,因此功放管的保护问题也不容忽视。

2. 功率放大器的分类

(1) 按输入信号的频率可分:低频功率放大电路,用于放大音频范围(几十赫兹到几十千赫兹);高频功率放大电路,用于放大射频范围(几百千赫兹到几十兆赫兹)。

(2) 按功率放大电路中三极管导通时间分为甲类功率放大器、乙类功率放大器、甲乙类功率放大器和丙类功率放大器。

甲类功率放大电路:它的主要特征是静态工作点位于直流负载线中点,输入信号在整个周期内都处于导通的状态。可以证明,在理想的情况下,甲类工作状态下的放大电路其最高效率为 50%,因甲类放大器能量转换的效率较低,所以甲类放大器主要用于电压放大,在功放电路中较少用。

乙类功率放大电路:它的主要特征是输入信号在整个周期内,三极管仅半个周期内导通。可以证明,在理想的情况下,乙类工作状态下的放大电路其最高效率为 78.5%。

甲乙类功率放大电路:它的主要特征是输入信号在整个周期内,三极管在信号半个周期以上的时间内处于导通的状态。在理想的情况下,此类放大器的转换效率接近乙类放大器。

(3) 按功率放大器与负载之间的耦合方式可分为:变压器耦合功率放大器;电容耦合功率放大器,也称为无输出变压器功率放大器,即 OTL 功率放大器;直接耦合功率放大器,常称为无输出电容功率放大器,即 OCL 功率放大器。

8.6.2 互补对称式功率放大器

传统的功率放大器常常采用变压器耦合方式的互补对称电路,通常简称推挽放大电路,如图8-30所示。其中T_1和T_2为输入变压器和输出变压器,接成对称形式。由图可知,当输入信号为正半周时,三极管T_1因正向偏置而导通,三极管T_2因反向偏置而截止,三极管T_1对输入的正半周信号实施放大,在负载电阻上得到放大后的正半周输出信号。当输入信号为负半周时,三极管T_1因反向偏置而截止,三极管T_2因正向偏置而导通,三极管T_2对输入的负半周信号实施放大,在负载电阻上得到放大后的负半周输出信号。虽然正、负半周信号分别是由两个三极管放大的,但两个三极管的输出电路都是负载电阻R_L,输出的正、负半周信号将在负载电阻R_L上合成一个完整的输出信号。

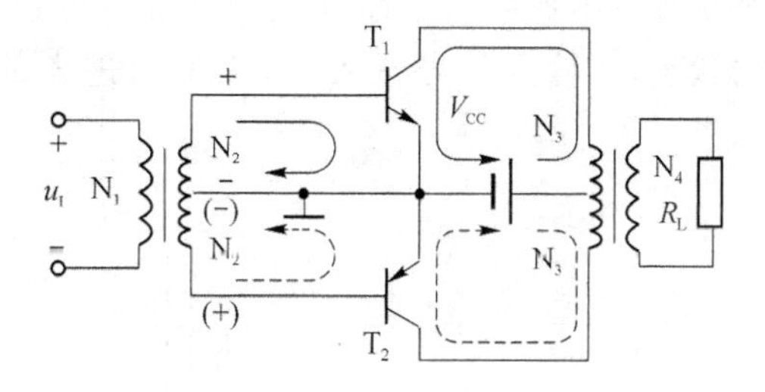

图8-30 推挽放大电路

传统的功率放大器的主要优点是便于实现阻抗匹配,但体积庞大、笨重,消耗有色金属,而且在低频和高频部分因产生相移而发生自激振荡。目前采用比较多的是OCL功率放大器。

1. OCL功率放大器

OCL功率放大器的电路组成如图8-31所示。由图可见,OCL功率放大器有两个供电电源,且采用NPN和PNP组成的共集电极对称电路来实现对正、负半周输入信号的放大。

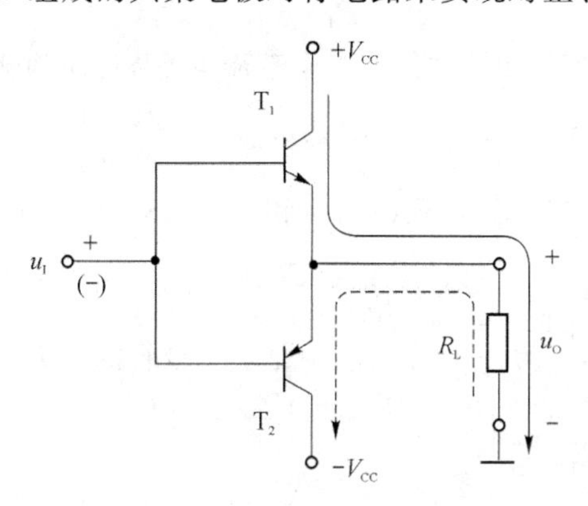

图8-31 OCL乙类互补对称电路

(1) 工作原理

该电路的工作原理是:当输入信号为正半周时,三极管T_2因反向偏置而截止,三极管T_1因正向偏置而导通,三极管T_1对输入的正半周信号实施放大,在负载电阻上得到放大后的正半周输出信号。当输入信号为负半周时,三极管T_1因反向偏置而截止,三极管T_2因正向偏置而导通,三极管T_2对输入的负半周信号实施放大,在负载电阻上得到放大后的负半周输出信号。虽然正、负半周信号分别是由两个三极管放大的,但两个三极管的输出电路都是负载电阻R_L,输出的正、负半周信号将在负载电阻R_L上合成一个完整的输出信号。

OCL电路为了使合成后的波形不产生失真,要求两个不同类型三极管的参数要对称。

但是，工作在乙类状态下的放大电路，因发射结“死区”电压的存在，在输入信号的绝对值小于“死区”电压时，因两个三极管均不导电，输出信号电压为零，产生信号交接的失真，这种失真称为交越失真。消除交越失真的方法是：让两个三极管工作在甲乙类的状态下。处在甲乙类状态下工作的三极管，其静态工作点的正向偏置电压很小，两个管子在静态时处在微导通的状态，当输入信号输入时，管子即进入放大区对输入信号进行放大，电路如图 8-32 所示。

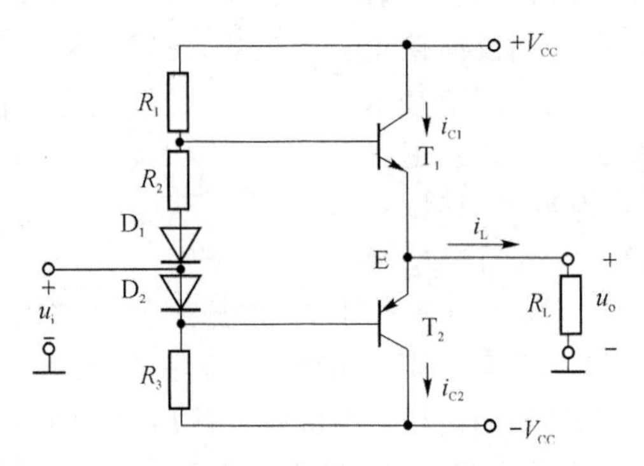

图 8-32　消除交越失真的电路

(2) 计算分析

对称互补电路功率输出功率计算，可根据功率表达式 $P=U^2/R$(其中 U 为交流有效值)求解，故对于 OCL 互补对称功率放大电路的最大输出功率为

$$P_{om}=\frac{1}{2}\times\frac{U_{cem}^2}{R_L}=\frac{(V_{CC}-U_{CES})^2}{2R_L} \tag{8-37}$$

当输出功率最大时，OCL 互补对称电路中直流电源 V_{CC} 所消耗的功率为

$$P_V=V_{CC}\cdot\frac{1}{\pi}\int_0^{\pi}I_{cm}\sin\omega t\,d(\omega t)=\frac{2V_{CC}I_{cm}}{\pi}=\frac{2V_{CC}^2}{\pi R_L} \tag{8-38}$$

如果忽略三极管的饱和压降，由式(8-37)和式(8-38)可得 OCL 互补对称电路的效率为

$$\eta=\frac{P_{om}}{P_V}\approx\frac{\pi}{4}=78.5\% \tag{8-39}$$

通过分析可以得到 OCL 互补对称电路中每个三极管的最大功耗

$$P_{Tm}=0.2P_{om} \tag{8-40}$$

(3) 功率管的选择条件

功率管的极限参数有 P_{CM}、I_{CM}、$U_{(BR)CEO}$，应满足下列条件。

① 功率管集电极的最大允许功耗

$$P_{CM}\geqslant P_T=0.2P_{O(max)}$$

② 功率管的最大耐压

$$U_{(BR)CEO}\geqslant 2V_{CC}$$

③ 功率管的最大集电极电流

$$I_{CM}\geqslant\frac{V_{CC}}{R_L}$$

2. OTL 功率放大器

OCL 功放电路需要双电源供电，在只有单电源供电的电子设备中不适用。在单电源供电的电子设备中，功放电路采用省去输出变压器的功率放大电路，通常称为 OTL 电路，该电路的组成如图 8-33 所示。由图可见，OTL 电路和 OCL 电路的组成基本相同，主要差别除了单电源供电外，还有负载电阻 R_L 通过大容量的电容器 C 与 OTL 电路的输出端相连。

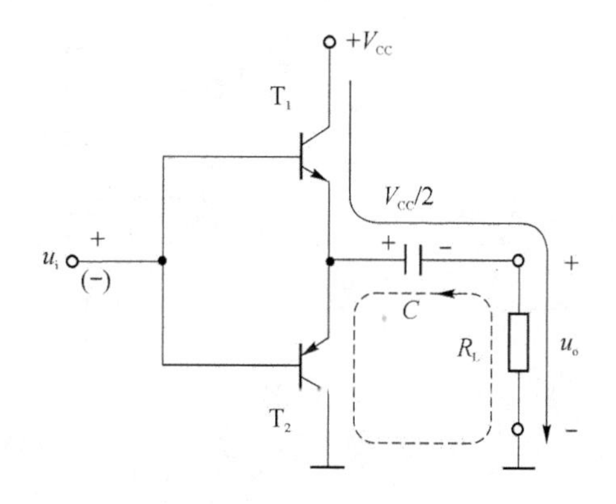

图 8-33　OTL 乙类互补对称电路

(1) 工作原理

该电路静态时，因两管对称，穿透电流 $I_{CEO1}=I_{CEO2}$，所以 A 点电位 $V_A=1/2V_{CC}$，即电容两端的电压为 $1/2V_{CC}$。有信号时，如不计 C 的容抗及电源内阻，当正半周信号输入时，功放管 T_1 导通，T_2 截止。电源 V_{CC} 向 C 充电并在 R_L 两端输出正半周波形；当负半周信号输入时，功放管 T_1 截止，T_2 导通，电容 C 向 T_2 放电提供电源，并在 R_L 上输出负半周波形。只要 C 容量足够大，放电时间常数远大于输入信号最低工作频率所对应的周期，则 C 两端的电压可认为近似不变，始终保持为 $1/2V_{CC}$。因此 T_1 和 T_2 管的电压都是 $1/2V_{CC}$。

(2) 分析计算

由于 OTL 采用的是单电源供电，实质上等效于具有 $\pm V_{CC}/2$ 双电源的互补对称电路。因此分析计算时只要把 $1/2V_{CC}$ 替换式(8-37)、式(8-38)和式(8-39)中的 V_{CC} 就可得出单电源互补对称电路的输出功率、直流电源供给的功率和效率。

故对于 OTL 互补对称功率放大电路的最大输出功率为

$$P_{om}=\frac{1}{2}\times\frac{U_{cem}^2}{R_L} \tag{8-41}$$

如果忽略三极管的饱和压降，则最大电压幅度 $U_{cem}=V_{CC}/2$，所以

$$P_{om}=\frac{1}{2}\times\frac{U_{cem}^2}{R_L}=\frac{V_{CC}^2}{8R_L} \tag{8-42}$$

当输出功率最大时，OTL 互补对称电路中直流电源 V_{CC} 所消耗的功率为

$$P_V=\frac{V_{CC}}{2}\cdot\frac{1}{\pi}\int_0^{\pi}I_{cm}\sin\omega t\,d(\omega t)=\frac{V_{CC}I_{cm}}{\pi}=\frac{V_{CC}^2}{2\pi R_L} \tag{8-43}$$

如果忽略三极管的饱和压降，由式(8-37)和式(8-38)可得 OCL 互补对成电路的效率为：

$$\eta=\frac{P_{om}}{P_V}\approx\frac{V_{CC}^2}{8R_L}\Big/\frac{V_{CC}^2}{2\pi R_L}=\frac{\pi}{4}=78.5\% \tag{8-44}$$

通过分析可以得到，OTL 互补对称电路中每个三极管的最大功耗可表示为

$$P_{Tm}=0.2P_{om} \tag{8-45}$$

【例 8-7】 在图 8-34 所示电路中，已知 $V_{CC}=16\ V$，$R_L=4\ \Omega$，T_1 和 T_2 管的饱和管压降 $U_{CES}=0.5\ V$，输入电压足够大。试问：

(1) 最大输出功率 P_{om} 和效率 η 各为多少？

(2) 三极管的最大功耗 P_{Tmax} 为多少？

解　(1) 最大输出功率和效率分别为

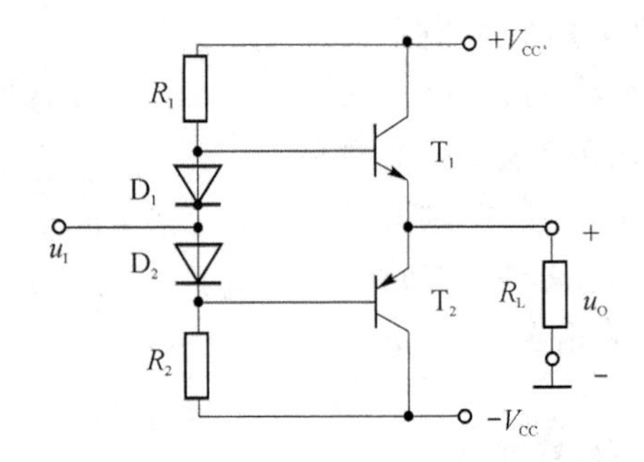

图 8-34　例 8-8 图

$$P_{om}=\frac{(V_{CC}-U_{CES})^2}{2R_L}=\frac{(16-0.5)^2}{2\times4}\approx30\ \text{W}$$

$$\eta=\frac{\pi}{4}\cdot\frac{V_{CC}-U_{CES}}{V_{CC}}=\frac{\pi}{4}\times\frac{16-0.5}{16}\approx76\%$$

（2）三极管的最大功耗

$$P_{Tmax}\approx0.2P_{om}=0.2\times30=6\ \text{W}$$

重要知识点

- **放大电路**：放大电路的核心器件是双极性三极管和场效应管，放大电路的主要指标为放大倍数（增益）、输入电阻、输出电阻等。
- **静态工作点 Q**：放大电路在不加输入信号时，三极管的各极电压和电流值。
- **直流通路**：在没加输入信号时，放大电路在直流电源作用下，直流电流流经的路径。
- **交流通路**：在加输入信号时，放大电路交流信号流经的路径。
- **微变等效电路**：当信号的变化范围很小时，可以认为三极管电压和电流变化量之间的关系基本上是线性的，也就是说，在一个很小的变化范围内，三极管的输入、输出特性曲线可以近似看做是一段直线，因此可以给非线性的放大器件建立一个小信号的线性化模型，此模型称为微变等效电路。
- **饱和失真**：静态工作点过高，信号正半周进入了输出特性曲线的饱和区而产生的失真。消除饱和失真的方法是提高电源电压、适当调小静态工作点和输入信号幅度。
- **截止失真**：静态工作点过低，信号负半周进入了输出特性曲线的截止区而产生的失真。消除截止失真的方法是提高静态工作点、适当减小输入信号幅度。
- **非线性失真**：由于放大器件工作在非线性区而产生的失真。
- **反馈**：在放大电路中，把部分或全部信号输出量回送给同一电路输入端的过程叫做反馈。
- **阻容耦合**：在多级放大电路中，相邻两级放大电路通过电阻、电容将前级输出端接至下一级的输入端，这种连接方式称为阻容耦合。
- **直接耦合**：在多级放大电路中，相邻两级放大电路，将前级的输出端直接通过电阻或导线连接至下一级的输入端，这种连接方式称为直接耦合。
- **零点漂移**：当放大电路输入信号为零（即没有交流电输入）时，由于受温度变化、电源电压不稳等因素的影响，使静态工作点发生变化，并被逐级放大和传输，导致电路输出端电压偏离原固定值而上下漂动的现象 它又被简称为零漂。

本章小结

1. 放大的本质是在输入信号的作用下，通过放大器件对直流电源的能量进行控制和转移，使负载从直流电源中获得的能量，比信号源向放人电路提供的能量人得多。放大电路实质上是能量控制电路，即在放大器件的控制之下把直流电能转换成交流电能输出。

2. 组成放大电路的基本原则是：外加电源的极性应使三极管的发射结正向偏置，集电极反向偏置，以保证三极管工作在放大区；输入信号应能传送进去；放大了的信号应能传送出去。

3. 图解法既能用于求静态工作点，也能分析电路的动态工作情况。其优点为直观与形象，分析静态工作点时，能看出静态点是否合适；动态分析可看出输出幅值大小，以及对非线性失真分析。其缺点为作图误差大，只适用于简单电路分析。

4. 微变等效电路分析方法适用于小信号条件下，放大器件基本上工作在线性范围内的简单或复杂的电路。微变等效电路分析放大电路动态工作情况：首先计算静态工作点，然后用简化后的参数代替三极管，并画出放大电路其余部分的交流通路，即微变等效电路，最后计算电压放大倍数、输入电阻和输出电阻。电压放大倍数：输出电压与输入电压之比，它是衡量放大电路电压放大能力的指标；输入电阻：从输入端看进去的等效电阻，是衡量放大电路向信号源索取了多大电流的指标，输入电阻越大从信号源索取的电流就越小；输出电阻：从输出端看进去的等效电阻，是衡量放大电路带负载能力的指标，输出电阻越小则输出电压越稳定，带负载能力越强。

5. 反馈是改善放大电路性能的重要手段，负反馈可提高放大倍数的稳定性、减小非线性失真和抑制干扰、扩展放大电路的通频带和改变输入电阻和输出电阻。

6. 反馈的类型分为电压串联负反馈、电流串联负反馈、电压并联负反馈和电流并联负反馈四种。采用"瞬时极性"法判断反馈极性；采用短接负载的方法判断电压反馈和电流反馈；采用定义判断并联反馈和串联反馈。

7. 功率放大器具有输出功率大、输出效率高和非线性失真小等特点。功率放大电路的主要指标有最大输出功率和效率。

思考题与习题

8-1　放大电路的核心部件是什么？放大电路的静态工作点的作用是什么？

8-2　图解法中交流、直流负载线有何区别？

8-3　试分析图8-35所示各电路是否能够放大正弦交流信号，简述理由。设图中所有电容对交流信号均可视为短路。

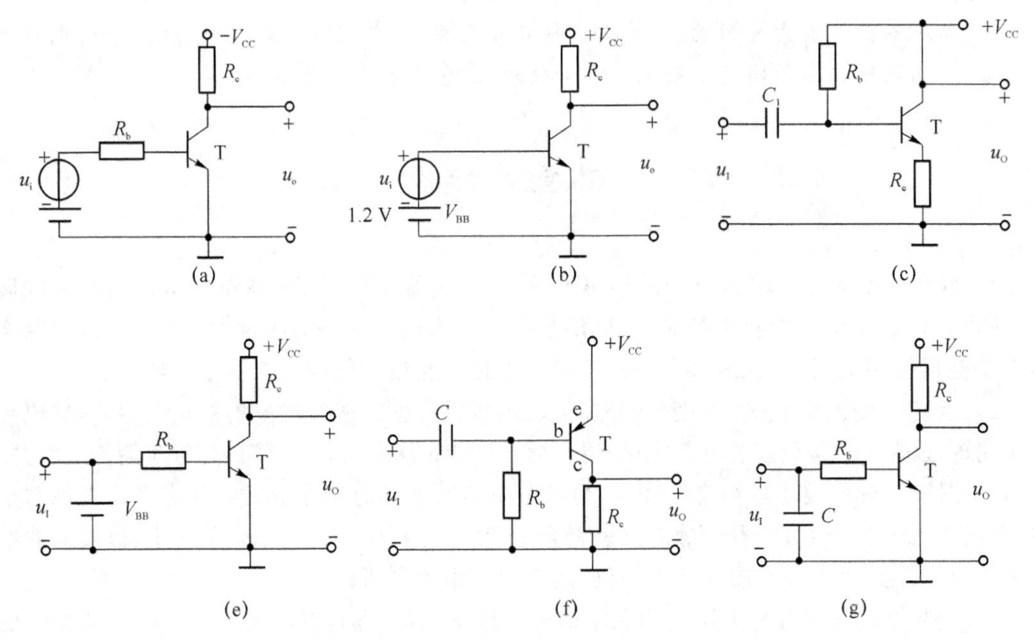

图 8-35　习题 8-3 图

8-4　单管共射放大电路与共集电极放大电路有哪些特点?

8-5　电路如图 8-36 所示,已知晶体管 $\beta=50$,用直流电压表测晶体管的集电极电位,应为多少?设 $V_{CC}=12$ V,晶体管饱和管压降 $U_{CES}=0.5$ V。

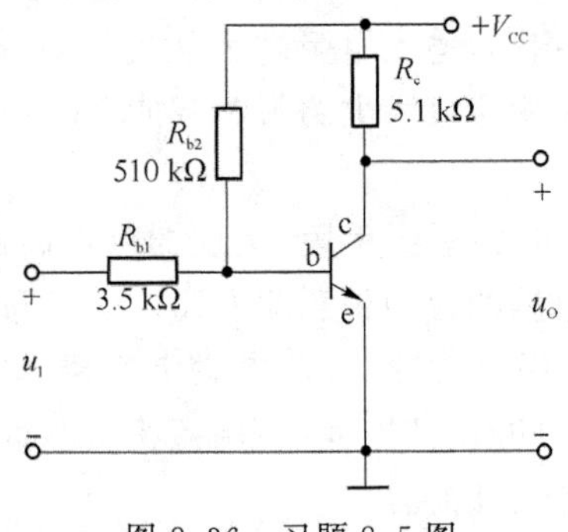

图 8-36　习题 8-5 图

8-6　在图 8-37 所示电路中,已知晶体管的 $\beta=80$,$r_{be}=1$ kΩ,$\dot{U}_I=20$ mV;静态时 $U_{BEQ}=0.7$ V,$U_{CEQ}=4$ V,$I_{BQ}=20$ μA。求静态工作点,画出电路的微变等效电路,并分析电路的动态性能。

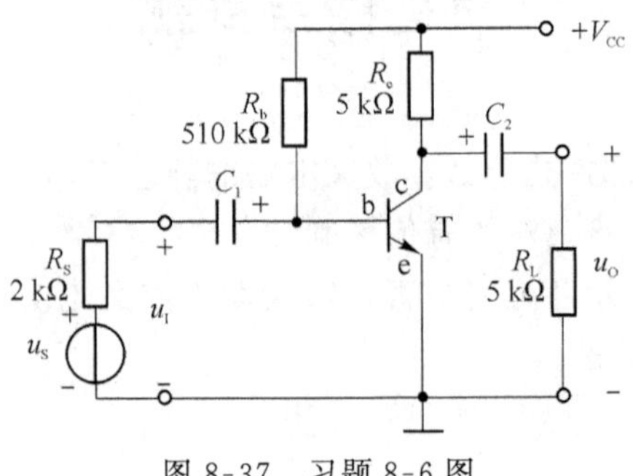

图 8-37　习题 8-6 图

8-7　电路如图 8-38(a)所示，图 8-38(b)所示是三极管的输出特性，已知 $V_{CC}=12\ V$，$R_b=560\ k\Omega$，$R_c=3\ k\Omega$，三极管 $\beta=100$，静态时 $U_{BEQ}=0.7\ V$。利用估算法和图解法求静态工作点。

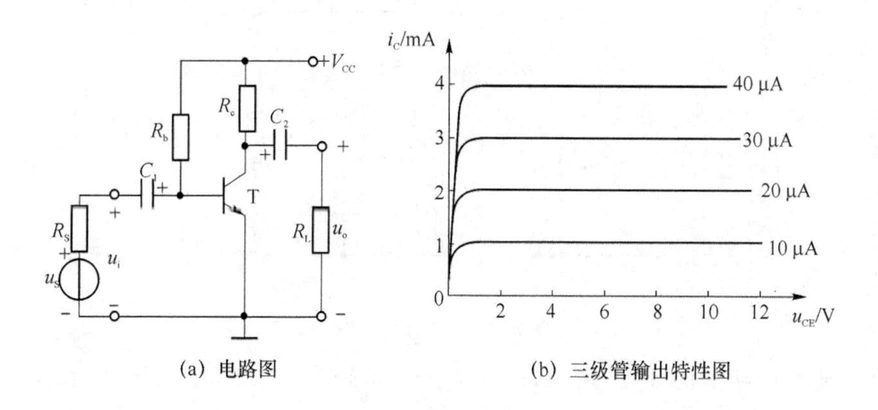

(a) 电路图　　(b) 三级管输出特性图

图 8-38　习题 8-7 图

8-8　固定偏置共发射极放大电路如图 8-39 所示，已知 $V_{CC}=12\ V$，$R_b=300\ k\Omega$，$R_c=3\ k\Omega$，$R_L=3\ k\Omega$，三极管的电流放大系数为 $\beta=60$，试计算：

(1) 放大电路的静态工作点；

(2) 接入 R_L 前后的电压放大倍数 A_u；

(3) 输入电阻 R_i 和输出电阻 R_o。

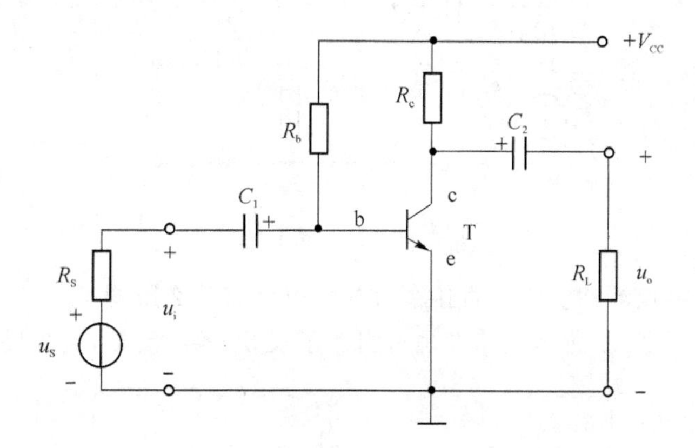

图 8-39　习题 8-8 图

8-9　在如图 8-40 所示的分压偏置放大电路中，已知 $V_{CC}=12\ V$，$\beta=50$，$R_{b1}=20\ k\Omega$，$R_{b2}=10\ k\Omega$，$R_e=R_c=2\ k\Omega$，$R_L=4\ k\Omega$。

(1) 估算 Q 点；

(2) 求电压放大倍数 $\dot{A}_u$、输入电阻 R_i 和输出电阻 R_o。

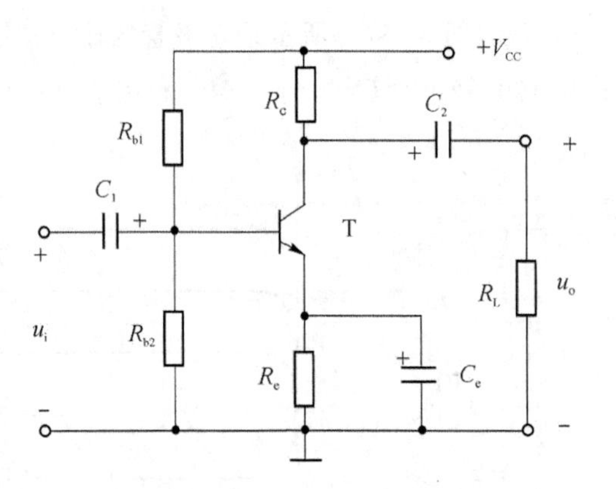

图 8-40　习题 8-9 图

8-10　放大电路如图 8-41 所示，已知 $R_b=200\ \text{k}\Omega$，$R_S=1\ \text{k}\Omega$，$R_e=3\ \text{k}\Omega$，$R_L=2\ \text{k}\Omega$，$V_{CC}=12\ \text{V}$，晶体管的 $\beta=100$，$r_{be}=1.2\ \text{k}\Omega$。

(1) 求出 Q 点；

(2) 分别求出 $\dot{A}_u$、R_i 和 R_o。

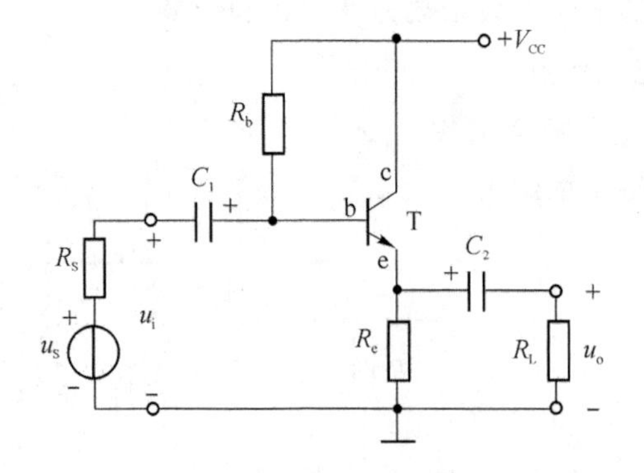

图 8-41　习题 8-10 图

8-11　什么是零点漂移？它对直接耦合放大电路有什么影响？

8-12　试分析图 8-42 所示电路中是否引入了反馈，若有反馈，判断反馈的极性及组态。

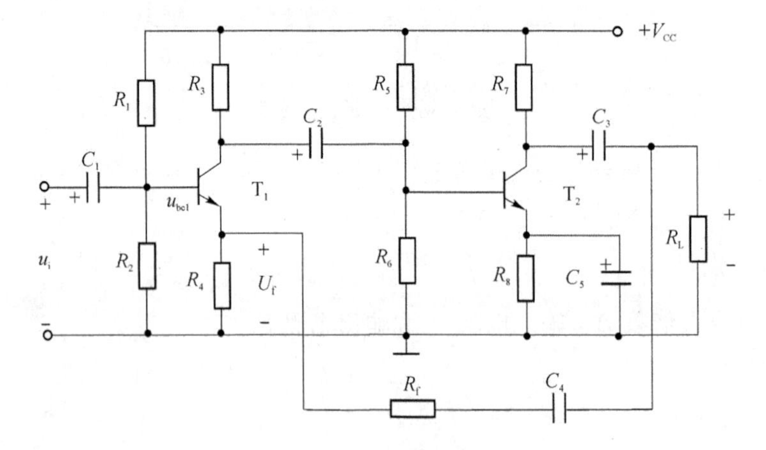

图 8-42　习题 8-12 图

8-13　反馈组态有哪几种？如何判断？判断图8-43各电路中是否引入了反馈，属于何种反馈组态。设图中所有电容对交流信号均可视为短路。

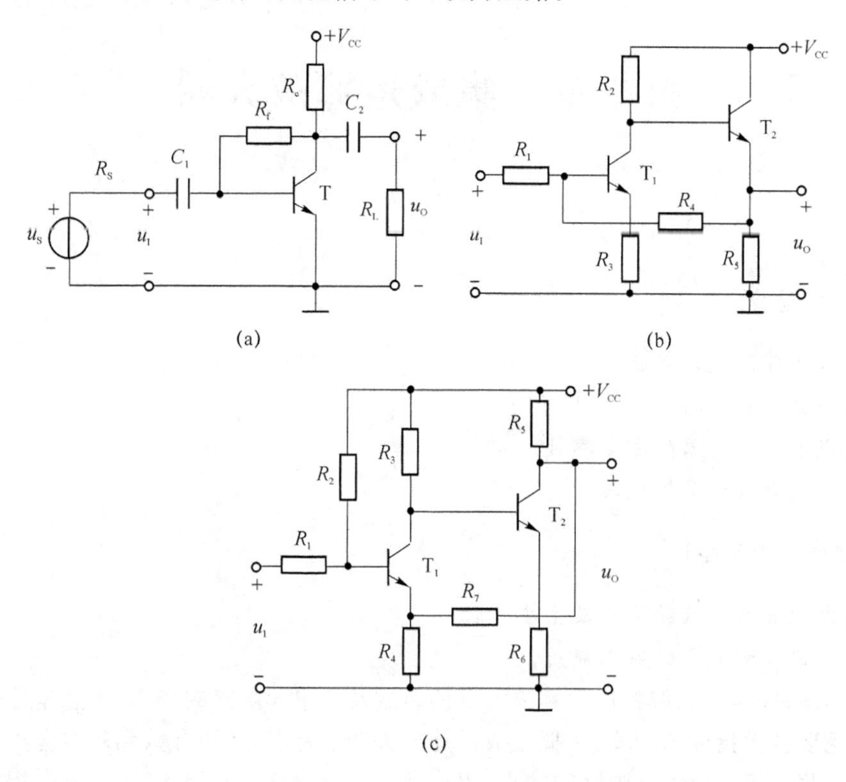

图8-43　习题8-13图

8-14　为了稳定放大电路的输出电压，应引入________负反馈；为了稳定放大电路的输出电流，应引入________负反馈；为了增大放大电路的输入电阻，应引入________负反馈；为了减小放大电路的输入电阻，应引入________负反馈；为了增大放大电路的输出电阻，应引入________负反馈；为了减小放大电路的输出电阻，应引入________负反馈。

8-15　OTL与OCL互补对称电路各有什么特点？两者的最大输出功率和效率的表达式有什么不同？

8-16　如图8-44所示的OCL功率放大电路，已知$V_{CC}=24\ \mathrm{V}$，$R_L=8\ \Omega$。

(1) 求该电路最大输出功率P_{om}；

(2) 求最大管耗P_{Tm}；

(3) 说明该功放电路对功放管的要求。

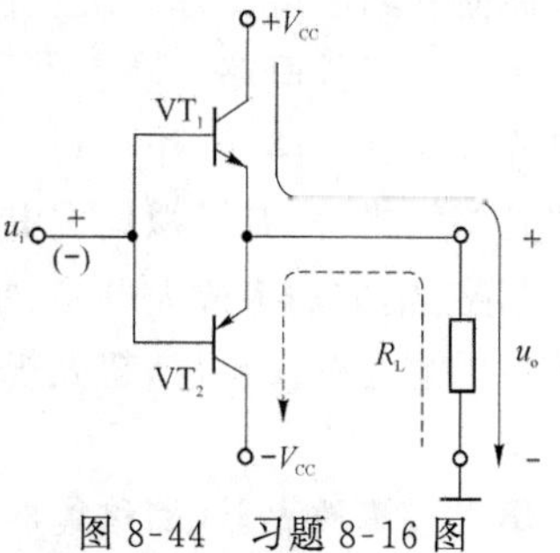

图8-44　习题8-16图

8-17　OCL功放电路采用________电源供电，静态时，输出端直流电压为________，可以直接连接对地的负载，不需要________耦合。

8-18　OTL功放电路因输出和负载之间无________耦合而得名，它采用________电源供电，输出端与负载之间必须连接________。

8-19　当OCL电路的最大输出功率为1 W时，功放管的集电极最大耗散功率应为________。

第9章　集成运算放大器

【本章要点】

- 集成运算放大器概述。
- 差分式放大电路。
- 集成运算放大器的主要参数。
- 集成运算放大器的应用。

【本章重点难点】

- 集成运算放大器的特点及主要参数。
- 集成运算放大器的基本应用。

通过本章的学习，了解集成运算放大器的组成及各单元电路的作用；熟悉差分式放大器的组成及主要技术指标的计算；掌握集成运算放大器的特点、主要参数和基本应用。

本章从集成运算放大器电路的特点、组成及各单元电路的作用入手，接着介绍了集成运算放大器电路的典型电路，即恒流源电路和差分式放大电路的组成、工作原理及主要指标计算，最后重点讨论了集成运算放大器的主要参数及基本应用。

9.1　概述

前面介绍的电路都是由三极管、电阻、电容等器件根据不同的连接方式组成的，这种电路称为分立元件电路。随着电子技术的发展，目前的半导体器件制造工艺可实现将分立元件组成的完整电路，制作在同一块硅片上而形成集成电路。它的体积小、性能很好。集成电路按其功能来分，有模拟集成电路和数字集成电路等。模拟集成电路种类繁多，有集成运算放大电路、集成功率放大电路、集成稳压电源电路等。集成电路还有小规模、中规模、大规模和超大规模之分。目前，超大规模的集成电路能在几十平方毫米的硅片上集成几百万个元器件。

集成运算放大器（简称集成运放）属于模拟集成电路的一种，由于它最初作运算放大使用，因此取名为运算放大器。但随着集成电路工艺水平和技术的不断提高和发展，集成运算放大器的用途也越来越广泛，目前它已广泛应用于信号处理、信号变换及信号发生等方面，在控制、测量、仪表等领域中占有重要地位。

集成电路和分立元件电路相比，具有以下几方面的特点。

(1) 级间采用直接耦合方式。由于硅片上不能制作大容量的电容，所以集成运放的内部电路结构只能采用直接耦合方式。在需要大容量电容和高阻值电阻的场合，常采用外接法。

(2) 需要抑制零点漂移。直接耦合电路容易产生零点漂移，为了克服零点漂移，常采用补偿手段。典型的补偿型电路是差分放大电路，它是利用两个晶体管参数的对称性来抑制零点漂移的。

(3) 用有源器件代替无源器件。在硅片上制作电阻，电阻值的精度不易控制，误差可达10%～20%，因此在集成电路中，高阻值的电阻多用三极管、场效应管等有源器件组成的恒流源电路来代替。

(4) 采用复合结构的电路。集成电路内部放大器所用的三极管通常采用复合管来改进单管的性能。

9.2　集成运放的组成

集成运算放大器实质上是一种双端输入、单端输出，具有高增益、高输入阻抗、低输出阻抗的多级直接耦合放大电路。

1. 集成运放的组成

集成运放的框图如图9-1所示，它有两个输入端，一个输出端。其内部电路一般是由输入级、中间级、输出级和偏置电路4部分组成。图9-1中 u_N、u_P、u_o 均以"地"为公共端。

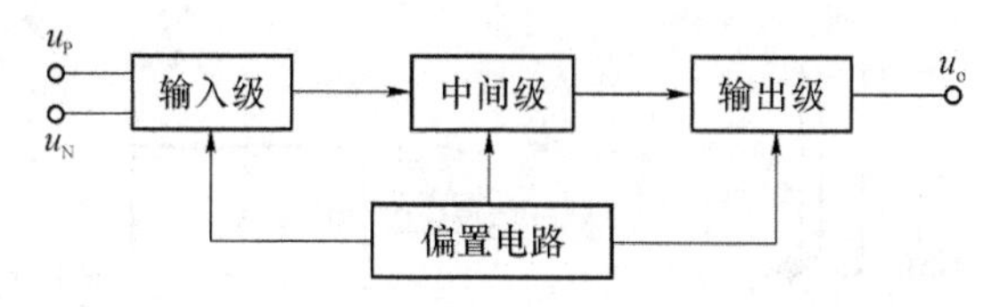

图9-1　集成运放电路结构方框图

2. 各部分的作用

(1) 输入级。输入级采用差分放大电路，以提高输入电阻、减小零点漂移和抑制干扰信号。

(2) 中间级。中间级主要进行电压放大，一般由共发射极放大电路构成。集电极电阻常采用晶体管恒流源代替，以提高电压放大倍数。

(3) 输出级。输出级采用互补对称功放电路或射极输出器，以便输出足够大的电流和功率，并降低输出电阻，提高带负载能力。

(4) 偏置电路。偏置电路用于设置集成运放各级放大电路的静态工作点。与分立元件不同，集成运放多采用恒流源电路为以上3部分电路提供稳定和合适的静态工作点。

典型集成运放F007的电路原理图如图9-2所示。运算放大器的内部电路结构虽然较复杂，但使用者在使用的过程中，无须去深入研究它的内部结构，只需掌握集成电路的引脚功能，能正确地连接集成电路的外电路。

集成运放F007的外形封装常见的为圆壳式，共有8个脚，如图9-3(a)所示。图9-3(b)

为集成运放各引脚功能图，其中引脚 2、3 分别为反相和同相输入端，6 为输出端，7、4 分别接正、负直流电源，1、5 两端之间接调零电位器。

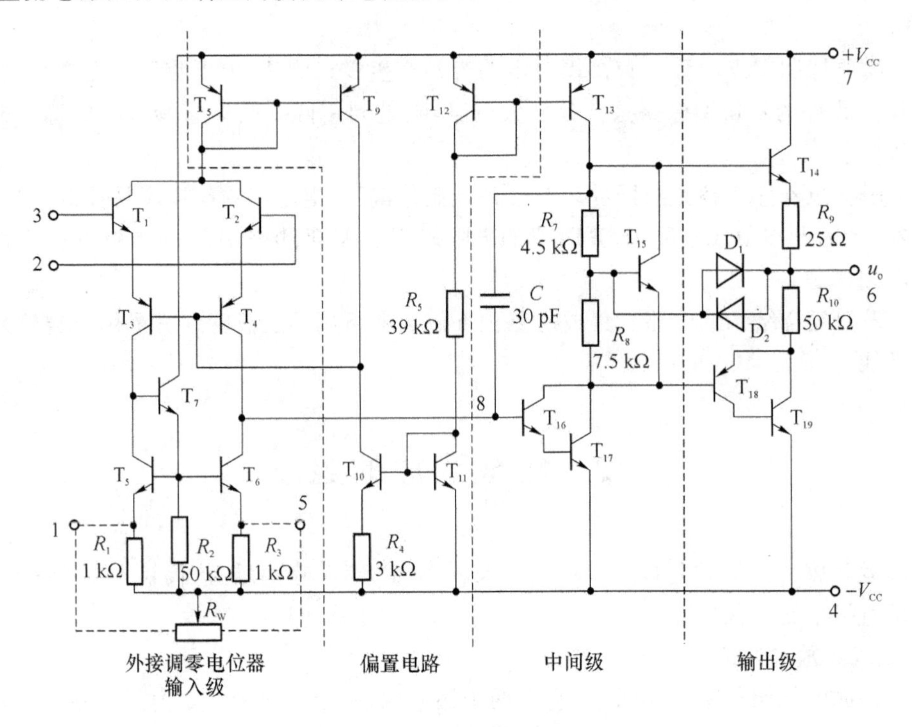

图 9-2　F007 电路原理图

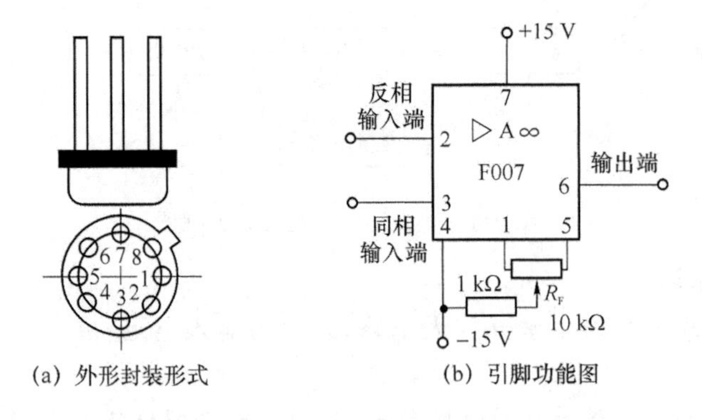

图 9-3　F007 集成运放外形及引脚图

3. 集成运放的电路符号

集成运放的电路符号如图 9-4 所示，其中图 9-4(a)为我国常用符号，图 9-4(b)为国外常用符号。图 9-4 中 u_N 为反相输入端，u_P 为同相输入端，u_O 为输出端。

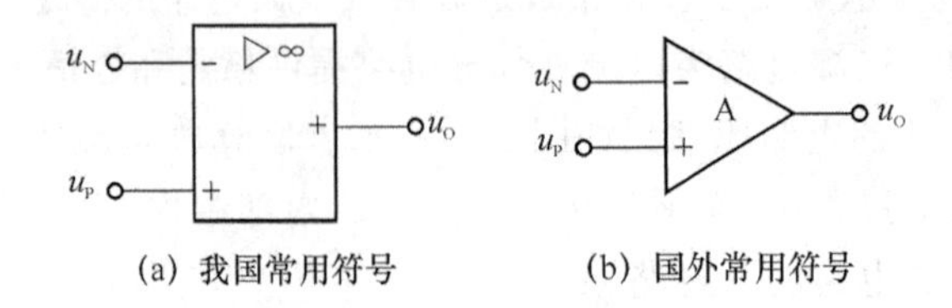

图 9-4　集成运放的符号

9.2.1　恒流源电路

由集成运放电路特点与组成可知，偏置电路在各级中占有非常重要的作用，它用于设置集成运放各级放大电路的静态工作点。在集成运放电路中，多采用恒流源电路为各级提供合适的集电极(或发射极、漏极)静态工作电流。常用的恒流源电路有以下几种。

1. 镜像恒流源

镜像恒流源电路如图 9-5 所示。电源 V_{CC} 通过电阻 R 和 T_1 产生一个基准电流，常用 I_{REF} 表示。设 T_1 和 T_2 的参数完全相同，即 $\beta_1=\beta_2$，$I_{CEO1}=I_{CEO2}$，由于 $U_{BE1}=U_{BE2}$，$I_{E1}=I_{E2}$，$I_{C1}=I_{C2}$，当管子的 β 值较大时，基极电流可以忽略，所以 T_2 的集电极电流 I_{C2} 近似等于基准电流 I_{REF}，即

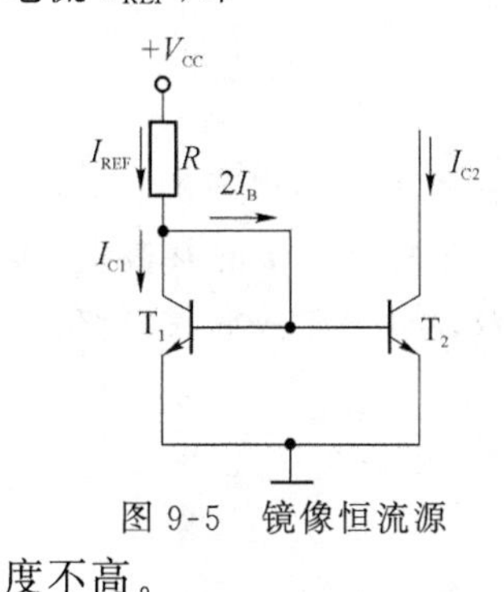

图 9-5　镜像恒流源

$$I_{C2}\approx I_{REF}=\frac{V_{CC}-U_{BE}}{R}\approx\frac{V_{CC}}{R} \tag{9-1}$$

由上式可以看出，当 R 和 V_{CC} 确定后，基准电流 I_{REF} 就确定了，I_{C2} 也随之确定了。由于 $I_{C2}\approx I_{REF}$，可把 I_{C2} 看做是 I_{REF} 的镜像，所以称为镜像恒流源。镜像恒流源的优点是结构简单，而且具有一定的温度补偿作用。

镜像恒流源的缺点：受电源的影响大，难于做成小电流的电流源，电流源的输出电阻还不够大，I_{C2} 与 I_{REF} 近似相等，精度不高。

2. 微电流源

当需要集成运放的输入级工作电流很小，只有几十微安时，则上述电路无法满足要求。为了得到微安数量级的输出电流，而又不使限流电阻过大，可采用如图 9-6 所示的电路。仅在镜像恒流源电路中的 T_2 发射极串入一电阻 R_{e2}，这种电路称为微电流源。

由图 9-6 可知，当基准电流 I_R 一定时，I_{C2} 可确定如下。

因为
$$U_{BE1}-U_{BE2}=\Delta U_{BE}=I_{E2}R_{e2}$$

所以
$$I_{C2}\approx I_{E2}=\frac{\Delta U_{BE}}{R_{e2}} \tag{9-2}$$

由式(9-2)可知，利用两管基-射极电压差 ΔU_{BE} 可以控制输出电流 I_{C2}，由于 ΔU_{BE} 的数值很小，用阻值不大的 R_{e2} 就可获得微小的工作电流，故称为微电流源。在电路中，当电源电压 V_{CC} 发生变化时，$I_R(\approx V_{CC}/R)$ 及 ΔU_{BE} 也将发生变化，由于 R_{e2} 的值一般为数千欧，使 $U_{BE2}<<U_{BE1}$，则 I_{C2} 的变化远小于 I_R 的变化，故 V_{CC} 波动对工作电流 I_{C2} 的影响不大。同时，因为 T_1 对 T_2 有温度补偿作用，所以温度稳定性较好。

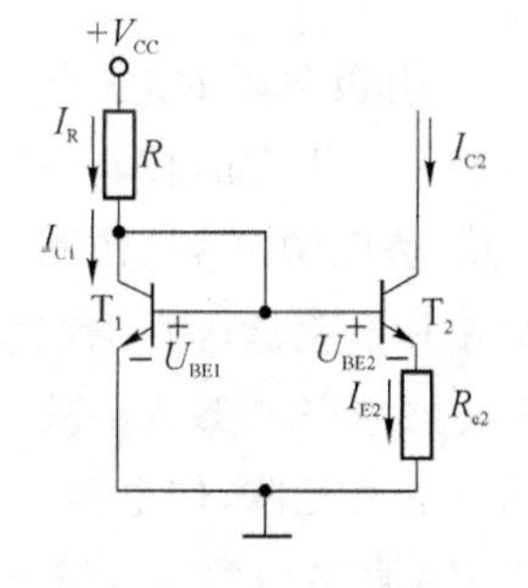

图 9-6　微电流源

由以上分析可知，恒流源能提供恒定的输出电流，同时具有直流电阻小、交流电阻大的特点。在集成电路中，恒流源多被用做恒流偏置，向各级放大电路提供稳定的偏置电流，有利于提高整个电路的稳定性。恒流源还常作为有源负载，以提高电路的电压放大倍数，并稳定输出。总之，集成电路引入恒流源后，电路性能得到了很大改善。

9.2.2 差分式放大电路

前面讲到，集成运算放大器实质上就是一个高放大倍数的多级直接耦合放大电路。直接耦合放大电路的主要缺点是存在零点漂移问题。所谓零点漂移，指的是当无信号输入时，由于工作点不稳定被逐级放大，在输出端出现静态电位缓慢不规则地变化的现象。产生零点漂移的原因有很多，如电源电压的波动、元件参数随温度的变化、元器件的老化等。在多级放大电路中，第一级的漂移影响尤为重要，必须采取措施有效地抑制零点漂移。为此，集成运放的输入级常采用差分放大电路来有效地抑制零点漂移。

差分放大电路又称差动放大电路，是放大两个输入信号之差。由于它在电路和性能方面有很多优点，因而成为集成运放的主要组成单元。

1. 基本差分放大电路

(1) 电路组成

基本差分放大电路如图 9-7 所示，它是由两个完全对称的单管放大电路组成的，即 T_1、T_2 两只三极管的特性完全相同，外接电阻也完全对称，输入信号加在两只管子的基极上，输出信号从两只管子的集电极之间取出。这种电路称为双端输入、双端输出差分放大电路。

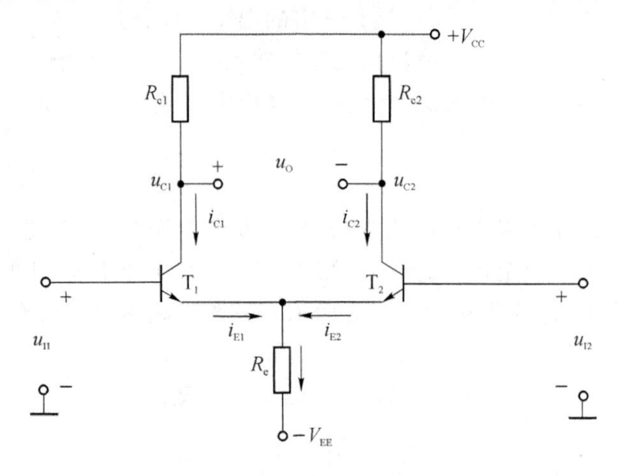

图 9-7 基本差分放大电路

① 射极电阻 R_e 的作用。引入直流负反馈，抑制每只管子产生的漂移，从而抑制温度变化对静态工作点的影响，稳定电路的静态工作点，并且 R_e 越大，静态工作点越稳定。

② 负电源 V_{EE} 的作用。射极电阻 R_e 越大，其抑制零点漂移的作用就越强，但 R_e 取值太大会使其上直流压降也增大，若仅靠 V_{CC} 供电，就会使 I_C 减小，使管子的静态工作点下降，进而导致管子动态范围减小，甚至影响放大电路正常工作。引入负电源 V_{EE}，可以补偿 R_e 上的直流管压降，使电路有合适的静态工作点，不会导致管子的动态范围太小，并且由于负电源 V_{EE} 直接为两管设置偏置电流，因此也可去掉偏置电阻 R_b。

(2) 工作原理

静态时，$u_{I1}=u_{I2}=0$，由于电路完全对称，因此 $U_{BE1}=U_{BE2}$，$I_{BQ1}=I_{BQ2}$，$I_{CQ1}=I_{CQ2}$，$U_{CEQ1}=U_{CEQ2}$，而 $U_O=U_{C1}-U_{C2}=0$，即静态时输出电压为零。

当温度变化时，由于两管所处环境一样，温度变化相同，因此两管的集电极电流变化相等，即 $\Delta I_{C1}=\Delta I_{C2}$，两管集电极电位变化也相等，即 $\Delta U_{C1}=\Delta U_{C2}$。由此可得，输出电压 $U_O=(U_{C1}+\Delta U_{C1})-(U_{C2}+\Delta U_{C2})=0$，因此，当温度变化时，输出电压仍为零，可有效抑制零点漂移。

由以上分析可知，在理想情况下，由于电路的对称性，输出信号电压采用从两管集电极间提取的双端输出方式，对于无论什么原因引起的零点漂移，均能有效地抑制。

(3) 动态分析

为了更好地分析差分放大电路的特性，定义差分放大电路的输入信号为两种形式：差模信号和共模信号。所谓差模信号，即在电路的两个输入端加上一对大小相等、极性相反的信号，即 $u_{I1}=-u_{I2}$；所谓共模信号，即在电路的两个输入端加上一对大小相等、极性相同的信号，即 $u_{I1}=u_{I2}$。

设差分放大电路的两个输入信号分别为 u_{I1} 和 u_{I2}，两个单边放大器的放大倍数分别为 A_{u1}、A_{u2}，则两个集电极之间的输出电压为 $u_O=u_{O1}-u_{O2}=A_{u1}u_{I1}-A_{u2}u_{I2}=A_u(u_{I1}-u_{I2})$，由于电路对称，$A_{u1}=A_{u2}u_{I2}=A_u$，因此

$$u_O=A_u(u_{I1}-u_{I2}) \tag{9-3}$$

式(9-3)表明，差分放大电路只放大差模信号，抑制共模信号。差分放大电路也因此而得名。

在差分放大电路中，无论是温度变化还是电源电压波动，都会引起两管集电极电流及相应集电极电压相同的变化，其效果相当于在两个输入端加了共模信号，差分放大电路抑制共模信号，也就是抑制了零点漂移。

(4) 主要技术指标的计算

① 差模电压放大倍数 A_{ud}

在如图 9-7 所示的电路中，若输入为差模信号，即 $u_{I1}=-u_{I2}=\frac{u_{Id}}{2}$，则因一只管子的电流增加，另一只管子的电流减小，在电路对称的情况下，i_{C1} 的增加量等于 i_{C2} 的减少量，所以流过电阻 R_e 的电流 i_e 不变，$u_e=0$，故其交流通路如图 9-8 所示。

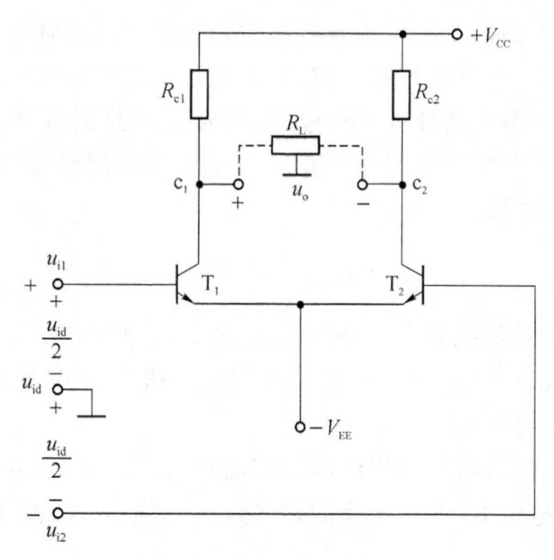

图 9-8　基本差分放大电路的交流通路

当从两管集电极作双端输出时，其差模电压放大倍数与单管放大电路的电压放大倍数相同，即

$$A_{ud}=\frac{u_O}{u_{Id}}=\frac{u_{O1}-u_{O2}}{u_{I1}-u_{I2}}=\frac{2u_{O1}}{2u_{I1}}=A_{u1}=A_{u2}=-\frac{\beta R_c}{r_{be}} \tag{9-4}$$

式(9-4)表明，在电路完全对称，双端输入、双端输出的情况下，差分放大电路对差模信号的电压放大倍数等于单边电路的放大倍数。差分放大电路是用成倍的元器件来换取抑制零点漂移的能力。

当集电极 c_1、c_2 两点间接入负载电阻 R_L 时，由于输入的是差模信号，两管输出信号电压大小相等，相位相反，即 R_L 的中点相当于零电位，即每管的交流负载电阻是 $R_L/2$。

② 差模输入电阻 R_{id} 和输出电阻 R_{od}

基本差分放大电路的微变等效电路如图 9-9 所示。从微变等效电路可知，差模输入电阻和差模输出电阻分别为

$$R_{id}=2r_{be} \tag{9-5}$$

$$R_{od}=2R_c \tag{9-6}$$

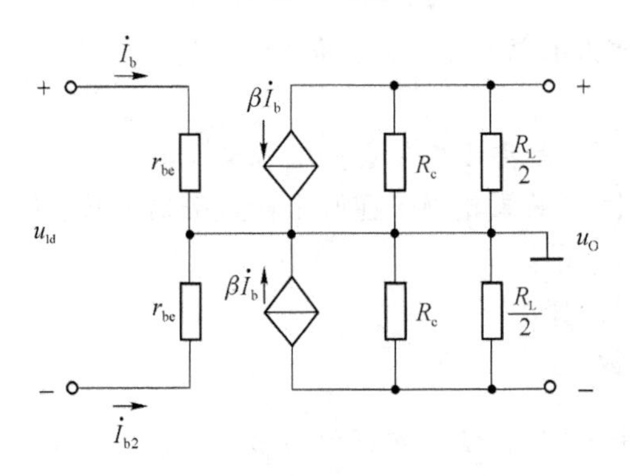

图 9-9　微变等效电路图

③ 共模抑制比

为了衡量差分放大电路抑制共模信号的能力，常用“共模抑制比”这一指标。

在测量和控制系统中，差模信号是有用信号，而共模信号是反映温漂和干扰等无用信号的。因此要求差分放大电路主要放大差模信号，尽量抑制共模信号。一个差分电路的差模电压放大倍数 A_{ud} 越大、共模放大倍数 A_{uc} 越小，则该电路抑制温度漂移效果越好，因此将比值 A_{ud}/A_{uc} 的绝对值称为共模抑制比，即

$$K_{CMR}=\left|\frac{A_{ud}}{A_{uc}}\right| \tag{9-7}$$

K_{CMR} 越大，表明电路抑制共模信号的能力越强。在理想情况下，基本差分放大电路如由双端输出，$A_{uc}=0$，$K_{CMR}=\infty$。实际上差分放大电路很难做到完全对称，即 $A_{uc}\neq 0$，其共模抑制比 K_{CMR} 为 60～80 dB。

若采用单端输出时，输出信号中将既有差模信号，又有共模信号。此时基本差分放大电路主要依靠公共发射极电阻 R_e 引入负反馈，来稳定静态工作点，减小零点漂移，达到提高共模抑制比的目的。

(5) 差分放大电路的另外几种接法

差动放大电路有两个输入端和两个输出端，所以在信号源与两个输入端的连接方式及负载从输出端取出电压的方式上可以有 4 种不同的接法，除了前面讲过的双端输入、双端输出外，还有其他 3 种接法，双端输入、单端输出；单端输入、双端输出；单端输入、单端输出。

① 双端输入、单端输出

如图 9-10(a)所示，输出信号只从一管的集电极对地输出，这种输出方式叫双端输入、单端输出。此时由于只取出 T_1 的集电极电压变化量，Δu_O 只有双端输出电压的一半，因而差模电压放大倍数也只有双端输出时的一半，即

$$A_{ud}=\frac{\Delta u_{Od}}{\Delta u_{Id}}=-\frac{1}{2}\frac{\beta(R_c//R_L)}{r_{be}} \tag{9-8}$$

信号也可以从 T_2 的集电极输出，此时式中无负号，表示同相输出。

差模输入电阻和输出电阻为

$$R_{id}=2r_{be} \tag{9-9}$$

$$R_{od}=R_c \tag{9-10}$$

② 单端输入、双端输出

将差放电路的一个输入端接地，信号只从另一个输入端输入，这种连接方式称为单端输入 、双端输出，如图 9-10(b)所示。此时由于只从三极管 T_1 的集电极输出，而另一管 T_2 集电极电压变化没有输出，所以 Δu_O 约为双端输出时的一半，即

$$A_{ud}=\frac{\Delta u_{Od}}{\Delta u_{Id}}=-\frac{\beta(R_c//\frac{R_L}{2})}{r_{be}} \tag{9-11}$$

差模输入电阻和输出电阻为

$$R_{id}=2r_{be} \tag{9-12}$$

$$R_{od}=2R_c \tag{9-13}$$

③ 单端输入、单端输出

单端输入、单端输出如图 9-10(c)所示，由于只从三极管 T_1 的集电极输出，而另一管 T_2 集电极电压变化仍没有输出，所以 Δu_O 约为双端输出时的一半，即

$$A_{ud}=\frac{\Delta u_{Od}}{\Delta u_{Id}}=-\frac{1}{2}\frac{\beta(R_c//R_L)}{r_{be}} \tag{9-14}$$

差模输入电阻和输出电阻为

$$R_{id}=2r_{be} \tag{9-15}$$

$$R_{od}=R_c \tag{9-16}$$

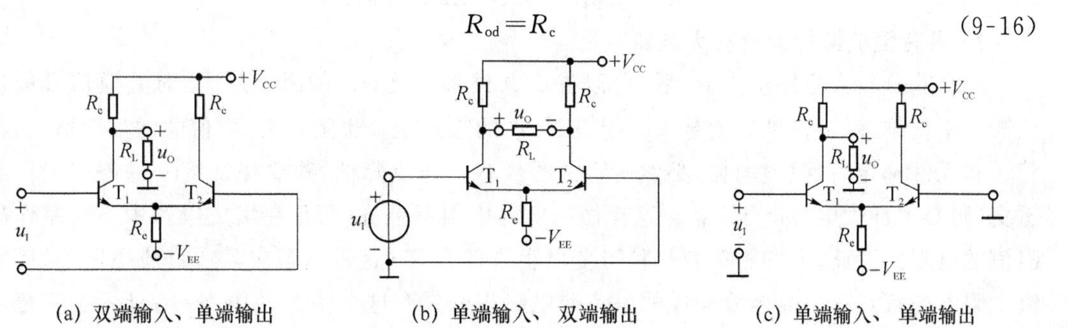

图 9-10　差分放大电路的其他 3 种接法

根据以上对差分放大电路的 4 种不同接法的分析，可以得到以下几点结论。

(1) 双端输出时，差模电压放大倍数基本上与单管放大器电路的电压放大倍数相同；单端输出时，差模放大倍数约为双端输入时的一半。

(2) 双端输出时，输出电阻 $R_o=2R_c$；单端输出时，$R_o=R_c$。

(3) 输入电阻是单管共射电路输入电阻的两倍，即 $R_{id}=2r_{be}$，与输入信号的输入方式是单端还是双端无关。

(4) 双端输出时，在理想情况下，共模抑制比为无穷大；单端输出时，由于通过长尾电路引入了很强的共模负反馈，因此仍能得到较高的共模抑制比。

(5) 单端输出时，可以选择从不同的三极管输出，从而使输出电压与输入电压反相或同相。

【例 9-1】 差分放大电路如图 9-11 所示，设两个三极管参数完全相同，已知 $\beta=100$，$r_{be}=1\ \text{k}\Omega$，$R_{c1}=R_{c2}=R_c=10\ \text{k}\Omega$，试求：

(1) 差模电压放大倍数 A_{ud}；

(2) 差模输入电阻 R_{id} 和输出电阻 R_{od}。

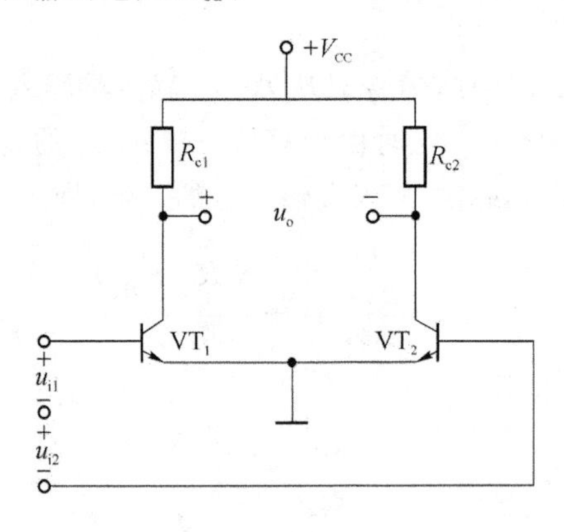

图 9-11　例 9-1 图

解　由图可知该电路为双端输出，所以差模电压放大倍数与单管共射电路的电压放大倍数相同，输入电阻为单管电路输入电阻的两倍，输出电阻也是单管电路的两倍，即

$$A_{ud}=-\frac{\beta R_c}{r_{be}}=-\frac{100\times 10\ \text{k}\Omega}{1\ \text{k}\Omega}=-1000$$

$$R_{id}=2r_{be}=2\times 1\ \text{k}\Omega=2\ \text{k}\Omega$$

$$R_{od}=2R_c=2\times 10\ \text{k}\Omega=20\ \text{k}\Omega$$

2. 具有恒流源的差分放大电路

基本差分放大电路引入 R_e 后，可以提高共模抑制比，R_e 的阻值越大，对共模信号的负反馈作用就越强，共模抑制比越大。但是 R_e 上的直流压降也随着 R_e 阻值的增加而增大，在管子和元件确定后，阻值增加，必然使管子的静态工作点降低，若要保证管子的静态工作点不变，则必须加大电源电压 V_{EE}。这样做在实际中很不经济，而且在集成电路中不易制作高阻值的电阻。为此，人们希望有一种可变电阻来替代 R_e，这种电阻应具有直流电阻小，而交流电阻大的特点。由晶体管构成的恒流源电路正好具有这个特性，如图 9-12 所示为带恒流源的差分放大电路。

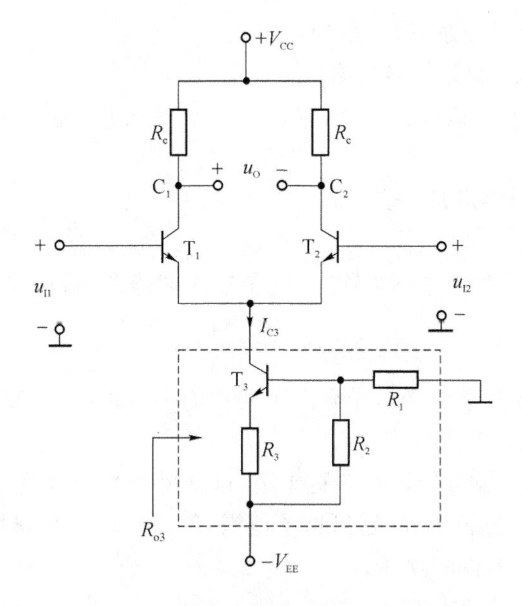

图 9-12　带恒流源的差分放大电路

图 9-12 中虚线框内即为恒流源。I_{C3} 为恒流源的输出电流，当 V_{EE}、R_1、R_2、R_3、T_3 选定后，I_{C3} 就恒定，恒流源的输出电阻 R_{o3} 就等效于 R_e。

9.3　集成运算放大电路的主要参数

为了能正确地选择并使用集成运算放大器，必须了解集成运算放大器的有关性能参数。下面介绍几种常用的技术指标参数。

1. 最大输出电压 U_{OPP}（输出峰-峰电压）

最大输出电压 U_{OPP} 是指在不失真情况下最大输出电压值，它与集成运放的电源电压有关。

2. 开环差模电压放大倍数 A_{ud}

开环差模电压放大倍数 A_{ud} 是指在无外接反馈电路时所测出的差模电压放大倍数。A_{ud} 越高，所构成的运算电路越稳定，运算精度也越高。

$$A_{od}=\frac{\Delta u_o}{\Delta u_+ - \Delta u_-}$$

A_{ud} 常采用对数表示，单位为分贝，即

$$A_{od}=20\lg\left|\frac{\Delta u_o}{\Delta u_+ - \Delta u_-}\right|$$

3. 输入失调电压 U_{IO}（输入补偿电压）

理想的集成运算放大器在输入电压为零时，输出电压也为零。实际上，在制造时很难保证电路中的元件参数完全对称，因此在输入信号为 0（即将两输入端同地短接）时，输出电压 $u_O \neq 0$。反过来，如果要使 $u_O = 0$，就必须在输入端加一个很小的补偿电压。在室温及标准电源电压下，输入电压为零时，为使集成运算放大器输出电压为零，在输入端加的补偿电压

称为输入失调电压。U_{IO}越小越好，一般为几毫伏。

4. 输入失调电流 I_{IO}（输入补偿电流）

输入失调电流是指输出信号为零时，流入放大器两个输入端的静态基极电流之差，即

$$I_{IO}=|I_{B1}-I_{B2}|$$

I_{IO}越小越好，一般为零点几微安。

5. 输入偏置电流 I_{IB}

输入偏置电流是指在输出电压为零时，两个输入端静态基极电流的平均值，即

$$I_{IB}=\frac{I_{BN}+I_{BP}}{2}$$

I_{IB}越小越好，说明集成运放受信号源内阻变化的影响越小，一般为零点几微安。

6. 最大共模输入电压 U_{Icmax}

集成运算放大器对共模信号具有抑制作用，但这种作用要在规定的共模电压范围内才有效，U_{Icmax}就是这个规定的范围，如超出这个范围，集成运算放大器抑制共模信号的能力会大大下降，严重时会造成器件的损坏。

7. 最大差模输入电压 U_{Idmax}

两个输入端间所允许加的最大电压差值称为最大差模输入电压。如果差模输入信号超过 U_{Idmax}，将引起输入管反向击穿，而使运放不能正常工作。

8. 共模抑制比 K_{CMR}

共模抑制比主要取决于输入级差动电路的共模抑制比。

除了以上介绍的几项主要技术指标外，集成运放还有很多其他指标，如差模输入电阻、输出电阻、温度漂移、静态功耗等参数，使用时可从手册上查到，这里不再赘述。

9.4 集成运算放大电路的应用

集成运算放大电路的应用非常广泛，通过外接不同的反馈电路，就可以构成不同的实用电路。在对集成运算放大电路进行分析时，为了简化分析过程，通常将其视为理想运算放大电路。

9.4.1 理想运放的特点

所谓理想运算放大电路就是将其各项技术指标理想化。

1. 理想运算放大器的主要条件

(1) 开环差模电压增益 $A_{ud}=\infty$。

(2) 开环差模输入电阻 $R_{id}=\infty$。

(3) 输出电阻 $R_o=0$。

(4) 共模抑制比 $K_{CMR}=\infty$。

除了上述几个主要的条件以外，还有输入失调电压、失调电流及温漂等条件。

由于实际运算放大器的技术指标比较接近理想化的条件，因此在分析运算放大器的各种应用电路时，用理想运算放大器代替实际运算放大器所带来的误差并不严重，在工程上是

允许的。在后面分析运算放大器的各种应用时，都将其理想化。

2. 理想运算放大器的特点

在分析运算放大器组成的各种应用电路时，要分析集成运算放大器是工作在线性区还是工作在非线性区。

当运算放大器工作在线性区时，其输出电压 u_O 和输入电压 u_N、u_P 之间必须满足

$$u_O = A_{ud}(u_P - u_N) \tag{9-17}$$

由于 u_O 为有限值，对于理想运算放大器 $A_{ud}=\infty$，即使输入毫伏级以下的信号，也足以使输出电压达到正向饱和电压 U_{OM} 或负向饱和电压 $-U_{OM}$。因此，为了使运算放大器工作在线性区，需要引入负反馈，如图 9-13 所示。

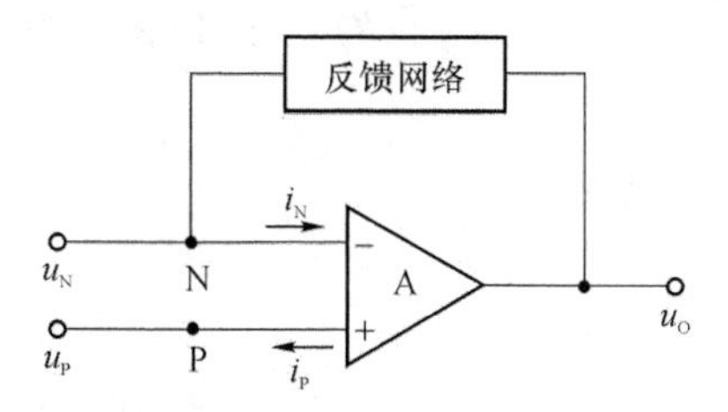

图 9-13　集成运放引入负反馈

理想运算放大器工作在线性区时，有下面两条重要结论。

(1) 虚短。集成运放工作在线性区，其输出电压 u_O 是有限值，而开环电压放大倍数 $A_{ud}\to\infty$，则集成运放两输入端的净输入电压为

$$u_{Id} = u_N - u_P = \frac{u_O}{A_{ud}} = 0$$

即

$$u_N = u_P \tag{9-18}$$

"虚短"绝不是将两输入端真正短路，在实际电路中，也绝不是 $u_{Id}=0$，而是因为 A_{ud} 很大，只是加入一个微小信号，就能在输出端得到一个较大的输出信号，即只是在分析计算时，将集成运放的反相输入端与同相输入端间的电位差视为零，通常称为"虚短路"，简称"虚短"。

(2) 虚断。由于净输入电压为零，又由于理想运放的输入电阻 $R_{id}=\infty$，故理想运放的两输入端电流均为零，即 $i_N=i_P=0$。

"虚断"是指在分析运放处于线性状态时，可以把两输入端视为等效开路，这一特性称为"虚假开路"，简称"虚断"。显然不能将两输入端真正断路。

"虚短"和"虚断"是非常重要的概念。对于运放工作在线性区的电路，"虚短"和"虚断"是分析其输入信号和输出信号关系的两个基本出发点。

9.4.2　基本运算电路

集成运算放大电路能完成模拟量的多种数学运算，如比例运算、加减运算、微分运算与积分运算等。

1. 比例运算电路

(1) 反相比例运算电路。

反相比例运算电路如图 9-14 所示，输入电压 u_I 通过电阻 R 加在运放的反相输入端。

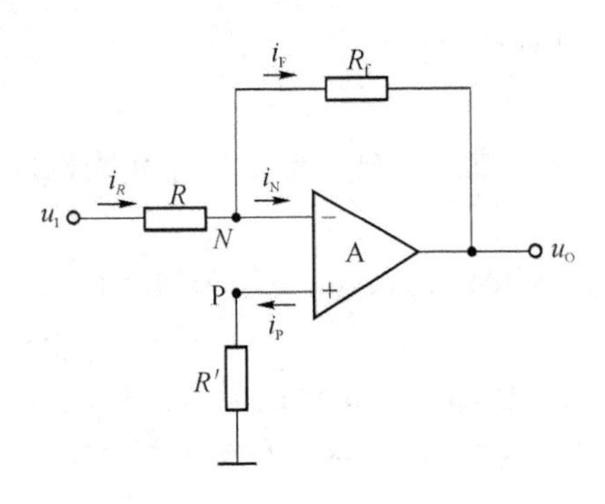

图 9-14 反相比例运算电路

电阻 R_f 跨接在集成运放的输出端和反相输入端，引入了电压并联负反馈，同相端通过 R' 接地，R' 是平衡电阻，以保证集成运放输入级差分放大电路的对称性，其值为 $R'=R//R_f$。

理想运放工作在线性区，由"虚短"、"虚断"的特点可知

$$u_N=u_P=0 \tag{9-19}$$

$$i_N=i_P=0 \tag{9-20}$$

式(9-19)表明，集成运放的两个输入端的电位均为零，但由于它们并没有真正接地，故称之为"虚地"。

由式(9-20)可得节点 N 的方程为

$$i_R=i_F$$

即

$$\frac{u_I-u_N}{R}=\frac{u_N-u_O}{R_f}$$

整理得出

$$u_O=-\frac{R_f}{R}u_I \tag{9-21}$$

式(9-21)表明，u_O 与 u_I 成比例关系，比例系数为 $-\frac{R_f}{R}$，负号表示 u_O 与 u_I 反相。比例系数又称为该电路的放大倍数，可以是大于 1、等于 1 或小于 1 的任何值。

当 $R=R_f$ 时，有 $u_O=-u_I$，电路实现了反相功能(又称为倒相)。图 9-15 所示为倒相电路。

【例 9-2】 电路如图 9-16 所示，假设 A 为理想集成运放，$u_I=0.6\ \text{V}$，$R=50\ \text{k}\Omega$，$R_f=100\ \text{k}\Omega$。试求输出电压 u_O 的值。

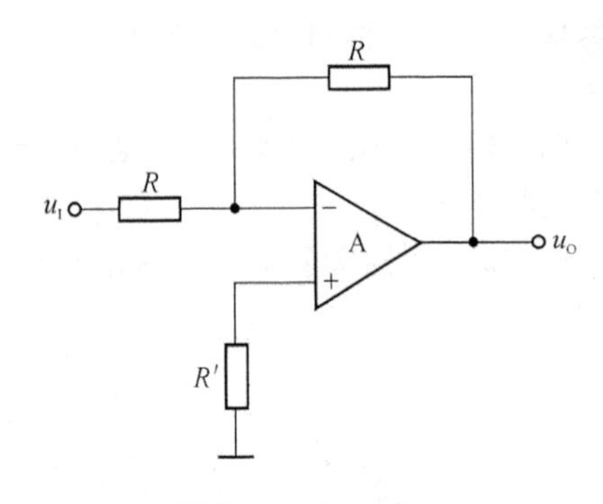

图 9-15 倒相电路

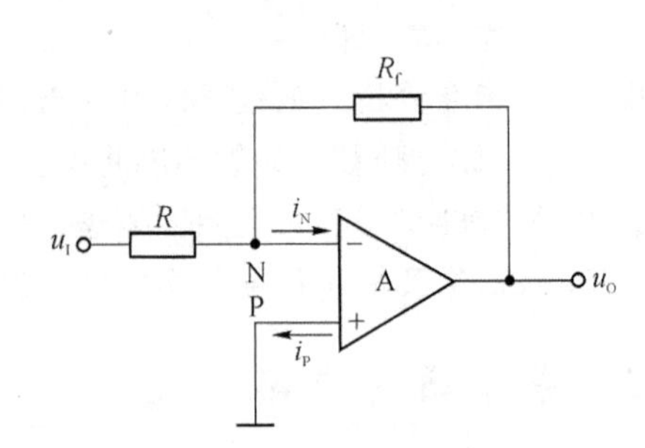

图 9-16 例 9-2 图

解 由"虚短"、"虚断"的概念，有

$$u_N=u_P=0, i_N=i_P=0$$

节点 N 的方程为

$$\frac{u_I-u_N}{R}=\frac{u_N-u_O}{R_f}$$

则
$$u_O=-\frac{R_f}{R}u_I=-\frac{100\ \text{k}\Omega}{50\ \text{k}\Omega}\times 0.6\ \text{V}=-1.2\ \text{V}$$

所以该电路实现了反相比例运算功能。

(2) 同相比例运算电路。

电路如图 9-17 所示，输入信号 u_I 经 R' 加到集成运放的同相端，反相端经电阻 R 接地，R_f 为反馈电阻，引入的是电压串联负反馈。

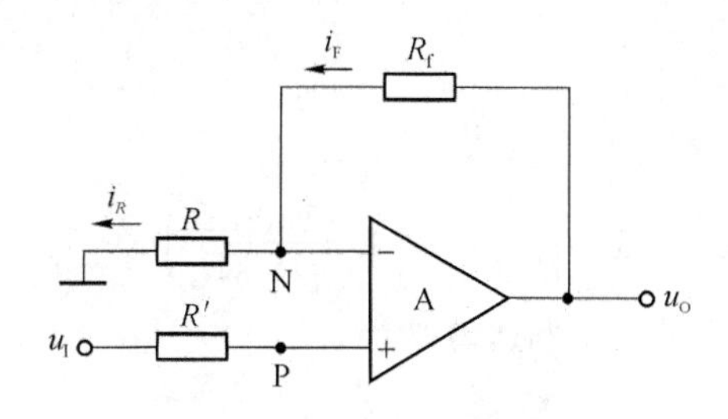

图 9-17　同相比例运算电路

理想运放工作在线性区，由“虚短”的特点可知

$$u_N=u_P=u_I$$

由“虚断”的特点可得

$$i_R=i_F$$

即

$$\frac{u_N}{R}=\frac{u_O-u_N}{R_f}$$

整理得到

$$u_O=\left(1+\frac{R_f}{R}\right)u_I \tag{9-22}$$

式(9-22)表明，输出电压 u_O 与输入电压 u_I 同相，且 u_O 大于 u_I。

当 $R=\infty$(断开 R)或 $R_f=0$ 时，$u_O=u_I$，称为电压跟随器，如图 9-18 所示。

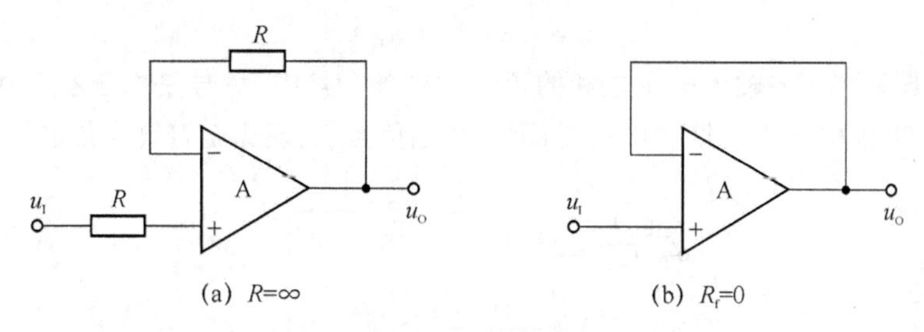

(a) $R=\infty$　　(b) $R_f=0$

图 9-18　电压跟随器

【例 9-3】　电路如图 9-19 所示。设 A 为理想集成运放，$R_1=15\ \text{k}\Omega$，$R_f=150\ \text{k}\Omega$。试求：输出电压 u_O 与输入电压 u_I 之间的关系，并说明该电路实现了什么运算功能。

解　由“虚短”、“虚断”的概念，有

$$u_N=u_P=u_I,\ i_N=i_P=0$$

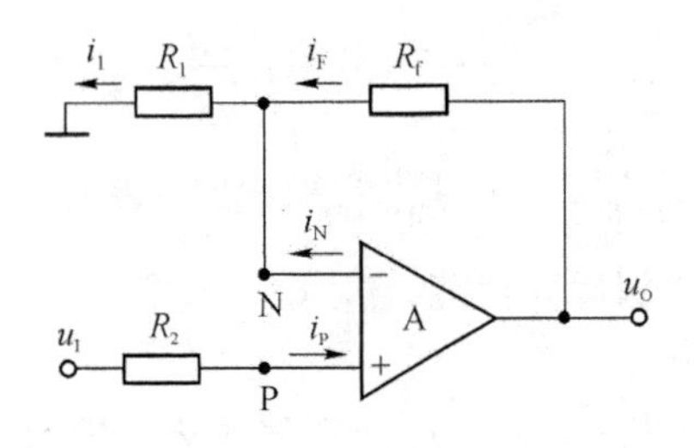

图 9-19　例 9-3 图

列写节点 N 的方程有

$$\frac{u_N}{R_1}=\frac{u_O-u_N}{R_f}$$

则
$$u_O=\left(1+\frac{R_f}{R_1}\right)u_I=\left(1+\frac{150\ \text{k}\Omega}{15\ \text{k}\Omega}\right)u_I=11u_I$$

由此可知该电路实现了同相比例运算功能。

2. 加法运算电路

当多个信号同时加到集成运放的同一个输入端时,集成运放能实现加法运算功能。

(1) 反相加法运算电路。

图 9-20 所示电路为反相加法运算电路,两个输入信号均作用于集成运放的反相输入端。根据“虚短”概念,有 $u_N=u_P=0$。

由“虚断”概念可知,节点 N 的电流方程为

$$i_1+i_2=i_F$$

即

$$\frac{u_{I1}}{R_1}+\frac{u_{I2}}{R_2}=\frac{-u_O}{R_f}$$

整理得到输出电压为

$$u_O=-\left(\frac{R_f}{R_1}u_{I1}+\frac{R_f}{R_2}u_{I2}\right)\tag{9-23}$$

当 $R_1=R_2=R_f$ 时,则式(9-23)变为

$$u_O=-(u_{I1}+u_{I2})\tag{9-24}$$

即输出电压取决于各输入电压之和的负值。式(9-24)中,负号是由于在反相端输入引起的。若在图 9-20 的输出端再接一倒相器,则可消除负号,实现完全符合常规的算术加法运算。

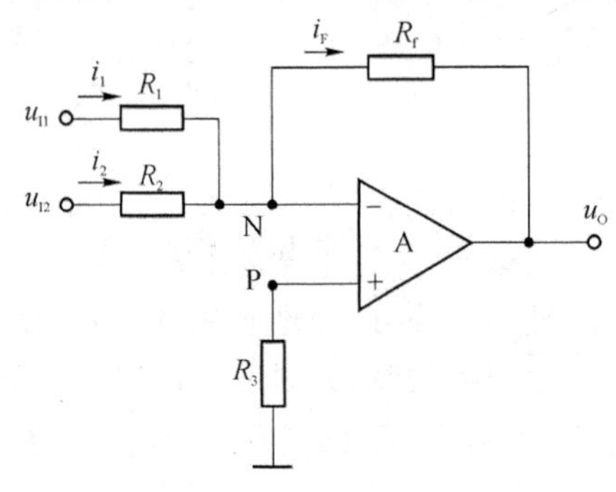

图 9-20　反相加法运算电路

(2) 同相加法运算电路。

图 9-21 所示为同相加法电路。两个信号同时加到同相输入端,反相输入端通过 R 接地,电阻 R_f 引入电压串联负反馈。

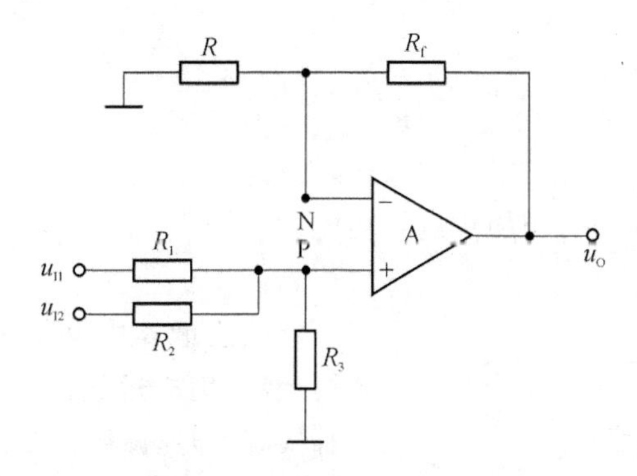

图 9-21　同相加法运算电路

根据"虚短"、"虚断",运用叠加定理,求得同相输入端的电压 u_P

$$u_P = u_{P1} + u_{P2}$$

上式中 u_{P1}、u_{P2} 分别为 u_{I1}、u_{I2} 单独作用于同相端的输入电压,其中

$$u_{P1} = \frac{R_2//R_3}{R_1 + R_2//R_3} u_{I1} \,(u_{I2} = 0\text{ 时})$$

$$u_{P2} = \frac{R_1//R_3}{R_2 + R_1//R_3} u_{I2} \,(u_{I1} = 0\text{ 时})$$

利用同相比例运算电路的特性,可得

$$u_O = \left(1 + \frac{R_f}{R}\right) u_P = \left(1 + \frac{R_f}{R}\right)\left(\frac{R_2//R_3}{R_1 + R_2//R_3} u_{I1} + \frac{R_1//R_3}{R_2 + R_1//R_3} u_{I2}\right) \tag{9-25}$$

若 $R_1 = R_2 = R_3$,则

$$u_O = \frac{1}{3}\left(1 + \frac{R_f}{R}\right)(u_{I1} + u_{I2}) \tag{9-26}$$

比较式(9-26)与式(9-24),两者都实现了加法运算,只是输出电压的符号不同而已。若输入信号接在同相端,为同相加法电路,输出电压 u_O 符号为正;若输入信号加在反相端,为反相加法电路,输出电压 u_O 符号为负。

【例 9-4】 电路如图 9-22 所示,假设 A 是理想集成运放,试求输出电压 u_O 的值。

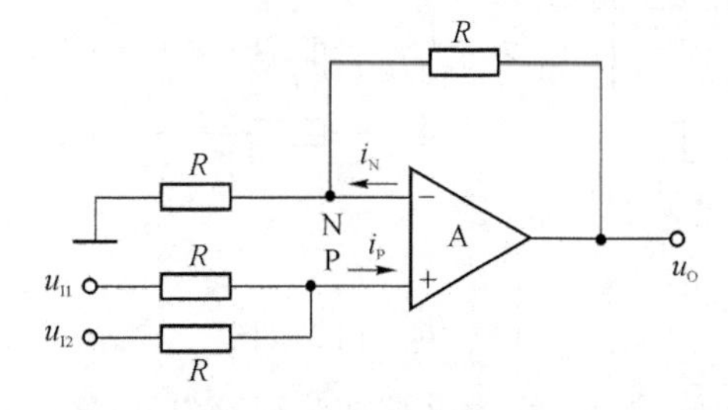

图 9-22　例 9-4 图

解　由"虚短"、"虚断"的概念,有

$$u_N = u_P, i_N = i_P = 0$$

列写节点 N 的方程有

$$\frac{u_N}{R}=\frac{u_O-u_N}{R}$$

列写节点 P 的方程有

$$\frac{u_{I1}-u_P}{R}=\frac{u_P-u_{I2}}{R}$$

联立两个方程，可得 $$u_O=u_{I1}+u_{I2}$$

由此可知该电路实现了同相加法运算功能。

3. 减法运算电路

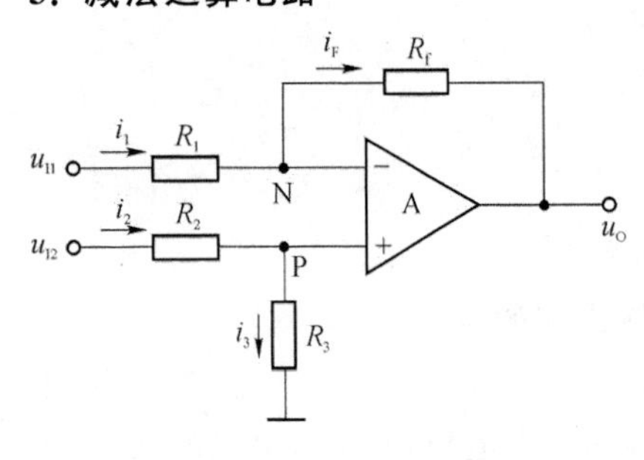

图 9-23　减法运算电路

减法运算电路如图 9-23 所示。从电路结构上看，集成运放的反相输入端和同相输入端都接有信号，减数加到反相输入端，被减数加到同相输入端，电路实现减法运算。

由"虚短"、"虚断"的特点，再根据基尔霍夫电流定律，分别列出 N、P 节点的电流方程为

$$\frac{u_{I1}-u_N}{R_1}=\frac{u_N-u_O}{R_f}$$

及

$$\frac{u_{I2}-u_P}{R_2}=\frac{u_P}{R_3}$$

解上述方程组，即可得

$$u_O=\left(1+\frac{R_f}{R_1}\right)\left(\frac{R_3}{R_2+R_3}\right)u_{I2}-\frac{R_f}{R_1}u_{I1} \tag{9-27}$$

当 $R_1=R_2$，$R_f=R_3$ 时，上式变为

$$u_O=\frac{R_f}{R_1}(u_{I2}-u_{I1}) \tag{9-28}$$

式(9-28)表明，输出电压 u_O 与两输入电压之差 $u_{I2}-u_{I1}$ 成比例，故称减法电路。

【例 9-5】 电路如图 9-24 所示，已知 $R_1=R_2=R_{f1}=30\ \text{k}\Omega$，$R_3=R_4=R_5=R_6=R_{f2}=10\ \text{k}\Omega$，试求输出电压 u_O 与三输入电压 u_{I1}、u_{I2}、u_{I3} 之间的关系，并说明该电路实现了什么运算功能。

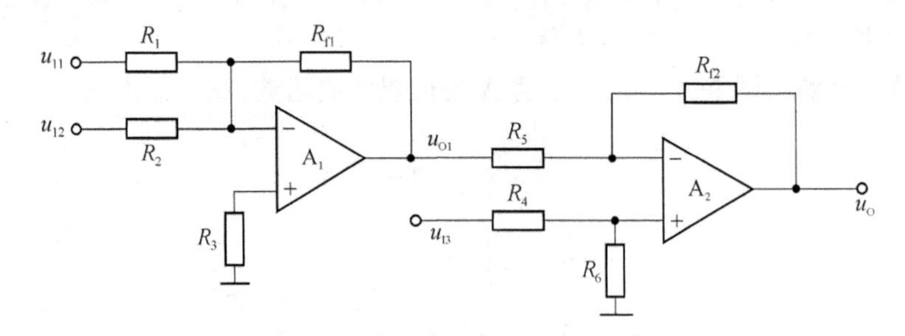

图 9-24　例 9-5 图

解　从电路图可知，运放的第一级为反相加法运算电路，第二级为减法运算电路。

$$u_{O1}=-\frac{R_{f1}}{R_1}u_{I1}-\frac{R_{f1}}{R_2}u_{I2}=-(u_{I1}+u_{I2})$$

$$
\begin{aligned}
u_{O} &= \frac{-R_{f2}}{R_5}u_{O1}+\left(1+\frac{R_{f2}}{R_5}\right)\frac{R_6}{R_4+R_6}u_{I3} \\
&= u_{I3}-[-(u_{I1}+u_{I2})] \\
&= u_{I1}+u_{I2}+u_{I3}
\end{aligned}
$$

该电路实现了加法运算。

4. 积分运算电路

积分运算电路(积分电路)是控制和测量系统中的重要组成部分,利用它可以实现延时、定时、产生各种波形。积分运算电路如图 9-25 所示,从图中可看出,积分运算电路是用 C 代替 R_f 构成反馈电路。

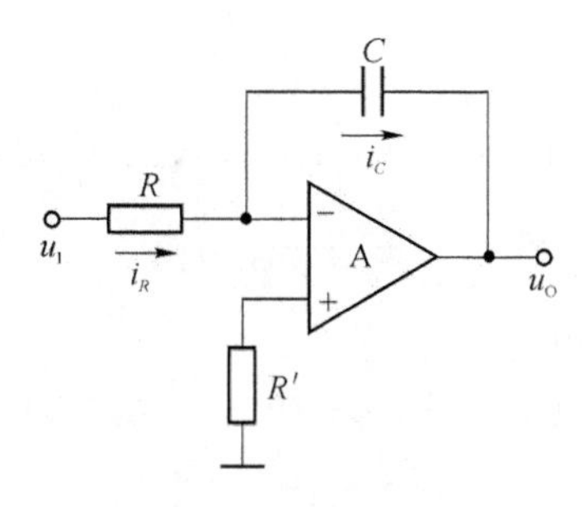

图 9-25　积分运算电路

利用"虚短"和"虚断"的概念:$u_N=0, i_C=i_R$。而

$$
i_C=-C\frac{\mathrm{d}u_O}{\mathrm{d}t}, i_R=\frac{u_I}{R}
$$

整理得

$$
u_O=-u_C=-\frac{1}{RC}\int u_I\mathrm{d}t \tag{9-29}
$$

式(9-29)表明,输出电压 u_O 为输入电压 u_I 对时间 t 的积分,即实现了积分运算。积分电路除了可作积分运算外,还可用做波形变换,如将方波信号变换为三角波信号。积分电路输入-输出波形如图 9-26 所示。从图 9-26 中可以看出,当方波信号输入积分电路时,输出为三角波信号。

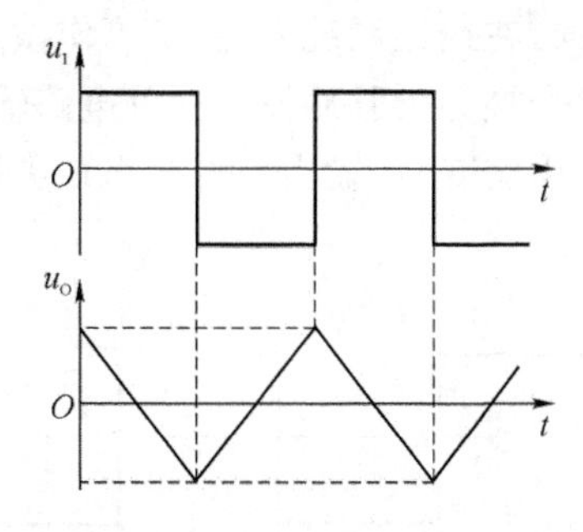

图 9-26　积分电路的输入、输出波形

【例 9-6】　如图 9-27 所示的积分电路,已知 $R=20\ \mathrm{k\Omega}, C=1\ \mu\mathrm{F}$,输入信号 u_I 为所示的阶跃电压。试求:输入信号 10 s 后,输出电压 U_O 为多少?

解　由于积分电路的 u_O 与 u_I 的关系为

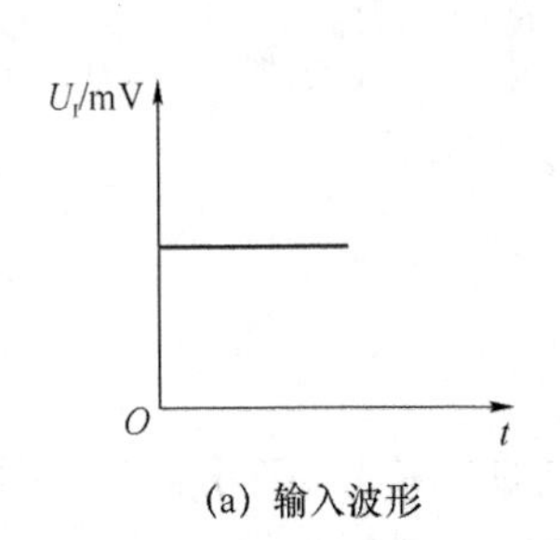

(a) 输入波形

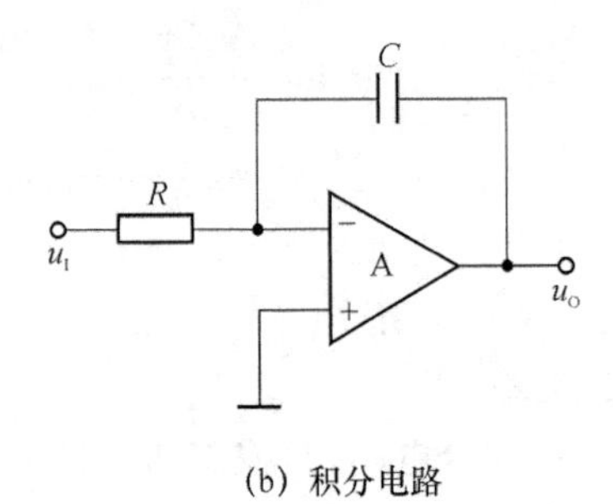

(b) 积分电路

图 9-27　例 9-6 图

$$u_O = -\frac{1}{RC}\int u_I \mathrm{d}t$$

将已知条件 $R=20\ \mathrm{k\Omega}$，$C=1\ \mu\mathrm{F}$，$u_I=1\ \mathrm{mV}$ 代入上式，得到

$$u_O = -\frac{10^{-3}}{20\times10^3\times10^{-6}}t = -0.05t$$

当 $t=10\ \mathrm{s}$ 时，该电路的输出电压

$$U_O = -0.05\times10 = -0.5\ \mathrm{V}$$

5. 微分运算电路

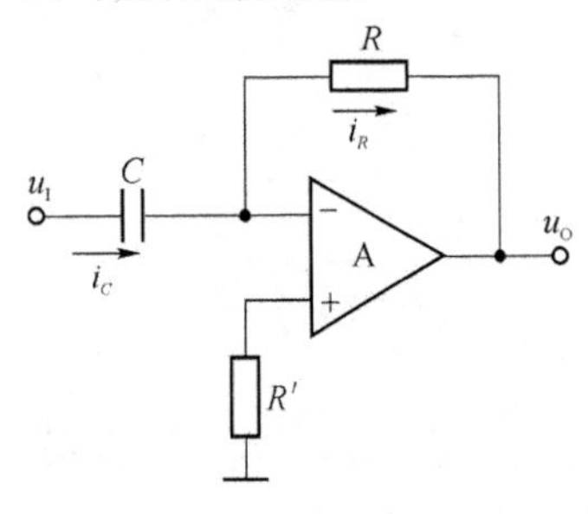

图 9-28　微分运算电路

微分运算电路（微分电路）是积分运算的逆运算，将积分电路中的电阻与电容的位置互换，就构成微分运算电路，如图 9-28 所示。

该电路同样存在"虚短"，即 $u_N=0$；"虚断"，即 $i_I=0$，故 $i_C=i_R$。而

$$i_C = C\frac{\mathrm{d}u_I}{\mathrm{d}t},\quad i_R = -\frac{u_O}{R}$$

整理可得

$$u_O = -Ri_R = -RC\frac{\mathrm{d}u_I}{\mathrm{d}t} \tag{9-30}$$

式(9-30)表明，输出电压 u_O 取决于输入电压 u_I 对时间 t 的微分，即实现了微分运算。

微分电路的应用是很广泛的，在线性系统中，除了可作微分运算外，在脉冲数值电路中，常用做波形变换，如将方波信号变换为尖脉冲波。微分电路输入-输出波形如图 9-29 所示，从图中可以看出，当输入信号发生突变时，输出端将会出现尖脉冲电压，当输入电压不变时，输出电压为零。

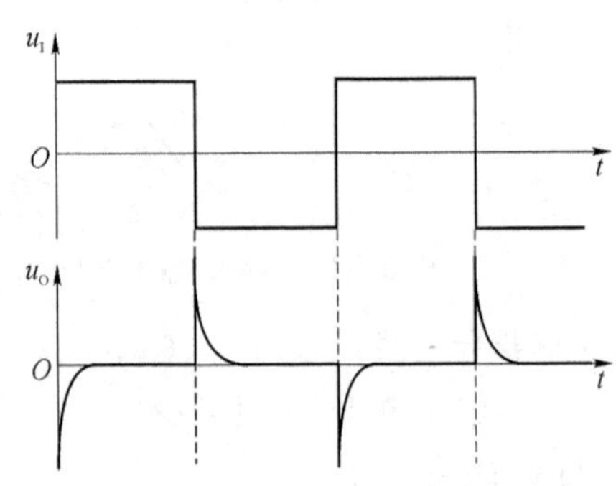

图 9-29　微分电路的输入、输出波形

重要知识点

- **零点漂移**：当无信号输入时，由于工作点不稳定被逐级放大，在输出端出现静态电位缓慢不规则地变化的现象。在多级放大电路中，第一级的漂移影响尤为重要，必须采取措施有效地抑制零点漂移。集成运放的输入级常采用差分放大电路来有效地抑制零点漂移。
- **差模信号**：大小相等、极性相反的信号。
- **共模信号**：大小相等、极性相同的信号。
- **共模抑制比**：差模电压放大倍数A_{ud}与共模电压放大倍数A_{uc}比值的绝对值称为共模抑制比，即

$$K_{CMR}=\left|\frac{A_{ud}}{A_{uc}}\right|$$

K_{CMR}越大，表明电路抑制共模信号的能力越强。
- **恒流源**：在一定的负载范围内，能够提供恒定电流的电源。
- **虚短**："虚短"是指在分析计算时，将集成运放的反相输入端与同相输入端间的电位差视为零，即$u_N=u_P$。"虚短"绝不是将两输入端真正短路，在实际电路中，也绝不是$u_{Id}=0$，而是因为A_{ud}很大，只是加入一个微小信号，就能在输出端得到一个较大的输出信号，通常称为"虚短路"，简称"虚短"。
- **虚断**："虚断"是指在分析运放处于线性状态时，可以把两输入端视为等效开路，即$i_N=i_P=0$。这一特性称为"虚假开路"，简称"虚断"。显然不能将两输入端真正断路。对于运放工作在线性区的电路，"虚短"和"虚断"是分析其输入信号和输出信号关系的两个基本出发点。

本章小结

本章主要介绍了差分放大电路的组成、工作原理及主要指标计算；集成运算放大电路概述及集成运放的主要应用，归纳如下。

(1) 集成运算放大电路是一个高增益、高输入电阻和低输出电阻的直接耦合放大电路。直接耦合放大电路的主要问题是零点漂移，克服零点漂移的最有效的电路形式是差分放大电路。

(2) 差分放大电路是利用参数的对称性进行补偿来抑制零点漂移。同时利用发射极电阻R_e（或恒流源电路的交流电阻）的共模负反馈作用，抑制每只管子的温漂，抑制共模信号放大能力，提高共模抑制比K_{CMR}。

(3) 集成运放电路最基本的应用电路是构成各种运算电路，如比例运算、加减运算、微分运算和积分运算等电路。在作定量计算时，由于集成运放工作在线性区，可以利用"虚短"和"虚断"这两条重要的结论使其简化。具体求解运算电路输出电压与输入电压运算关系的

基本方法有下列两种。

① 节点电流法：列出集成运放同相输入端和反相输入端及其他关键节点的电流方程，利用“虚短”和“虚断”概念，求出运算关系。

② 叠加定理：集成运放工作在线性区时，可以利用叠加定理，即对于多信号输入的电路，可以首先分别求出每个输入电压单独作用时的输出电压，然后将它们相加，就是所有信号同时输入时的输出电压，也就得到输出电压与输入电压的运算关系。

思考题与习题

9-1 集成运算放大器通常由______、______、______和______4个部分组成。

9-2 零点漂移是指放大器输入端______，输入信号时，输出端会出现电压忽大忽小、忽快忽慢变化的现象。

9-3 如果两个输入信号电压的大小______，极性______，就称为差模输入信号。

9-4 差分放大电路对共模信号的抑制能力，可用______来表征，它定义为放大电路对______放大倍数与______放大倍数之比。

9-5 如果一个运算放大器的共模抑制比是100 dB，这说明这个运算放大器的差模电压与共模电压放大倍数之比是______。

9-6 理想集成运放工作在线性区的两个基本特点可概括为______和______。

9-7 基本差分放大电路具有怎样的结构特点？它抑制零点漂移的原理是什么？

9-8 什么是差模信号？什么是共模信号？什么是共模抑制比？

9-9 理想放大器有什么特点？什么是“虚断”、“虚短”及“虚地”？

9-10 典型差分放大电路中R_e和负电源V_{EE}的作用是什么？

9-11 如图9-30所示，已知三极管T_1和T_2参数相同，$V_{CC}=15$ V，$R=150$ kΩ，试计算I_C的值。

9-12 差分放大电路如图9-31所示，设两个三极管参数完全相同，已知$\beta=80$，$r_{be}=1.6$ kΩ，$R_{c1}=R_{c2}=30$ kΩ。

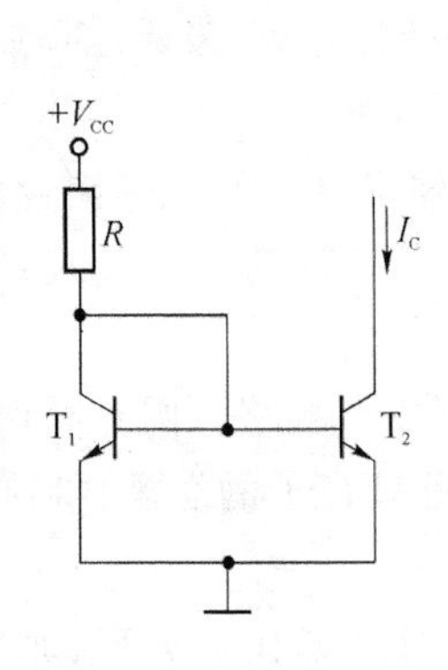

图9-30 习题9-11图

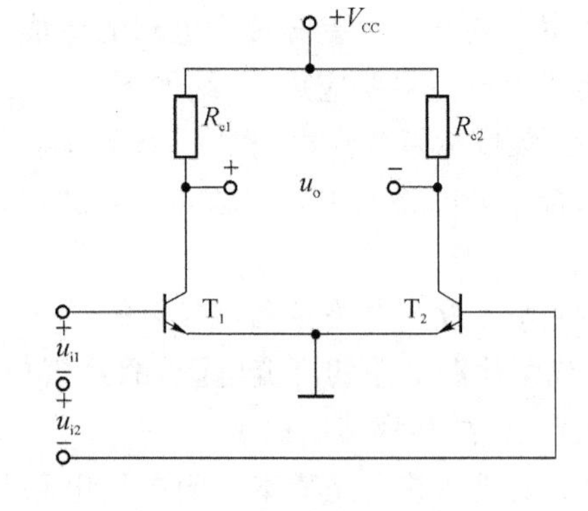

图9-31 习题9-12图

(1) 求差模电压放大倍数A_{ud}。

(2) 求差模输入电阻 R_{id}和输出电阻 R_o。

(3) 说明该差分放大电路的 A_{ud}、R_{id}、R_o与单管共射放大电路有何关系？

9-13　如图 9-32 所示反相比例运算电路，已知 $U_I=10$ V，$R_1=20$ Ω，$R_f=60$ Ω，求输出 U_O 的值。

9-14　电路如图 9-33 所示。设 A 为理想集成运放，$R_1=10$ kΩ，$R_f=200$ kΩ。试求：输出电压 u_O 与输入电压 u_I 之间的关系，并说明该电路实现了什么运算功能。

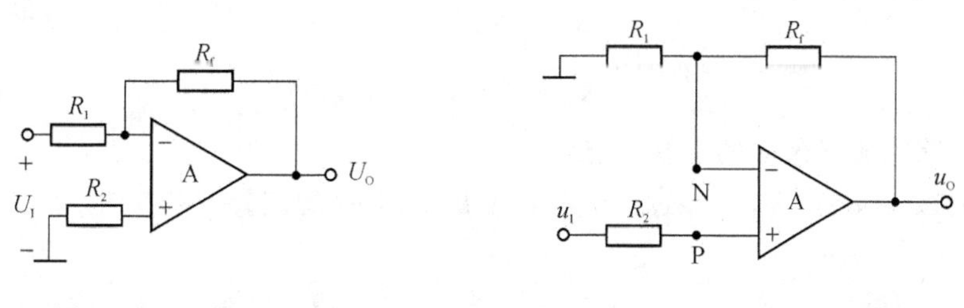

图 9-32　习题 9-13 图　　　　图 9-33　习题 9-14 图

9-15　如图 9-34 所示运算电路，已知 $U_I=30$ V，$R_1=10$ Ω，$R_2=20$ Ω，$R_f=20$ Ω，求 U_O 的值。

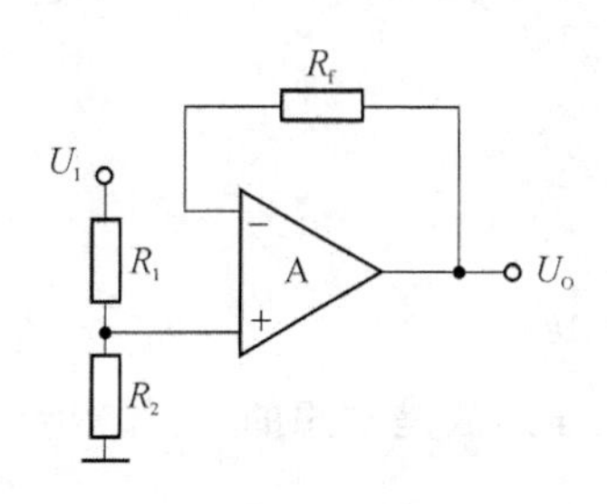

图 9-34　习题 9-15 图

9-16　电路如图 9-35 所示，A 为理想线性组件，试求 u_O 与 u_{I1}、u_{I2}之间的关系表达式，并说明该电路实现了什么运算功能。

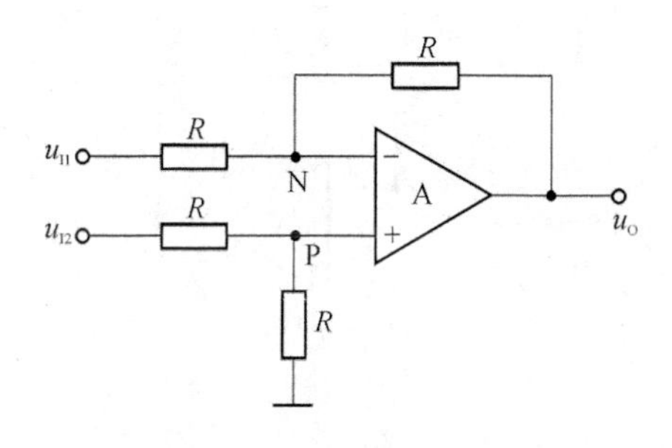

图 9-35　习题 9-16 图

9-17　电路如图 9-36 所示，已知 $u_{I1}=10$ V，$u_{I2}=2$ V，$u_{I3}=3$ V，试求输出电压 u_O 与输入电压 u_{I1}、u_{I2}、u_{I3}之间的关系表达式。

9-18　电路如图 9-37 所示，设 A_1～A_3 均为理想线性组件，$R_1=R_2=R_3$，试求 u_o 的表达式，并说明该电路完成了怎样的运算功能。

9-19　电路如图 9-38 所示，设运放是理想的，已知 $R=100$ kΩ，$R'=100$ kΩ，$C=2$ μF，电容初始电压 $u_C(0)=0$。

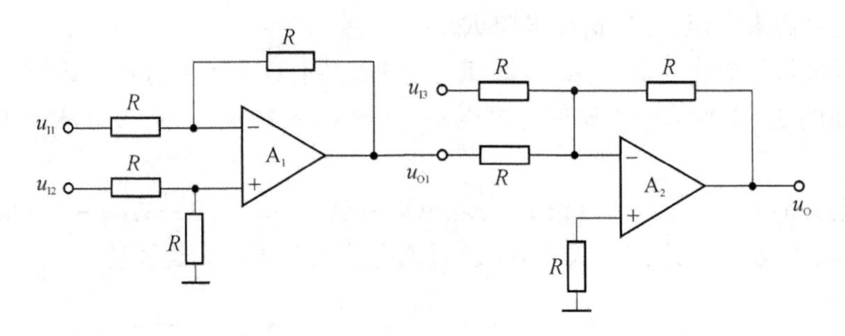

图 9-36　习题 9-17 图

(1) 该电路完成了怎样的运算功能?

(2) 若输入端 $u_i=2$ V,求经过 2 ms 后,输出电压 u_o 的值。

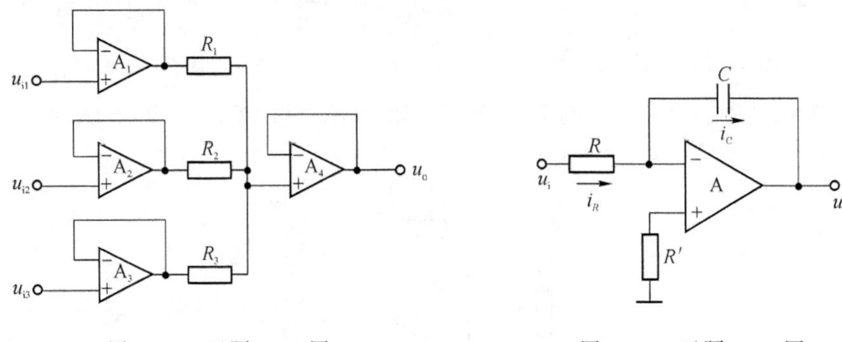

图 9-37　习题 9-18 图　　　　图 9-38　习题 9-19 图

9-20　电路如图 9-39 所示,设运放是理想的,已知 $R=5$ kΩ,$C=40$ μF,电容初始电压 $u_C(0)=0$。

(1) 该电路完成了怎样的运算功能?

(2) 若输入端 $u_i(t)=\frac{1}{5}t$(V),求输出电压 u_o 的值。

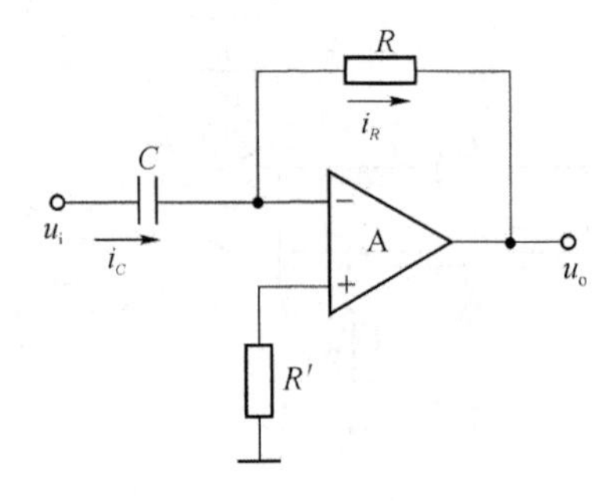

图 9-39　习题 9-20 图

第10章　信号产生电路

【本章要点】

- 正弦波振荡器组成，振荡器起振和平衡条件。
- RC 正弦波振荡器电路组成、RC 串并联选频网络的选频特性。
- 变压器反馈式振荡器电路组成、工作原理及特点。
- 三点式振荡器电路组成、工作原理及特点。
- 石英晶体振荡器电路组成、工作原理及特点。

【本章重点难点】

- 自激振荡起振、平衡及稳定的过程。
- 能否产生自激振荡的判断。
- 各振荡器的工作原理，振荡频率的估算方法。

通过本章的学习，了解正弦波振荡器的作用、电路组成和选频特性；掌握正弦波振荡的判断方法，能对具体电路进行分析，判断能否产生自激振荡并能估算振荡频率；掌握 RC 正弦波振荡器电路组成、RC 串并联选频网络的选频特性；掌握变压器反馈式、三点式振荡电路形式和特点；理解石英晶体振荡器的电抗特性；熟悉晶体振荡器的电路组成结构、类型和特点。

本章从振荡电路的基本工作原理入手，讨论了振荡器起振条件和平衡条件，接着介绍 RC 正弦波振荡器电路组成、工作原理及振荡频率的估算，变压器反馈式和 LC 三点式正弦波振荡器电路组成、工作原理及振荡频率的估算，最后讨论了石英晶体振荡器。

10.1　振荡器的工作原理

在实践中，广泛采用的信号产生电路，就其产生的波形来分类，有正弦波信号产生电路和非正弦波信号产生电路。本章只介绍正弦波信号产生电路，即正弦波振荡器。

在通信、广播电视系统中，需要射频发射，这里的运载音频、视频信号的射频波，即载波，就是由正弦波振荡器产生的；在工业、生物医学领域内和日常生活中，如高频感应加热、超声波焊接、超声诊断、核磁共振成像、各种电子仪器仪表、收音机、电视机和手机等，也都需要不同频率的正弦波。可见，正弦波振荡器在科学技术领域上应用十分广泛。

10.1.1 产生振荡的基本原理

在没有外加激励的情况下，能够自动产生一定波形信号的装置或电路，称为自激振荡器或振荡电路。自激振荡器是一种将直流电能自动转换成所需交流电能的电路。它与放大器的区别在于这种转换不需外部输入交流信号。振荡器输出的信号频率、幅度、波形完全由电路自身的参数决定。

按照选频网络不同，振荡器还可分为 *RC* 振荡器、*LC* 振荡器和石英晶体振荡器等。

由于正弦波振荡器产生一定频率和一定振幅的正弦信号，因此振荡频率和输出振幅是其主要指标。此外，还要求输出正弦信号的频率和振幅的稳定性好，波形失真小，因此频率稳定度、振幅稳定度和波形失真系数也是振荡器的主要技术指标。

按照补充能量的方式不同，振荡器可分成两大类：一类是利用正反馈原理构成的反馈式振荡器，它是目前应用最多的一类振荡器；另一类是负阻振荡器，它是将负阻器件直接接到谐振回路中，利用负阻器件的负电阻效应去抵消回路中的损耗，从而产生等幅的自由振荡。本节仅介绍反馈式振荡器的工作原理。

反馈式振荡器是通过正反馈联接方式不断补充能量而实现等幅正弦振荡的电路。这种电路主要由两部分组成，一是放大电路，二是反馈网络，如图 10-1 所示。

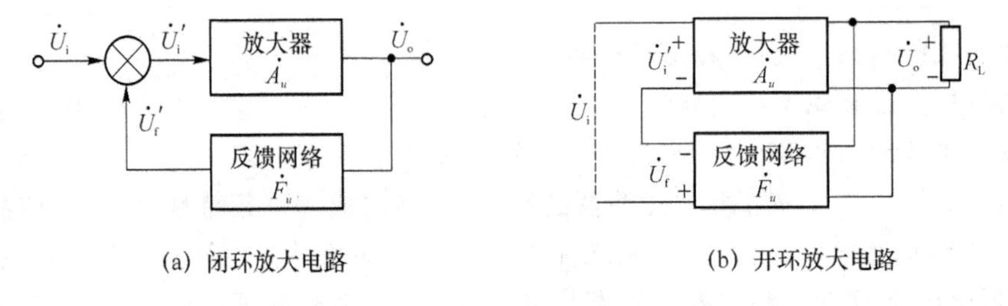

图 10-1 反馈式振荡器的组成框图

在图 10-1(a)中，设放大器的开环电压放大倍数为 $\dot{A}_u=\dfrac{\dot{U}_o}{\dot{U}_i'}$，反馈网络的电压反馈系数为 $\dot{F}_u=\dfrac{\dot{U}_f}{\dot{U}'_o}$，则在引入正反馈后整个闭环回路的电压放大倍数为 $\dot{A}_{uf}=\dfrac{\dot{U}_o}{\dot{U}_i}=\dfrac{\dot{A}_u}{1-\dot{A}_u\dot{F}_u}$。因电路接成正反馈，输入电压 $\dot{U}_i$、净输入电压 $\dot{U}_i'$ 及反馈电压 $\dot{U}_f'$ 的关系为 $\dot{U}_i'=\dot{U}_i+\dot{U}_f$。$1-\dot{A}_u\dot{F}_u$ 称为反馈深度，$\dot{A}_u\dot{F}_u$ 称为环路增益。

显然当 $1-\dot{A}_u\dot{F}_u=0$ 时，整个闭环回路放大倍数 A_{uf} 变得无穷大，此时放大器即使在没有输入电压信号($\dot{U}_i=0$)的情况下，也可产生信号输出，即产生自激振荡，如图 10-1(b)所示。

振荡输出信号再通过稳幅环节和选频网络就可以得到振幅和频率均稳定的输出信号。故振荡器的一般组成包括放大器、正反馈网络、选频网络和稳幅环节。

10.1.2 振荡的起振条件和平衡条件

1. 起振条件

振荡电路在刚接通电源时，晶体管的电流将从零跃变到一定的数值，由于电路中存在各种固有噪声，并且它们都具有很宽的频谱，由于选频网络的选频作用，其中只有特定频率 f_0 的分量才能经过选频网络产生正弦电压输出。

尽管起始输出振荡电压很小，但是经过反馈、放大、选频，再反馈，再放大、选频多次循环，就能产生一个较大的正弦波输出。因此振荡器接通电源后能够从小到大建立振荡的条件如下。

振幅起振条件

$$|\dot{A}_u\dot{F}_u|>1 \tag{10-1}$$

反馈电压的幅值大于净输入电压幅值，即 $U_f>U'_i$。

相位起振条件

$$\varphi_{AF}=\pm 2n\pi(n=0,1,2,3,\cdots) \tag{10-2}$$

反馈电压与净输入电压相位相同，即正反馈，如图 10-1(b)所示。

其中，$|\dot{A}_u\dot{F}_u|$表示环路电压增益幅值；φ_{AF}表示环路相移。

2. 平衡条件

振荡器起振后，振荡幅度不会无限增长下去，而是在某一点处于平衡状态。因此，反馈振荡器既要满足起振条件，又要满足平衡条件。

当振荡信号幅度达到一定数值时，由于电路中非线性元件(晶体三极管)的限制，管子的放大作用减弱，$|\dot{A}_u\dot{F}_u|$值逐渐降低，最后达到$|\dot{A}_u\dot{F}_u|=1$，此时振荡电路进入稳定产生维持等幅振荡的平衡过程。

在接通电源后，依据放大器大振幅的非线性抑制作用，环路增益$|\dot{A}_u\dot{F}_u|$必然具有随放大器输入电压振幅 U'_i增大而下降的特性，如图 10-2 所示。

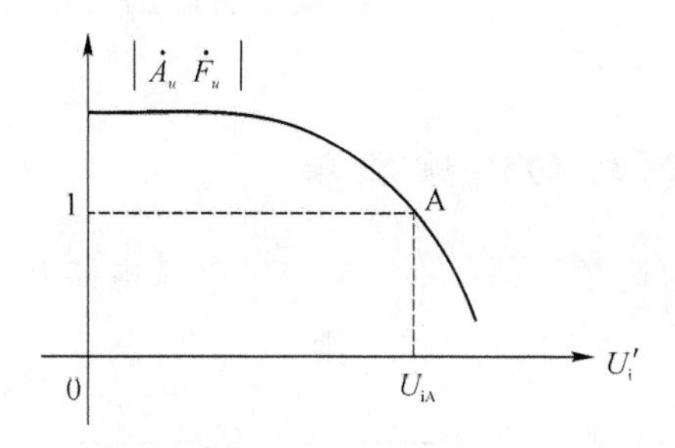

图 10-2　满足起振条件和平衡条件的环路增益特性

由上面分析可得平衡条件如下。

振幅平衡条件

$$|\dot{A}_u\dot{F}_u|=1 \tag{10-3}$$

反馈电压的幅值等于净输入电压幅值，即 $U_f=U'_i$。

相位平衡条件

$$\varphi_{AF}=\pm 2n\pi(n=0,1,2,\cdots) \tag{10-4}$$

反馈电压与净输入电压相位相同，即正反馈。

振荡的建立和平衡过程输出电压波形如图 10-3 所示。

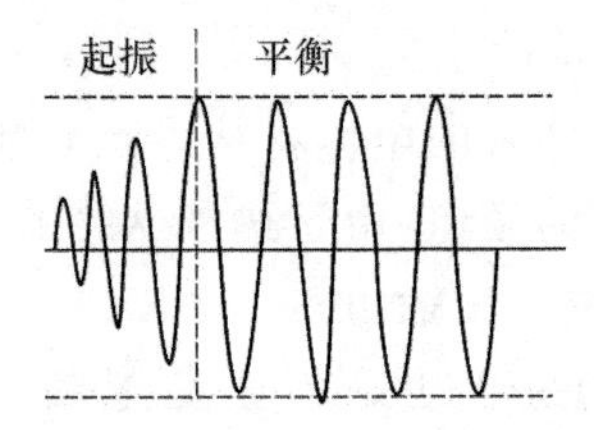

图 10-3　振荡幅度的建立和平衡过程

10.2　*RC* 正弦波振荡电路

据振荡器选频网络的不同分，振荡器可分为 *RC* 振荡器、*LC* 振荡器和石英晶体振荡器。以 *RC* 作为选频网络的振荡器称为 *RC* 振荡器，常用的电路有 *RC* 移相网络和 *RC* 串并联网络振荡器电路，本节只介绍 *RC* 串并联网络(桥式)振荡器电路。

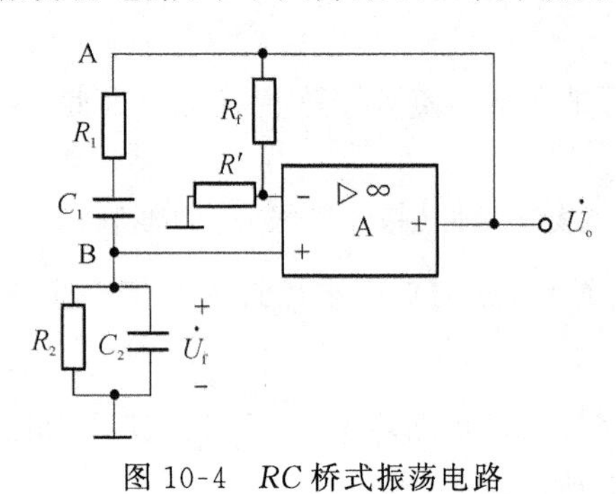

图 10-4　*RC* 桥式振荡电路

RC 串并联网络振荡电路用以产生低频正弦波信号，是一种使用十分广泛的振荡电路。

如图 10-4 所示的振荡器是一种比较常用的 *RC* 正弦波振荡电路，放大电路为一个集成运算放大器 A，选频网络由 *R*、*C* 元件组成的串并联网络组成，R_f 和 R' 支路引入一个负反馈。串并联网络中的 R_1、C_1 和 R_2、C_2 以及负反馈支路中的 R_f 和 R' 正好组成一个电桥的四个臂，因此这种电路又称为文氏电桥振荡电路。

10.2.1　*RC* 串并联网络的选频原理

图 10-5(a)是振荡器的选频网络，它由 R_1、C_1 串联电路和 R_2、C_2 并联电路组成。设 R_1、C_1 串联阻抗为 Z_1，R_2、C_2 并联阻抗为 Z_2，则

$$Z_1=R_1+\frac{1}{\mathrm{j}\omega C_1},Z_2=R_2+\frac{1}{\mathrm{j}\omega C_2}$$

设输入一个幅度恒定的正弦电压 $\dot{U}_o$，频率比较低时，由于 $\frac{1}{\mathrm{j}\omega C_1}>>R_1$，$\frac{1}{\mathrm{j}\omega C_2}>>R_2$，此时可将 R_1 和 $\frac{1}{\mathrm{j}\omega C_2}$ 忽略，则图 10-5(a)可以简化成如图 10-5(b)所示的低频等效电路(超前移相)。ω 越低，则 $\frac{1}{\mathrm{j}\omega C_1}$ 越大，输出电压 $\dot{U}_f$ 的幅度越小，且其相位超前于输入电压 $\dot{U}_o$ 越多。当 ω 趋于零时，$\dot{U}_f$ 趋近于零，φ_f 接近 $+90°$。

当 $\dot{U}_o$ 频率较高时，由于 $\frac{1}{j\omega C_1} << R_1$，$\frac{1}{j\omega C_2} << R_2$，可将 $\frac{1}{j\omega C_1}$ 和 R_2 忽略，则图 10-5(a)可以简化成如图 10-5(c)所示的高频等效电路(滞后移相)。ω 越高，则 $\frac{1}{j\omega C_2}$ 越小，$\dot{U}_f$ 的幅度也越小，其相位滞后于 $\dot{U}_o$ 越多。当 ω 趋近于无穷大时，$\dot{U}_f$ 趋近于零，φ_f 接近于 $-90°$。

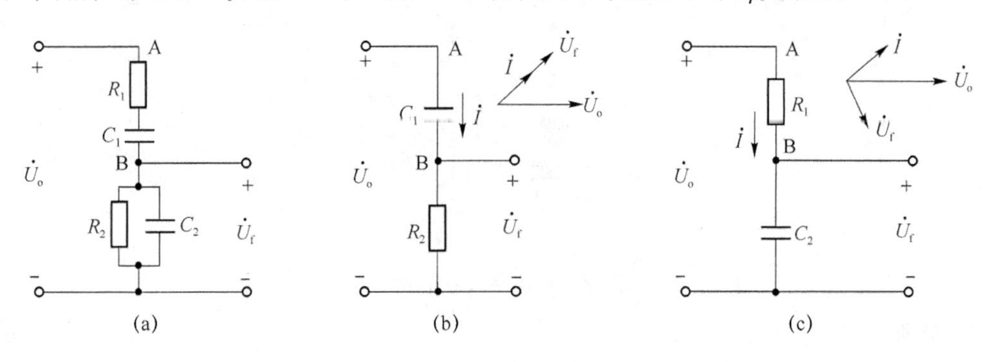

图 10-5　RC 串并联选频网络

由分析可知，只有当频率为某一中间值 ω_0 时，输出端的电压 $\dot{U}_f$ 有一个最大值，且输出电压与输入电压 $\dot{U}_o$ 同相。这就是 RC 串并联网络的选频原理。

为了调节频率方便，通常取 $R_1=R_2=R$，$C_1=C_2=C$。

可以证明，当

$$\omega=\omega_0=\frac{1}{RC} \quad \text{或} \quad f=f_0=\frac{1}{2\pi RC} \tag{10-5}$$

时，电压传输系数，也就是反馈系数最大，即

$$\dot{F}=\frac{\dot{U}_f}{\dot{U}_o}=\frac{1}{3} \tag{10-6}$$

10.2.2　振荡频率与起振条件

1. 振荡频率

一个电路若要自激振荡必须满足振荡的相位平衡条件，即 $\varphi_A+\varphi_F=\pm 2n\pi$。通过上述分析可知，当 $f=f_0$ 时，串并联网络的 $\varphi_F=0$，如果在此频率下能使放大电路的 $\varphi_A=\pm 2n\pi$，即放大电路的输出电压与输入电压同相，就可达到相位平衡条件。在图 10-1 所示的振荡器中，电路的放大部分是集成运算放大器，采用同相输入方式，与 RC 串并联网络构成正反馈闭合回路，在中频范围内 φ_A 近似等于零。因此，电路在 f_0 时，$\varphi_A+\varphi_F=0$，而对于其他任何频率，则不满足振荡的相位平衡条件，所以电路的振荡频率为

$$f_0=\frac{1}{2\pi RC} \tag{10-7}$$

只要改变电阻 R 或电容 C 的值，即可调节振荡频率。如图 10-6 所示。利用波段开关 S 换接不同容量的电容对振荡频率进行粗调，利用同轴电位器对振荡频率进行细调，可以很方便地在一个比较宽广的范围内对振荡频率进行连续调节。

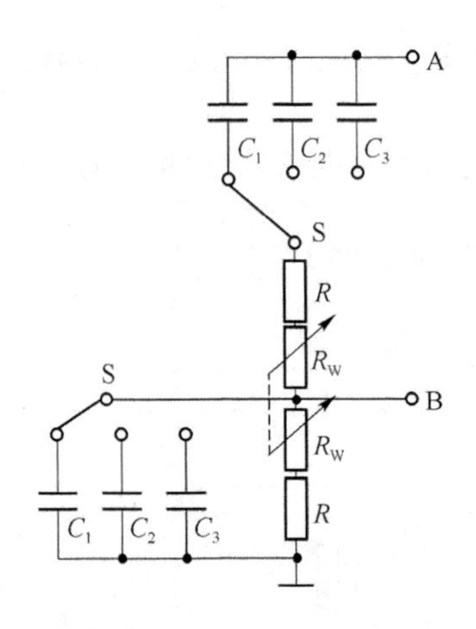

图 10-6 振荡频率的调节

2. 起振条件

除相位平衡条件外，电路还必须满足振幅平衡条件。当 $f=f_0$ 时，桥式振荡器选频网络的反馈系数 $|\dot{F}|=\frac{1}{3}$。为了使电路起振，必须使 $|\dot{A}\dot{F}|>1$，由此可以求得振荡电路的起振条件为

$$|\dot{A}|>3 \tag{10-8}$$

由于图 10-4 采用同相比例运算电路，电路的电压放大倍数为

$$A_{uf}=1+\frac{R_f}{R'}$$

为了使 $A_{uf}>3$，文氏电桥振荡器负反馈支路的参数应满足

$$R_f=2R'$$

根据以上分析可知，RC 串并联网络振荡电路中，只要达到 $|\dot{A}|>3$，即可满足正弦波振荡的起振条件。如果 $|\dot{A}|$ 的值过大，振荡幅度将超出放大电路的线性放大范围而进入非线性区，输出波形产生明显失真。因此，在放大电路中通常引入负反馈以改善振荡波形。电阻 R_f 和 R' 分压接到集成运放的反相输入端，构成一个电压串联负反馈。它的作用不仅可以提高放大倍数的稳定性，改善振荡电路的输出波形，而且能够进一步提高放大电路的输入电阻，降低输出电阻，从而减小了放大电路对 RC 串并联网络选频特性的影响，提高了振荡电路的带负载能力。

3. RC 正弦波振荡电路的特点

由于 RC 桥式振荡电路的振荡频率与 R、C 的乘积成反比，如果需要产生振荡频率很高的正弦波信号，势必要求电阻或电容的值很小，这在制造上和电路实现上将有较大的困难，因此 RC 桥式振荡器一般用来产生几赫至几百千赫的低频信号，若要产生更高频率的信号，一般采用下一节将要介绍的 LC 正弦波振荡电路。

10.3 *LC* 正弦波振荡器

在 LC 振荡电路中，选频网络由电感 L 和电容 C 元件组成，可以产生几十兆赫以上的正

弦波信号。

10.3.1　变压器反馈式振荡电路

1. 电路组成

变压器反馈式正弦波振荡电路如图 10-7(a)所示。振荡电路由放大器、选频网络和反馈环节等组成。放大器的核心器件是三极管 T，R_1、R_2、R_3 为其提供静态偏置，C_2、C_3 为交流(振荡频率信号)旁路电容，M 为变压器互感，2 端和 4 端为变压器的同名端，选频网络由 L_1C_1 并联电路组成，反馈环节由变压器绕组 L_2 实现。图 10-7(b)为振荡器的交流通路。

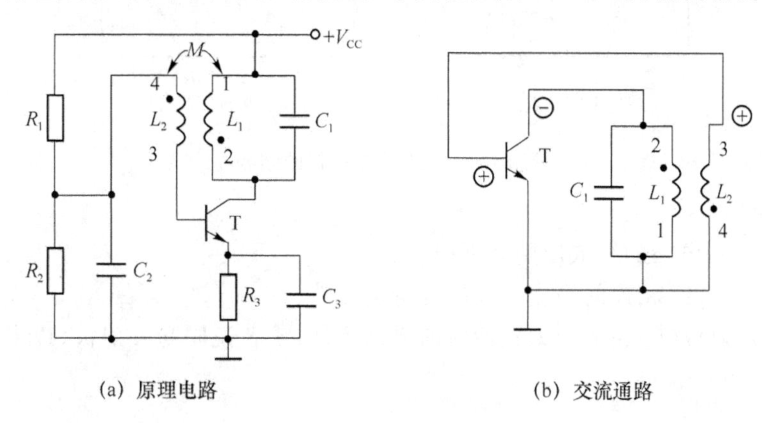

图 10-7　变压器反馈式振荡电路

2. 起振条件和振荡频率

首先分析电路相位平衡条件。在图 10-7(b)中，共发射极放大器反相 180°，即 $\varphi_A=180°$。变压器同名端如图中所示，所以 L_2 绕组又引入 180°的相移，即 $\varphi_F=180°$。因此，$\varphi_A+\varphi_F=360°$，电路满足相位平衡条件。

合理选择变压器的变比，很容易满足振幅条件。所以电路满足振荡(振幅、相位)条件。

从分析相位平衡条件的过程中可以看出，只有在谐振频率 f_0 时，电路才满足振荡条件，所以振荡频率就是 L_1C_1 回路的谐振频率，即

$$f_0 \approx \frac{1}{2\pi\sqrt{L_1C_1}} \tag{10-9}$$

3. 电路特点

变压器反馈式振荡电路易于产生振荡，输出电压的失真不大。由于输出电压与反馈电压靠磁路耦合，因而损耗较大，振荡频率的稳定性不高，振荡频率几百千赫至几兆赫。

10.3.2　三点式振荡器的基本工作原理

1. 电路结构

三点式振荡器的基本结构如图 10-8 所示。图中放大器件采用晶体管，三个电抗元件组成 LC 谐振回路，回路有三个引出端点(1、2、3)分别与晶体管的三个电极(C、E、B)相连接，使谐振回路既是晶体管的集电极的负载，又是正反馈选频网络，所以把这种电路称为三点式振荡器。

图 10-8(a)所示为电容三点式振荡电路，它的反馈电压取自 C_1 和 C_2 组成的分压器；图 10-8(b)所示为电感三点式振荡电路，它的反馈电压取自 L_1 和 L_2 组成的分压器。LC 谐振回路谐振时，电抗为零，回路呈纯阻性。输入电压 $\dot{U}_i$、输出电压 $\dot{U}_o$、反馈电压 $\dot{U}_f$ 的相位关系如图 10-8 所示，电路满足相位条件，即电路构成正反馈。

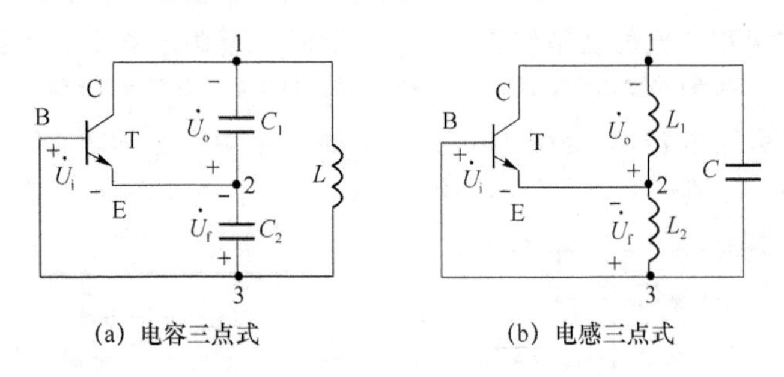

图 10-8　三点式振荡器的结构

2. 组成原则

三点式振荡器电路的组成原则如下。

(1) 与发射极(E)相连的为相同性质的电抗元件。

(2) 不与发射极(E)相连的为异性质的电抗元件，或者说同与发射极(E)相连的电抗元件性质相异。

10.3.3　电感三点式振荡器

1. 电路组成

电感三点式振荡器又称哈脱莱(Hartley)振荡器，其原理电路如图 10-9(a)所示。

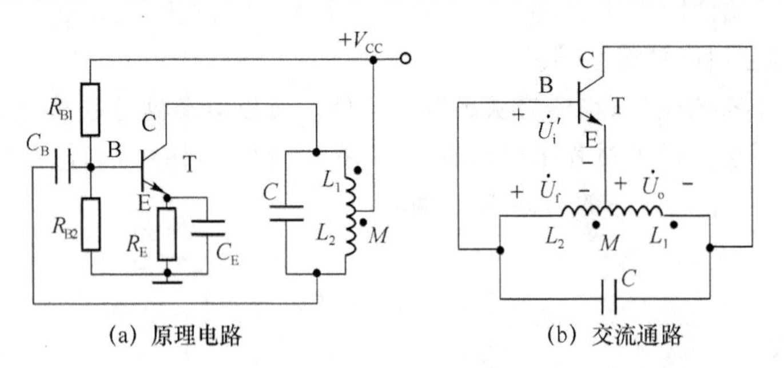

图 10-9　电感三点式振荡器

图中，L_1、L_2 和 C 组成并联谐振回路，作为集电极交流负载，R_{B1}、R_{B2} 和 R_E 为分压式偏置电阻，C_B 和 C_E 为隔直流电容和旁路电容。图 10-9(b)是图 10-9(a)的交流通路。

2. 起振条件与振荡频率

由图 10-9(b)可见，交流通路在结构上满足三点式振荡器的组成原则，在回路谐振频率上构成正反馈，满足了振荡的相位条件。反馈信号 $\dot{U}_f$ 取自电感 L_2 两端的压降。

振荡器的反馈系数为

$$F_u=\frac{U_f}{U_o}=\frac{L_2+M}{L_1+M} \tag{10-10}$$

若放大器的增益足够大，且满足 $A_u>1/F_u$，则电路就能满足起振的振幅条件。

当振荡回路的 Q 值很高时，振荡频率近似等于 LC 并联回路的固有频率，即

$$f_0=\frac{1}{2\pi\sqrt{LC}} \tag{10-11}$$

$$L=L_1+L_2+2M$$

式中，M 为电感 L_1、L_2 间的互感。

3. 电路特点

(1) 容易起振，输出电压幅度较大。

(2) C 采用可变电容后很容易实现振荡频率在较宽频段内的调节，且调节频率时基本上不影响反馈系数。

(3) 由于反馈电压取自电感 L_2 两端，它对高次谐波阻抗大，故 LC 回路对高次谐波反馈强，因而输出电压中谐波成分多，输出波形差。

(4) 由于 L_1、L_2 的分布电容及管子的输入输出电容分别与 L_1、L_2 的两端并联，使振荡频率较高时反馈系数减小，不满足起振条件，所以振荡频率不宜很高，一般最高只有几十兆赫兹。

10.3.4　电容三点式振荡器

1. 电路组成

电容三点式振荡器又称考毕兹(Colpitts)振荡器，其原理电路如图10-10(a)所示。

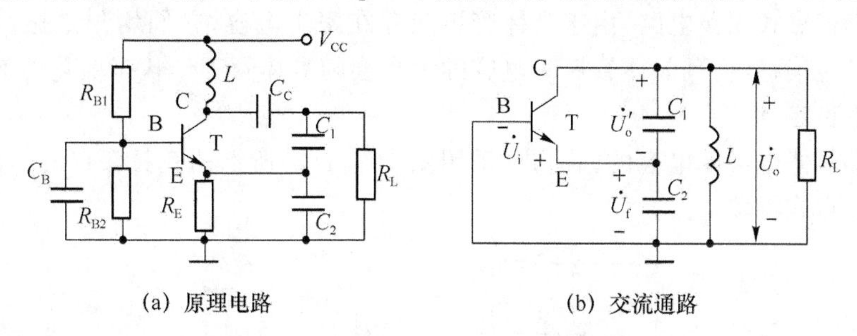

(a) 原理电路　　(b) 交流通路

图10-10　电容三点式振荡器

图中，C_1、C_2 和 L 为并联谐振回路，作为集电极交流负载，R_{B1}、R_{B2} 和 R_E 为分压式电流负反馈偏置电阻，C_B 和 C_C 为旁路和隔直流电容，R_L 为输出负载电阻。

2. 起振条件与振荡频率

由图10-10(b)可见，交流通路在结构上满足三点式振荡器的组成原则，在回路谐振频率上构成正反馈，满足了振荡的相位条件。反馈信号 $\dot{U}_f$ 取自电容 C_2 两端的压降，C_2 越小，容抗越大，反馈电压 U_f 越大。

振荡器的反馈系数为

$$F_u=\frac{U_f}{U_o}=\frac{C_1}{C_1+C_2} \tag{10-12}$$

同样，放大器的增益足够大，且满足 $A_u>1/F_u$，则电路就能满足起振的振幅条件。

电容三点式振荡电路的振荡频率近似为 LC 并联谐振回路的固有频率，即

$$f_o=\frac{1}{2\pi\sqrt{LC_\Sigma}}$$

$$C_\Sigma=\frac{C_1C_2}{C_1+C_2} \tag{10-13}$$

3. 电路特点

(1) 输出波形好。由于反馈电压取自电容 C_2 两端，它对高次谐波的阻抗小，故 LC 回路对高次谐波反馈很弱，输出电压中谐波成分小，输出波形好。

(2) 由于不稳定电容(如管子的极间电容)和外接回路电容相并联，所以加大外接回路电容量可减弱不稳定电容对振荡频率的影响，从而提高频率稳定度。

(3) 若不外接电容，直接利用管子的输入输出(极间)电容作为回路电容，则振荡频率可以很高，可以达到上千兆赫兹。

(4) 频率调节不方便。若改变某一电容来改变振荡频率，反馈系数也改变，从而导致振荡器工作状态的变化，因此只能用做固定频率振荡器。

(5) 由于受输入输出(极间)电容的影响，为保证振荡频率的稳定，振荡频率的提高将受到限制，即外接回路电容不能太小。

10.3.5 改进型电容三点式振荡器

1. 串联改进型电容三点式振荡器

(1) 电路结构

上述电容三点式振荡电路，由于晶体管极间存在寄生电容，它们均与谐振回路并联，会使振荡频率发生偏移，而且晶体管极间电容的大小会随晶体管工作状态变化而变化，这将引起振荡频率不稳定。

为了减小晶体管极间电容的影响，可采用图 10-11(a)所示的克拉泼(Clapp)电路，它为改进型电容三点式振荡电路。

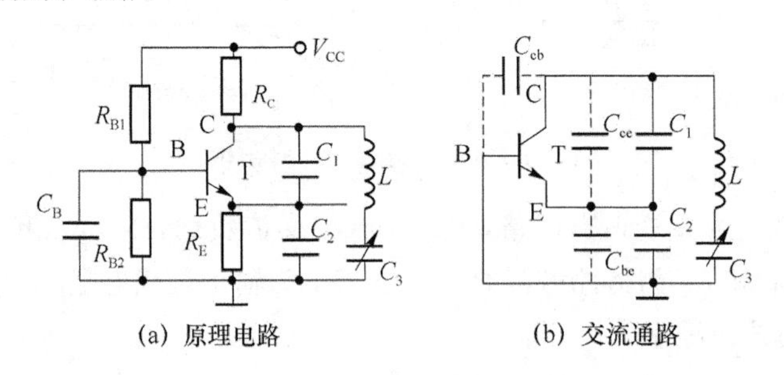

图 10-11 串联改进型电容三点式振荡器

(2) 振荡频率

图 10-11(a)的交流通路如图 10-11(b)所示，图中 C_{ce}、C_{be}、C_{cb} 分别为晶体管 C、E 和 B、E 及 C、B 之间的极间电容，它们都并接在 C_1、C_2 上，而不影响 C_3 的值，因此，由图可求谐振回路的总电容。通常电容 C_1、C_2 远远大于 C_3，电容 C_1、C_2 和 C_3 三者为串联关系。

设回路总电容为 C_Σ，有

$$C_\Sigma=\frac{1}{\frac{1}{C_1}+\frac{1}{C_2}+\frac{1}{C_3}}\approx C_3$$

则振荡频率为

$$f_0=\frac{1}{2\pi\sqrt{LC_\Sigma}}\approx\frac{1}{2\pi\sqrt{LC_3}} \tag{10-14}$$

(3) 电路特点

在电感支路中串接一个容量较小的电容 C_3，该支路仍等效为一个电感。通常要求 $C_3<<C_1$，$C_3<<C_2$，振荡频率稳定度高。

因为输出电压与振荡频率的三次方成反比，所以，随振荡频率提高而电压幅度减小。C_3 越小，放大倍数越小，如 C_3 过小，振荡器因不满足振幅起振条件而停止振荡。

2. 并联改进型电容三点式振荡器

(1) 电路结构

并联改进型电容三点式振荡器电路如图10-12所示。该电路比起串联改进型电容三点式振荡电路多加了一个电容 C_4，该电路又称为西勒(Seiler)电路。

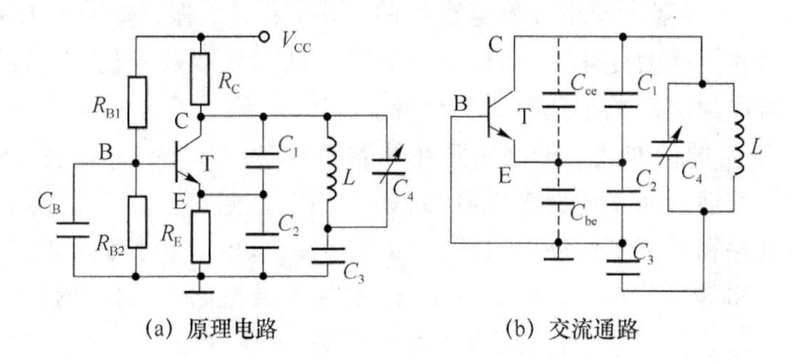

图10-12　并联改进型电容三点式振荡器

(2) 振荡频率

并联改进型电容三点式振荡器电路，通常 C_1、C_2 远远大于 C_3。C_3、C_4 为同一数量级的电容，故谐振回路总电容 $C_\Sigma\approx C_3+C_4$。

西勒电路的振荡频率为

$$f_0\approx\frac{1}{2\pi\sqrt{L(C_3+C_4)}} \tag{10-15}$$

(3) 电路特点

与克拉泼电路相比，西勒电路不仅频率稳定性高，输出幅度稳定，频率调节方便，而且振荡频率范围宽，振荡频率高，因此，是目前应用较广泛的一种三点式振荡电路。

10.3.6　振荡器的频率稳定和振幅稳定

当振荡器达到平衡状态后，电路不可避免地会受到外部因素(如电源电压、温度和湿度等)和内部因素(如噪声)变化的影响，这些因素将破坏平衡条件。因此，已经建立的振荡能否维持，还要看平衡状态是否稳定。

1. 频率稳定

根据所规定时间长短的不同，频率稳定度有长期和短期之分。长期稳定度一般指一天以上乃至几个月内振荡频率的相对变化量，它主要取决于元器件的老化特性；短期频率稳定度一般指一天以内振荡频率的相对变化量，它主要决定于温度、电源电压及负载等外界因素的变化。

通常所讲的频率稳定度一般指短期频率稳定度。对振荡器频率稳定度的要求视振荡器的用途不同而不同。例如，普通信号发生器为 10^{-3}～10^{-5} 数量级，用于中波广播电台发射机的频率稳定度为 10^{-5} 数量级，电视发射机的频率稳定度为 10^{-7} 数量级，作为频率标准振荡器要求达到 10^{-8}～10^{-9} 数量级。

(1) 导致振荡频率不稳定的原因

LC 振荡器振荡频率主要取决于谐振回路的参数（如 L、C 的值等），也与其他电路元器件参数有关。振荡器使用中不可避免地会受到外界因素的影响，使得这些参数发生变化，导致振荡频率不稳定。这些外界因素主要有温度、电源电压及负载的变化。

(2) 提高频率稳定度的主要措施

① 减少外界因素的影响。减少外界因素变化的措施很多，例如，将决定振荡频率的主要元件或振荡器置于恒温槽中，以减少温度的变化；采用高稳定度直流稳压电源来减小电源电压的变化；采用金属屏蔽罩减小外界电磁场的影响；采用减振器减小机械振动；采用密封工艺减小大气压力和湿度的变化，从而减小可能发生的元件参数变化；在负载和振荡器之间加一级射极跟随器作为缓冲减小负载的变化等。

② 提高谐振回路的标准性。谐振回路在外界因素变化时，保持其谐振频率不变的能力称为谐振回路的标准性。回路的标准性越高，频率稳定性越好。由于振荡器中谐振回路的总电感包括回路电感和反映到回路的引线电感；回路的总电容包括回路电容和反映到回路的晶体管极间电容和其他分布杂散电容。因此，欲提高谐振回路的标准性可用以下措施：采用参数稳定的回路电感器和电容器；采用温度补偿法，即在谐振回路中选用合适的具有不同（正、负）温度系数的电感和电容；改进安装工艺，缩短引线，加强引线机械强度，这样可减小分布电容和分布电感及其变化量；增加回路总电容量，减小晶体管与谐振回路之间的耦合，均能有效减小晶体管极间电容在总电容中的比重。

2. 振幅稳定

振荡器在外界因素的影响下，输出电压将会发生波动。为了维持输出电压的稳定，振荡器应具有自动稳幅性能，即当输出电压增大时，振荡器的环路增益 AF 应自动减小，迫使输出电压下降，反之亦然。

振荡器的稳幅性能是利用放大器工作于非线性区来实现的，这种稳幅的方法称为内稳幅。另外，在振荡电路中使放大器保持为线性工作状态，而另外接入非线性环节进行稳幅，称为外稳幅。

内稳幅效果与晶体管的静态起始工作状态及 AF 的大小有关。静态工作点电流越小，起始时 AF 越大，稳幅效果也就越好，但振荡波形的失真也会越大。

采用高稳定的直流稳压电源供电，减小负载与振荡器的耦合，也是提高输出幅度稳定度的重要措施。

10.4　石英晶体振荡器

在 LC 振荡器中，由于工艺水平的限制，其频率稳定度一般只能达到 10^{-4}数量级。然而在某些场合，往往要求振荡器的稳定度高于 10^{-5}数量级，这时就必须采用稳定度更好的石英晶体振荡器，其稳定度一般可达 $10^{-6}\sim10^{-8}$数量级，甚至更高。

10.4.1　石英晶体及其特性

石英晶体谐振器是利用石英晶体的压电效应和逆压电效应而制成的一种谐振元件。它的内部结构如图 10-13 所示，在一块石英晶片的两面涂上银层作为电极，并从电极上焊出引线固定于管脚上，通常做成金属封装的小型化元件。

石英晶体谐振器的电路图形符号和基频等效电路如图 10-14 所示。

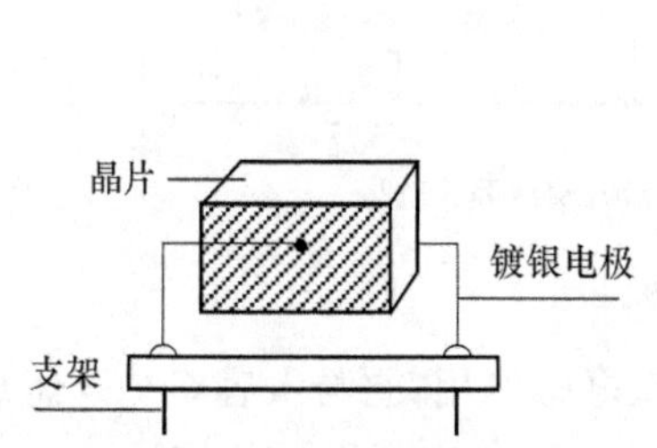

图 10-13　石英晶体谐振器的内部结构

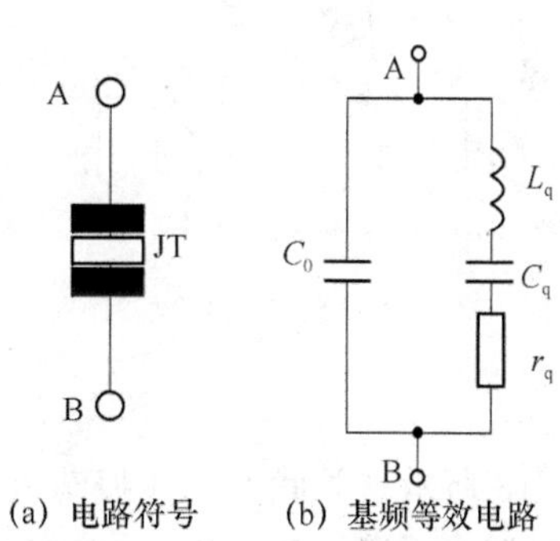

图 10-14　石英晶体谐振器电路图形符号和基频等效电路

其串联谐振频率为

$$f_s=\frac{1}{2\pi\sqrt{L_qC_q}}\tag{10-16}$$

并联谐振频率为

$$f_p=\frac{1}{2\pi\sqrt{L_q\dfrac{C_0C_q}{C_0+C_q}}}=f_s\sqrt{1+\frac{C_q}{C_0}}\tag{10-17}$$

由于 C_q/C_0 非常小，所以 f_s 和 f_p 非常靠近。在 f_s 和 f_p 之间很窄的频率范围内，晶体才等效为一个电感，并且其电抗特性最为陡峭，对频率变化具有极灵敏的补偿能力。因此，为了使晶体稳频作用强，石英晶体总是工作在这个感性区的频率范围内，作为一个电感元件来使用。而其余频率均等效为一个电容。晶体的电抗频率特性如图 10-15 所示($r_q=0$)。

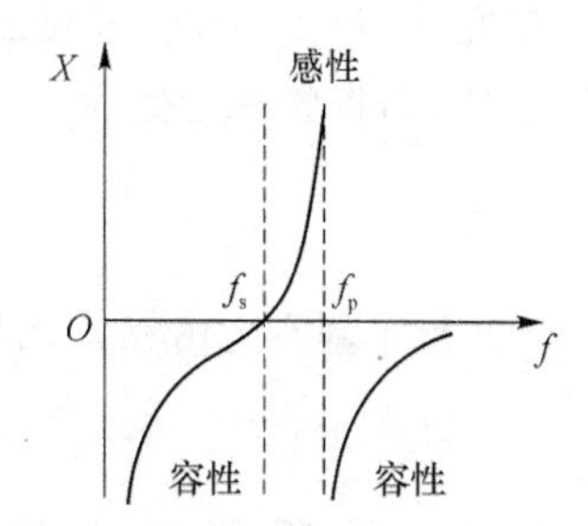

图 10-15　晶体的电抗频率特性曲线

10.4.2 并联型晶体振荡器

根据晶体在振荡器中的不同作用，石英晶体振荡器可分为并联型和串联型两种电路。晶体工作在 f_s 和 f_p 之间的感性区，作为三点式振荡电路中的回路高 Q 电感，整个振荡器处于并联谐振状态，相应构成的振荡器为并联型振荡器。晶体工作在 f_s 上，作为串联谐振元件，相应构成的振荡器称为串联型振荡器。

并联型晶振电路的工作原理和一般三点式 LC 振荡器相同，只是把其中的一个电感元件用晶体置换，目的是保证反馈电压中仅包含所需要的基音频率或泛音频率，而滤除其他奇次谐波分量。其电路如图 10-16 所示。

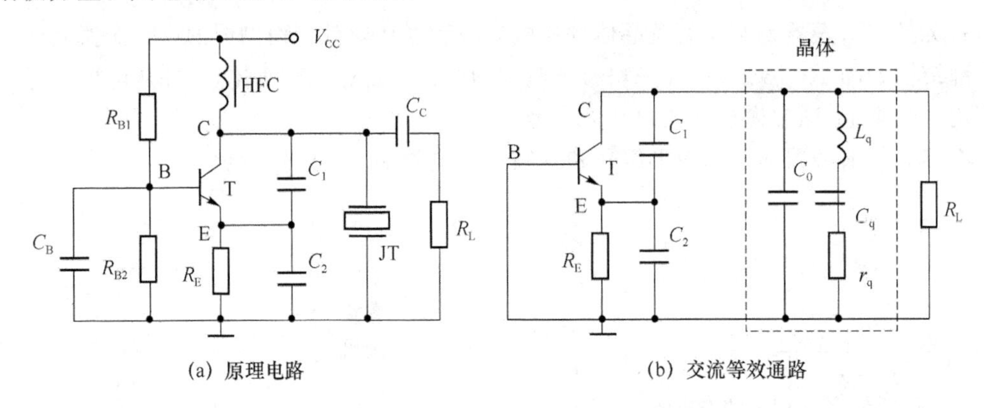

图 10-16 并联型晶体振荡电路

图 10-16 所示是并联型晶体振荡电路，晶体在电路中起电感作用，它与电容 C_1、C_2 组成电容三点式振荡电路。R_{B1}、R_{B2} 为偏流电阻，C_B 为高频旁路电容，HFC 为高频扼流圈。其交流等效电路如图 10-15(b)所示，此电路相当于改进型电容三点式振荡电路，其振荡频率可表示为

$$f_0 \approx \frac{1}{2\pi\sqrt{L_q \dfrac{C_q(C_0+C')}{C_q+C_0+C'}}} \tag{10-18}$$

式中

$$C' = \frac{C_1 C_2}{C_1 + C_2}$$

f_0 在 f_s 和 f_p 之间，石英晶体的阻抗呈感抗，此时 $C_q << C_0 + C'$，回路中起决定作用的是电容 C_q，谐振频率近似为

$$f_0 \approx \frac{1}{2\pi\sqrt{L_q C_q}} = f_s \tag{10-19}$$

谐振频率基本上由晶体的固有频率 f_s 决定，而与 C' 的关系很小，振荡频率的稳定度很高。

10.4.3 串联型晶体振荡器

由晶体电抗特性可知，当 $f = f_s$ 时，晶体相当一个“短路”元件。串联型晶体振荡器正是

利用这一特性(晶体工作时呈现很小的纯阻和相移为零的特性)构成的正弦波振荡电路。如图 10-17(a)所示,其相应的交流通路如图 10-17(b)所示。C_B、C_4 容量较大,对振荡频率相当短路。

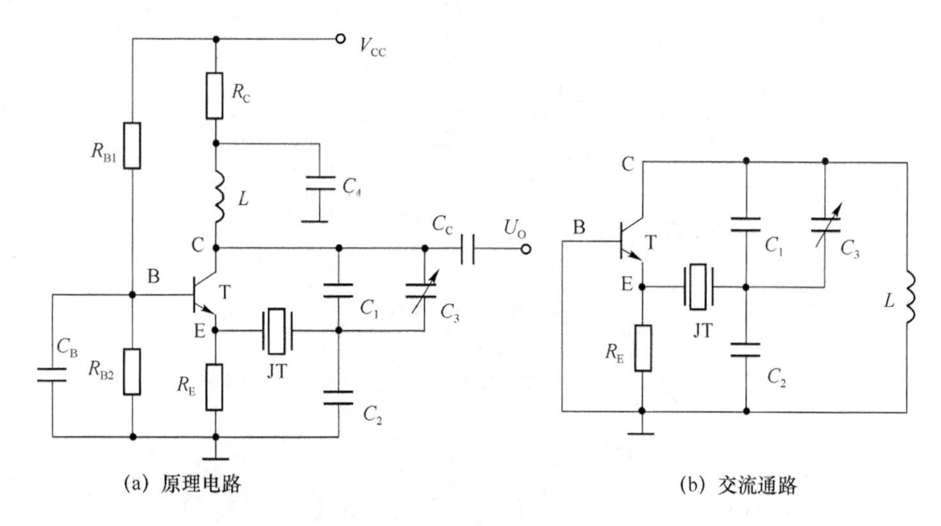

图 10-17　串联型晶体振荡器

由图可以看出,该振荡器与电容三点式振荡器十分相似,只是反馈信号经过晶体接到发射极,构成正反馈电路。

由 C_1、C_2、C_3 和 L 组成的振荡回路,调节 C_3 使回路谐振在晶体的串联谐振频率 f_s 处,此时晶体阻抗最小,呈纯电阻性,相移为零,正反馈最强,满足振荡条件。对于其他频率,晶体呈现很大的阻抗,相移较大,反馈显著减弱,电路不能满足振荡条件。

因此,电路的振荡频率以及频率稳定度都是由晶体决定的,经过晶体和 LC 并联回路的两次选频,使该振荡器输出波形较好。

【例 10-1】　典型的电容三点式振荡电路如图 10-18 所示,试分析电路,并求出振荡频率。

解　从电源电压、放大器、反馈网络和选频网络这几方面入手分析。

该电路采用+12 V 电源供电,图中,HFC、C_{C2} 为直流电源滤波器,保证放大器(晶体管)工作电压稳定;R_{B1}、R_{B2}、R_{E1}、R_{E2} 为晶体管直流偏置电阻,保证静态时工作在甲类状态,满足起振的条件;C_B 为基极旁路电容,使基极交流接地;C_{C1} 为耦合电容;R_l 为外接负载电阻。

画出图 10-18(a)的直流通路、交流通路如图 10-18(b)、(c)所示。由图 10-18(b)可以分析出晶体管的静态工作点是合适的;由图 10-18(c)不难看出在回路谐振频率上,共基极放大器的输出电压与输入电压同相,反馈电压是经 C_1、C_2 电容分压获得的,故反馈电压与输出电压同相,所以反馈电压与输入电压同相,满足了振荡的相位条件,振幅条件一般比较容易满足。

C_1、C_2、L 构成并联谐振回路,决定振荡器的振荡频率,注意负载电阻 R_L 的变化会对振荡频率产生影响。

该电路的振荡频率为

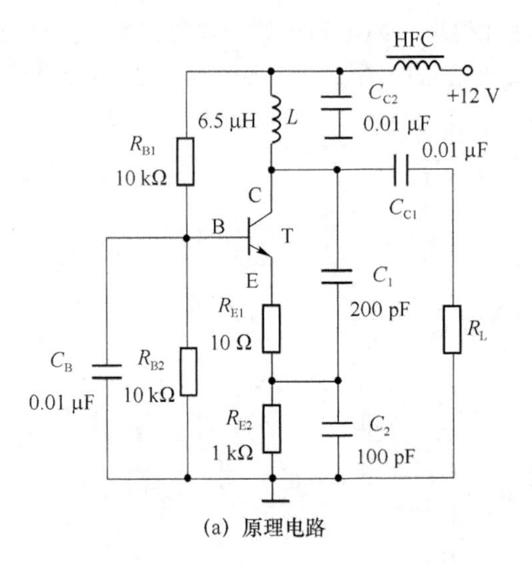

(a) 原理电路

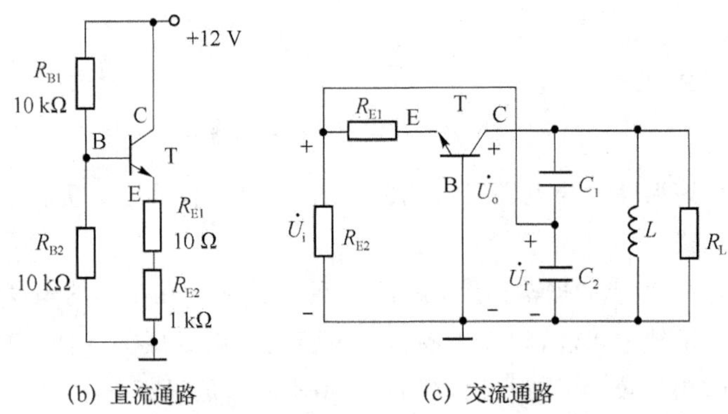

(b) 直流通路　　　　(c) 交流通路

图 10-18　共基极电容三点式振荡器

$$f_0=\frac{1}{2\pi\sqrt{L\dfrac{C_1C_2}{C_1+C_2}}}=\frac{1}{2\pi\sqrt{6.5\times10^{-6}\times\dfrac{200\times100}{200+100}\times10^{-12}}}\ \text{Hz}$$

$$=7.65\times10^6\ \text{Hz}=7.65\ \text{MHz}$$

该振荡电路的主要特点是振荡频率受温度、电源电压以及负载变化的影响很小，比较稳定。

重要知识点

- **振荡器**：在没有外加激励的情况下，能够自动产生一定幅度、频率波形信号的装置。
- **振荡器的类型**：按照选频网络分有 *RC* 振荡器、*LC* 振荡器、石英晶体振荡器等。
- **振荡器的性能指标**：除了频率、振幅等之外，还包括频率稳定度和振幅稳定度。
- **起振条件**：振荡电路接通电源后能够产生振荡必须满足的条件，包括幅值条件和相位条件，二者缺一不可。
- **平衡条件**：振荡电路维持稳定振荡必须满足的条件，包括幅值平衡条件和相位平衡条件，二者缺一不可。

- *RC* **振荡器**：振荡频率较低，产生的信号频率一般在 100 kHz 以下。
- **变压器反馈式振荡器**：产生的信号频率一般在几十千赫至几兆赫。
- **电感三点式振荡器**：产生的信号频率一般在几十兆赫以下。
- **电容三点式振荡器**：振荡频率较高，产生的信号频率一般可以达到 100 MHz 以上。
- **石英晶体振荡器**：振荡频率稳定度高。一般优于 $10^{-5}\sim10^{-7}$ 数量级。

本章小结

1. 振荡器是一种将直流电能自动转换成所需交流电能的电路。其定义是在没有外加激励的情况下，能够自动产生一定波形信号的装置。

2. 反馈型振荡器主要由放大器、反馈网络、选频网络和稳幅环节组成。

3. 振荡器可根据不同的分类方法分成很多种类型。如按照所产生的波形是否为正弦波，振荡器可分为正弦波振荡器和非正弦波振荡器；按照选频网络不同振荡器还可分为 *RC* 振荡器、*LC* 振荡器和石英晶体振荡器等。

4. 振荡器要满足起振条件和平衡条件。

振幅起振条件：$|\dot{A}_u\dot{F}_u|>1$。

相位起振条件：$\varphi_{AF}=2n\pi\ (n=0,1,2,3,\cdots)$。

振幅平衡条件：$|\dot{A}_u\dot{F}_u|=1$。

相位平衡条件：$\varphi_{AF}=2n\pi(n=0,1,2,3,\cdots)$。

5. *RC* 振荡器电路是利用 *RC* 电路作为选频网络，常用的有 *RC* 串并联式(文氏桥式)振荡器。*RC* 振荡器振荡频率 f_0 为

$$f_0=\frac{1}{2\pi RC}$$

6. *LC* 振荡器，包括变压器反馈式、电感三点式和电容三点式振荡器。为了提高其性能，对电容三点式电路结构进行了改进，包括串联改进型和并联改进型。*LC* 振荡器振荡频率 f_0 为

$$f_0=\frac{1}{2\pi\sqrt{LC}}$$

7. 在频率要求比较稳定的场合还经常用到石英晶体振荡器，主要包括并联型和串联型的晶体振荡器。并联型晶体振荡器，石英晶体在电路中作为“高 *Q* 电感”元件使用，振荡频率 $f_0\approx f_s$(在 $f_s\sim f_p$ 之间)。串联型晶体振荡器，石英晶体在电路中作为串联谐振(短路)元件使用，振荡频率 $f_0=f_s$。

思考题与习题

10-1　正弦波振荡器由哪几部分组成，它们的作用分别是什么？

10-2 振荡器起振条件和平衡条件有什么不同?

10-3 文氏电桥振荡器由哪几部分电路组成?简述其振荡原理。

10-4 电感三点式与电容三点式振荡电路的结构有何特点?

10-5 简述石英晶体振荡器的主要特点。

10-6 电路如图 10-19 所示,已知 $R_1=R_2=7.5\ \text{k}\Omega$,$C_1=C_2=0.02\ \mu\text{F}$,$R_3=8\ \text{k}\Omega$。(1)估算振荡频率 f_0;(2)为保证电路起振,反馈电阻 R_f 应为多大?

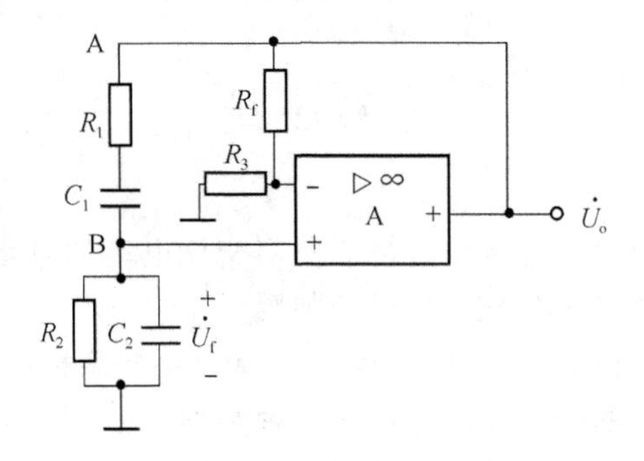

图 10-19 习题 10-6 图

10-7 电路如图 10-20 所示,试判定电路能否产生振荡,说出判断的理由,并指出可能振荡的电路属于什么类型。

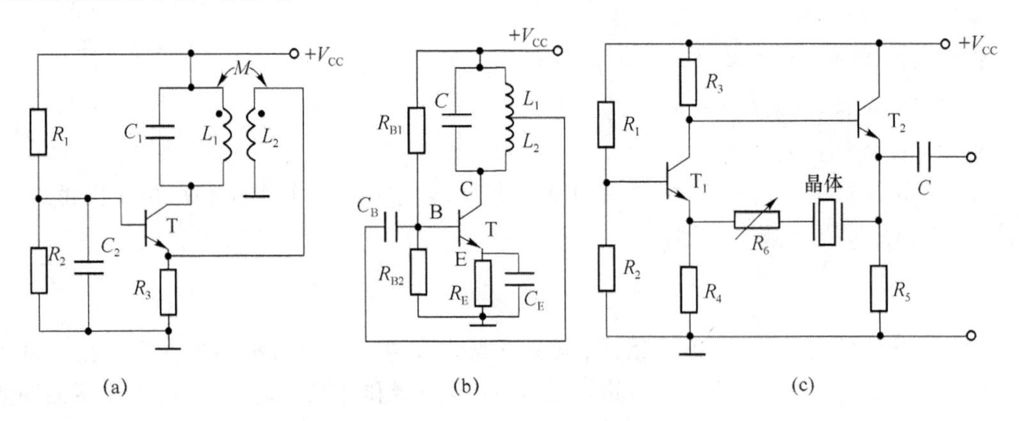

图 10-20 习题 10-7 图

10-8 根据振荡的相位平衡条件,判断图 10-21 所示电路能否产生振荡。若电路能产生振荡,画出交流通路,指出属于什么类型振荡电路,试求振荡器的振荡频率。

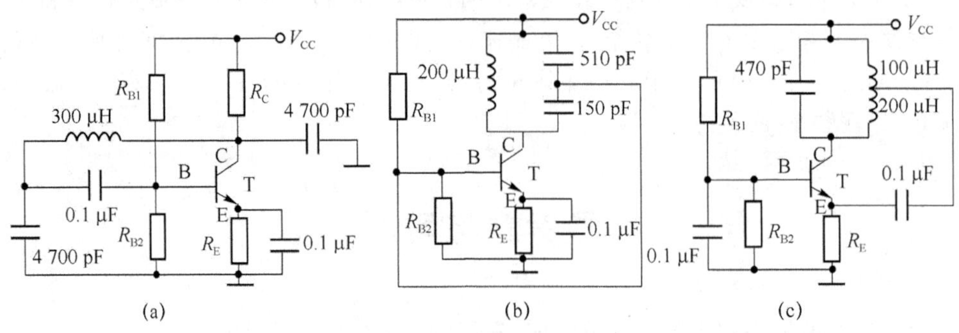

图 10-21 习题 10-8 图

10-9　在 LC 振荡器中，影响频率稳定度的主要原因是哪些？采用哪些措施可以提高 LC 振荡器的稳定度？

10-10　振荡电路如图 10-22 所示，它属于什么类型的振荡器？画出交流通路，计算振荡频率，并说明电路特点。

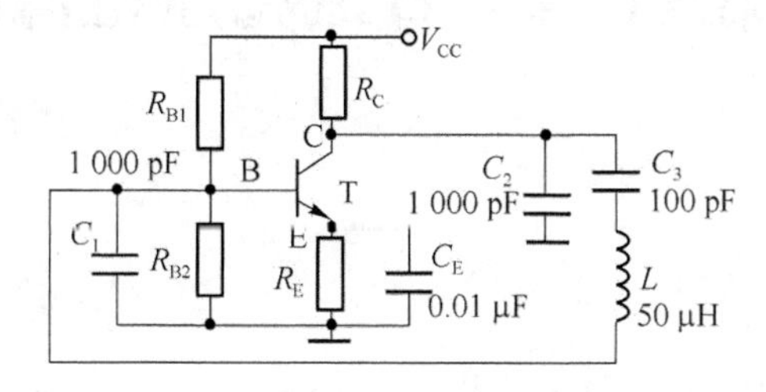

图 10-22　习题 10-10 图

10-11　振荡电路如图 10-23 所示，它是什么类型的振荡器？画出交流通路，计算振荡频率，并说明电路特点。

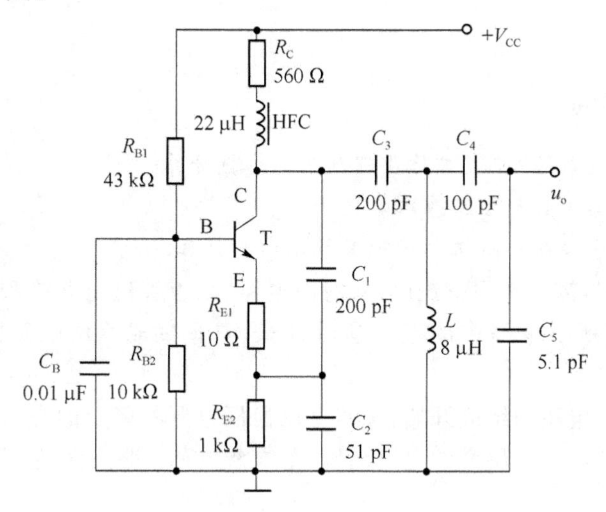

图 10-23　习题 10-11 图

10-12　画出图 10-24 所示各晶体振荡器的交流通路，指出电路类型，并说明石英晶体在电路中的作用。

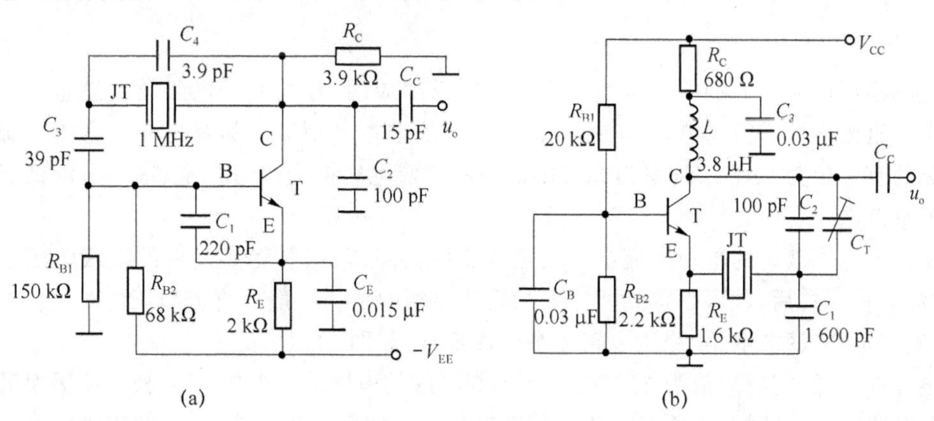

图 10-24　习题 10-12 图

第 11 章　直流稳压电源

【本章要点】

- 直流电源的组成。
- 整流电路。
- 滤波电路。
- 稳压电路。

【本章重点难点】

- 单相桥式整流电路组成、工作原理及基本参数计算。
- 电容滤波电路工作原理及基本参数计算。
- 硅稳压二极管稳压电路工作原理及基本参数计算。

通过本章的学习，需要掌握整流电路、滤波电路、二极管稳压电路和串联稳压电路的组成及工作原理；理解所讲电路中的基本参数计算；熟悉集成稳压电路的主要参数及简单应用。

本章从直流稳压电源的组成开始，按照直流稳压电源各模块的先后顺序（整流电路、滤波电路、稳压电路）依次提出研究的电路结构、基本参数和电路元件，它是电路理论基础知识和重要组成部分。

11.1　直流稳压电源的组成

直流稳压电源在人们的日常生活中有着广泛的应用，各类电子电路及其设备中都需要由稳定的直流电源进行供电，如电视机、微波炉、笔记本电脑等。本章将介绍直流电源如何将常见的有效值为 220 V、频率为 50 Hz 的单相交流电转换为幅值稳定、输出电流低于几十毫安的直流电压。

从供电电网获得的单项交流电一般经过变压器降压，然后将变换后的次级电压经过整流、滤波和稳压之后，就可以得到所需要的直流电源幅值。一般的直流稳压电源包括电源变压器、整流电路、滤波电路、稳压电路 4 个组成部分，如图 11-1 所示。

电源变压器：把有效值为 220 V、频率为 50 Hz 的电网输入电压 u_i 变换成所需要的电压 u_1 。一般情况下，电网电压的有效值和所需直流电压的数值相差较大，因此需要通过电源变压器降压后，再对交流电压进行处理。

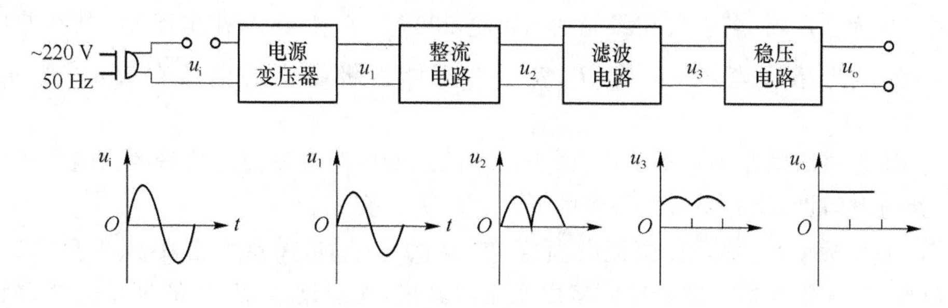

图 11-1　直流稳压电源组成方框图

整流电路：利用具有单向导电性能的整流元件，如二极管，把正弦交流电 u_1 变成单一方向的脉动电压 u_2。应当注意的是，u_2 中含有大量的交流分量，会对负载电路的正常工作产生影响。

滤波电路：利用电容、电感等储能元件减小整流电路输出电压 u_2 的脉动，需通过低通滤波，使输出电压平滑。理想情况下，应将交流分量全部滤掉，使滤波电路的输出电压仅有直流电压。然而，由于滤波电路为无源电路，所以接入负载后势必影响其滤波效果。对电源电压稳定性要求不高的电子电路，整流、滤波后的直流电压 u_3 便可以作为供电电源。

稳压电路：交流电压通过整流、滤波后虽然变为交流分量较小的直流电压，但是这时的直流电压并不稳定，容易受到电网电压波动或负载大小的影响。所以需要采用稳压电路使得输出的电压 u_o 在电网电压或负载变化时保持稳定。

11.2　整流电路

11.2.1　单相半波整流电路

整流电路的主要任务是将交流电压变换成单向脉动性直流电压。变换过程中需要用到单向导电元件，而在前文中学过二极管具有单向导电性，因此可以利用二极管的这一特性构成整流电路。常见的整流电路为单相半波整流电路、单相全波整流电路和单相桥式整流电路。

简单的单相半波整流电路由整流变压器、整流二极管和电阻负载三个部分组成。如图 11-2 所示。

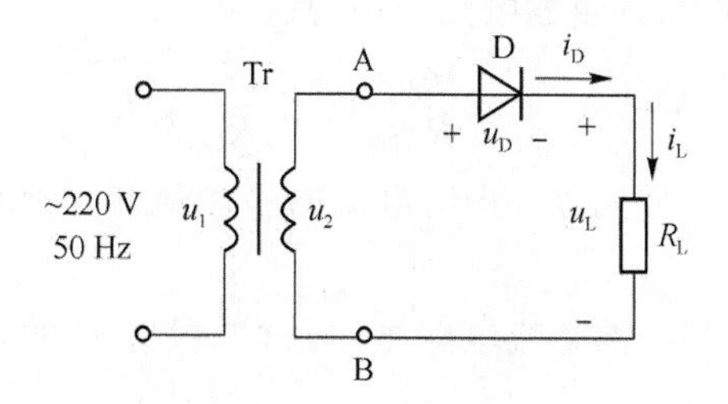

图 11-2　单相半波整流电路

图中 Tr 为变压器，若在其初级端加入市电 220 V、50 Hz 的交流电压 u_1，则在变压器次级绕组中会产生感应电压 u_2，设 U_2 表示变压器次级线圈的电压有效值，则 $u_2=\sqrt{2}U_2\sin\omega t$。

此时，假定整流电路为理想状态，即变压器的线间电阻和整流二极管的内阻可以忽略不计，负载为纯电阻性，同时整流二极管的反向电阻为无穷大。

如图 11-2 所示，u_2 为正弦交流电，假定在 u_2 的正半周，A 点为正，B 点为负，二极管外加正向电压，二极管导通。此时电流将由变压器流出，先经过 A 点，再经过二极管 D 和负载电阻 R_L，然后到达 B 点。经过二极管 D 的电流 $I_D=I_L$，理想状态下忽略二极管 D 上的压降，则负载 L 两段的输出电压为 $u_L=u_2=\sqrt{2}U_2\sin\omega t$。

在 u_2 的负半周，A 点为负，B 点为正，此时二极管 D 两端加反向电压，二极管截止，负载 R_L 上无电流，则输出 u_L 为零。整流波形如图 11-3 所示。

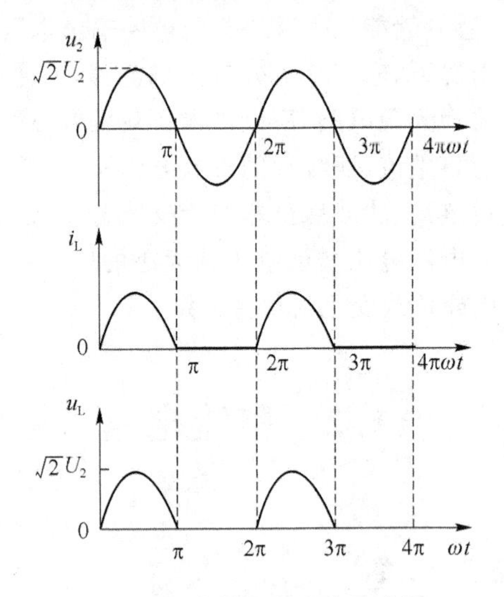

图 11-3　半波整流电路波形图

如图 11-2 所示，整流电路的输出电压平均值即为负载上的直流电压 U_L，输出电流平均值即为负载上的直流电流 I_L。当 $\omega t=0\sim\pi$ 时，$u_L=\sqrt{2}U_2\sin\omega t$，当 $\omega t=\pi\sim 2\pi$ 时，$u_L=0$。则电压平均值 U_L 在 $0\sim 2\pi$ 之间，可得表达式

$$u_L=\frac{1}{2\pi}\int_0^{\pi}\sqrt{2}U_2\sin\omega t\,d(\omega t) \tag{11-1}$$

经计算可得 $U_L\approx 0.45U_2$，则负载电流的平均值为

$$I_L=\frac{U_L}{R_L}=0.45\frac{U_2}{R_L} \tag{11-2}$$

在设计整流电路时，应依据流过二极管电流的平均值和它所承受最大反向电压来选择合适的二极管。

从前面的分析可知，单相半波整流电路中，通过二极管 D 的正向平均电流等于通过负载 L 的电流平均值，即

$$I_D=I_L=0.45\frac{U_2}{R_L} \tag{11-3}$$

二极管 D 两端承受的反向电压的最大值为变压器的峰值电压，即

$$U_{\mathrm{Rmax}}=\sqrt{2}U_2 \tag{11-4}$$

实际工作中，应考虑由市电引入的电网电压有一定的波动，约为±10%，即电源变压器 Tr 的初级端电压为 198～242 V，所以，为保证二极管安全工作，所选二极管的最大整流平均电流 I_F 和最高反向工作电压 U_R 均应至少留有 10%的浮动范围，即为

$$I_F>1.1I_D \tag{11-5}$$

$$U_R>1.1U_{\mathrm{Rmax}} \tag{11-6}$$

单相半波整流仅使用了少量的原件，电路结构简单，可以作为充电电池的简易充电电路，经济实用，但单相半波整流也有着明显的缺点：输出波形脉动大，直流成分比较低；电路有半个周期不导电，利用效率低；变压器电流含有直流成分，容易饱和。所以此类电路一般适用于输出电流小、对电源性能要求不高的场合。

【例 11-1】 在图 11-1 所示整流电路中，已知变压器副边电压有效值 $U_2=10$ V，负载电阻 $R_L=5\ \Omega$，试问：

(1) 负载电阻 R_L 上的电压平均值和电流平均值各为多少？

(2) 电网电压允许波动±10%，选用二极管时应注意哪些事项？

解 (1) R_L 上电压平均值和流过 R_L 的电流平均值分别为

$$U_L=0.45U_2=0.45\times10\ \mathrm{V}=4.5\ \mathrm{V}$$

$$I_L=\frac{U_L}{R_L}=\frac{4.5\ \mathrm{V}}{5\ \Omega}=0.9\ \mathrm{A}$$

(2) 选用二极管时应考虑其通过的最大平均电流和承受的最大反向电压

$$U_R=1.1\sqrt{2}U_2=1.1\times1.414\times10\ \mathrm{V}=15.55\ \mathrm{V}$$

$$I_D=1.1I_L=1.1\times0.9\ \mathrm{A}=0.99\ \mathrm{A}$$

即二极管应能承受至少 15.55 V 的反向电压和 0.99 A 的最大平均电流。

11.2.2　单相全波整流电路

简单的单相半波整流电路即可完成整流功能，但其只利用了电源的半个周期，平均值较低，为了使电源整个周期在负载上都能产生输出电压，把半波整流电路加以改进得到单相全波整流电路。

如图 11-4 所示。全波整流电路是由两个半波整流电路组成的。图中以抽头的方式用变压器的中心触头把次级分为两个半绕组，每个半绕组与一个二极管配合形成一个简单的半波整流电路，使整个电路在正半周和负半周内轮流导电，而且二者流过 R_L 的电流保持同一方向，从而使正半周和负半周在负载上均有输出电压。

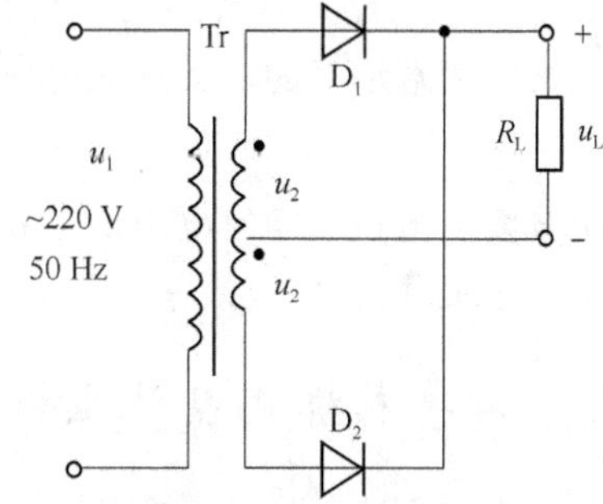

图 11-4　单相全波整流电路

图 11-4 中，若在变压器 Tr 的初级端加入 220 V、50 Hz 的正弦交流电，则在其正半周时，电流从变压器 Tr 次级出发，通过二极管 D_1 后，因二极管 D_2 反向截止，电流只能流经负载 R_L，

即二极管 D_1 和负载 R_L 形成回路;在正弦交流电的负半周时,电流从变压器 Tr 次级出发,通过二极管 D_2 后,因二极管 D_1 反向截止,电流只能流经负载 R_L,即二极管 D_2 和负载 R_L 形成回路。

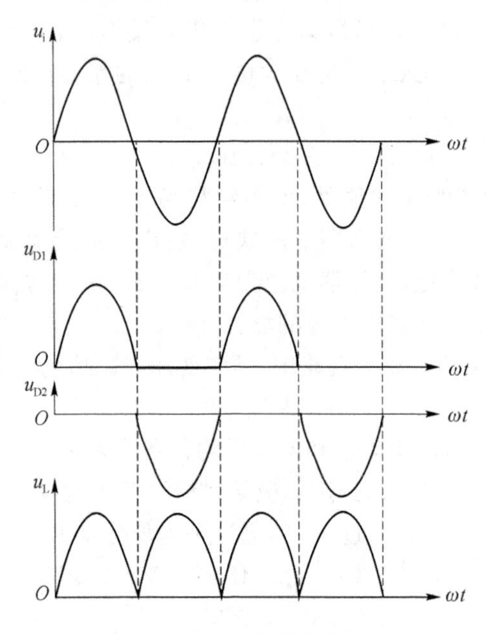

图 11-5 单相全波整流波形

如图 11-5 所示,单相全波整流电路和半波整流电路相比,在交流电压的正、负半周上都有电流通过负载,单相全波整流比半波整流的平均输出电压、平均输出电流增加一倍。即输出电压的平均值和输出的直流电流分别为

$$U_L=\frac{2\sqrt{2}}{\pi}U_2\approx 0.9U_2 \tag{11-7}$$

$$I_L=0.9\frac{U_2}{R_L} \tag{11-8}$$

通过每个二极管的平均电流

$$I_{D1}=I_{D2}=\frac{1}{2}I_L=0.45\frac{U_2}{R_L} \tag{11-9}$$

二极管两端承受的最大反向电压和变压器次级端峰值电压,即

$$U_{Rmax}=2\sqrt{2}U_2 \tag{11-10}$$

全波整流电路的输出电压比半波整流电路输出电压高出一倍,且由于在整个周期内都有电流流过负载,使整流效率明显高于半波整流电路。

11.2.3 单相桥式整流电路

半波整流电路虽然结构简单,但只利用了电源的半个周期,平均值较低,单相全波整流电路虽电源整个周期在负载上能产生输出电压,但必须采用具有中心抽头的变压器,而且每个线圈只有一半的时间通过电流,所以变压器的利用率不高。为了克服这些不足,实用电路中经常使用到的是单相桥式整流电路。

图 11-6 所示为单相桥式全波整流电路，其中电源变压器没有中心触头，使用了 4 个二极管 $D_1 \sim D_4$ 组成了电桥形式。图 11-7(a)为单相桥式全波整流电路的习惯画法，(b)为简易画法。

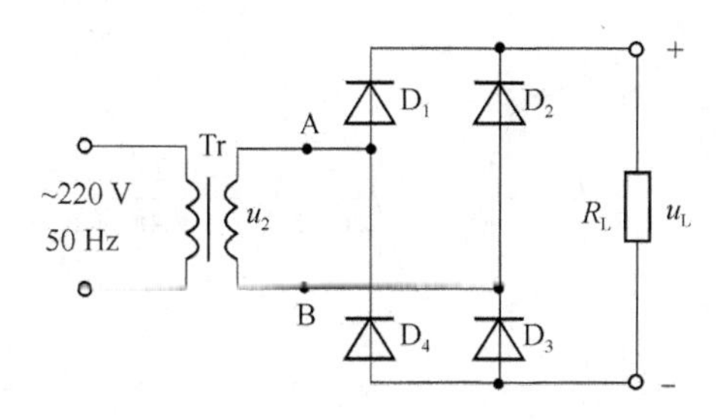

图 11-6　单相桥式全波整流电路图

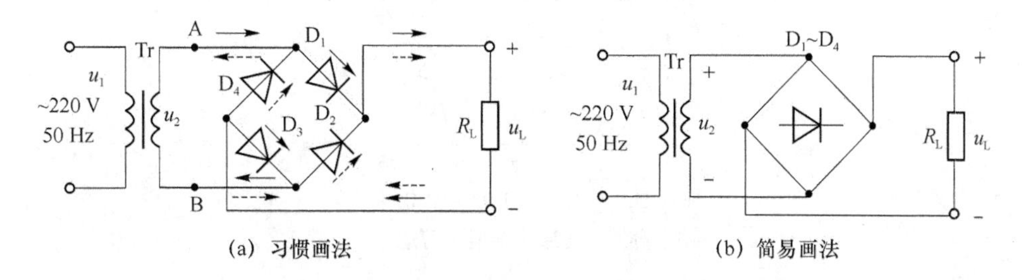

(a) 习惯画法　　(b) 简易画法

图 11-7　单相桥式全波整流电路

若在变压器初级端加入 220 V、50 Hz 的正弦交流电，则在 U_2 正半周时，电流从变压器次级出发，若设定 A 端为正，B 端为负，经过 A 点后，二极管 D_4 反向截止，则电流通过二极管 D_1 后，因二极管 D_2 反向截止，电流只能流经负载 R_L，然后流经二极管 D_3 后到达 B 点。即二极管 D_1、负载 R_L 和二极管 D_3 形成回路。如图 11-7(a)中所示实线箭头方向。

在 U_2 负半周时，电流从变压器次级出发，经过 B 点后，二极管 D_3 反向截止，则电流通过二极管 D_2 后，因二极管 D_1 反向截止，电流只能流经负载 R_L，然后流经二极管 D_4 后到达 A 点。即二极管 D_2、负载 R_L 和二极管 D_4 形成回路。如图 11-7(a)中所示虚线箭头方向。

由于 D_1、D_3 和 D_2、D_4 两对二极管交替导通，使得在正、负半周期均有电流流过负载电阻 R_L，而且在整个周期内，流过负载电阻 R_L 的电流方向保持不变，i_L、u_L 都是单方向的全波脉动波形，即完成了全波整流电路。波形如图 11-8 所示。

桥式整流电路将 u_2 的负半周也利用起来实现了全波整流，所以和半波整流电路相比，在变压器次级电压有效值相同的情况下，负载 R_L 上的直流电压是半波整流电路的两倍。

负载电阻 R_L 上的直流电压

$$U_L = 0.9U_2 \tag{11-11}$$

负载电阻 R_L 上的直流电流

$$I_L = \frac{U_L}{R_L} = 0.9\frac{U_2}{R_L} \tag{11-12}$$

在单相桥式整流电路中，二极管 D_1、D_3 和 D_2、D_4 分为两组轮流交替导通，所以流经每一个二极管的平均电流为

$$I_D = \frac{1}{2}I_L = \frac{0.9U_2}{2R_L} \tag{11-13}$$

二极管截止时两端承受的最大反向电压为 D_1、D_3 和 D_2、D_4 各组分别在截止时所承受的 u_2 最大值，即

$$U_{D1+D3}=U_{D2+D4}=U_{Rmax}=\sqrt{2}U_2 \tag{11-14}$$

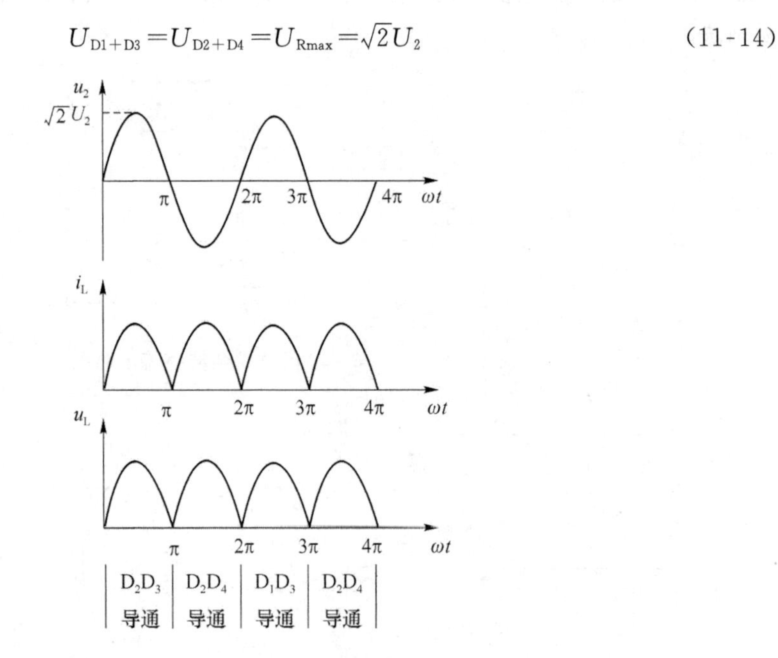

图 11-8　单相桥式整流电路波形图

同样在实际工作中，应考虑由市电引入的电网电压的波动，选用二极管时，应至少有10%的余量，所选二极管的最大整流平均电流 I_F 和最高反向工作电压 U_R 均应至少留有10%的浮动范围，即为

$$I_F>1.1I_D \tag{11-15}$$

$$U_R>1.1U_{Rmax} \tag{11-16}$$

单相桥式整流电路输出电压高，脉动电压较小，管子所承受的最大反向电压较低，与半波整流电路相同，同时，因电源变压器在正、负半周内都有电流供给负载，电源变压器得到了充分利用，效率较高。因此，这种电路在半导体整流中得到了广泛应用。

【例 11-2】 在图 11-7 所示整流电路中，已知变压器副边电压有效值 $U_2=10$ V，负载电阻 $R_L=5\ \Omega$，试问：

(1) 负载电阻 R_L 上的直流电压和直流电流各为多少？

(2) 电网电压允许波动±10%，选用二极管时应注意哪些事项？

解　(1) R_L 上直流电压和流过 R_L 的直流电流分别为

$$U_L=0.9U_2=0.9\times10\ \text{V}=9\ \text{V}$$

$$I_L=\frac{U_L}{R_L}=\frac{9\ \text{V}}{5\ \Omega}=1.8\ \text{A}$$

(2) 选用时应考虑二极管的最大整流平均电流 I_F 与最高反向工作电压 U_R 至少应选取的范围

$$I_F>1.1I_D=1.1\times\frac{I_L}{2}=1.1\times\frac{1.8\ \text{A}}{2}=0.99\ \text{A}$$

$$U_R>1.1\sqrt{2}U_2=1.1\times1.414\times10\ \text{V}=15.55\ \text{V}$$

11.3　滤波电路

通过整流电路可以使正弦交流电变为单一方向的电流，但是电压波动较大，里面还有较大交流成分，不能适应大多数电子电路及其设备的需要。因此，一般需要使用滤波器，尽量降低输出电压中的脉动成分，且尽量保留其中的直流成分，使输出电压接近于理想的直流电压。常用的滤波器一般由电抗元件组成(电感或电容)。电抗元件在电路中具有储能的作用，在电源电压升高时，能把部分能量储存起来，在电源电压下降时则把能量释放出来，使负载电压比较平滑。

11.3.1　半波整流电容滤波电路

可以在前文所学的半波整流电路的负载 R_L 上并联一个足够大的电容，这样就可以构成一个半波整流电容滤波电路。

在图 11-9 中，当电路没有接电容时，整流二极管在输入电压正半周导通，在负半周截止，输出电压波形如图 11-10 中虚线所示。当电路并联电容以后，假设在 $\omega t=0$ 时接通电源，此时电容 C 还没有存储能量，则当变压器次级端电压 u_2 由零逐渐增大到二极管导通电压时，二极管 D 导通，此时流经二极管的一部分电流 i_O 流向负载，另一部分电流 i_C 向电容充电。在理想情况下，可认为电容两端电压 u_C 按 u_2 正弦规律上升，逐渐达到正半周的最大值，如图 11-10 实线 Oa 段，到了最大值后，u_2 开始下降，此时 $u_C>u_2$，二极管反向截止，电容 C 向负载 R_L 放电，由于放电时间常数 τ 很大，[$\tau=R_LC\geqslant(3\sim5)T/2$]，则 u_C 按指数规律缓慢下降，如图 14-12 实线 ab 段，当 u_C 下降到 b 点后，由于下一个周期的 u_2 逐渐上升且 u_2 大于 u_C，u_2 和 u_C 的差值大于二极管导通电压时，二极管再次导通，再一次向电容充电，到达 C 点后电容 C 又放电，如此周而复始，可以使得整流输出电压的波形变得平滑。

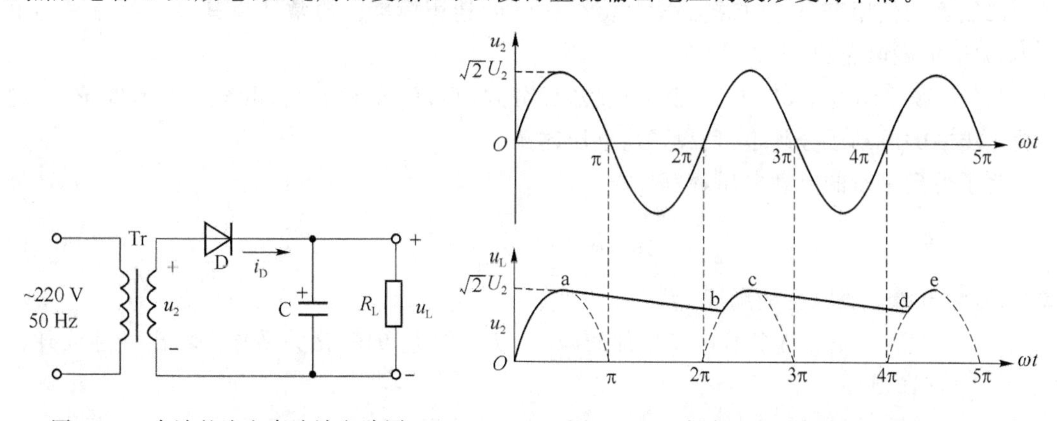

图 11-9　半波整流电容滤波电路图　　　图 11-10　半波整流电容滤波波形图

半波整流电容滤波电路的输出电压中提高了直流成分，降低了脉动成分，且电路结构简单，易于实现，适用范围广，广泛应用于收录机、影碟机等小型电器。但电容滤波存在着输出电压 U_L 随输出电流的增大而明显减小的缺点，所以电容滤波电路只适用于负载变动不大、负载电流不很大的场合。

11.3.2 桥式整流电容滤波电路

如图 11-11(a)所示，如果在桥式整流电路的负载 R_L 上并联一个足够大的电容 C，加入的电容 C 可以起到减小输出电压脉动的作用，这样就构成了一个桥式整流电容滤波电路。电容 C 将起到减小输出电压脉动的作用。下面就来分析一下其工作原理。

从前文桥式整流电路的分析中可知，当变压器次级端所产生的交流电源电压 u_2 为正半周时，二极管 D_1 和 D_3 导通，二极管 D_2 和 D_4 截止，变压器电源向负载提供电流的同时，向电容 C 充电，电容电压为 U_C，如图 11-11(b)中 ab 段。当 u_2 交流电源电压达到正半周最大值时，u_2 按正弦规律下降，如图 11-11(b)中 bc 段。当下降至 $u_2<U_C$ 时，D_1 和 D_3 被反偏而截止，电容向负载电阻 R_L 放电，如图 11-11(b)中 cd 段。电容放电一直持续到负半周中交流电压大过电容上电压值 U_C 时，D_2 和 D_4 开始导通，交流电源电压又向电容开始新一轮充电。

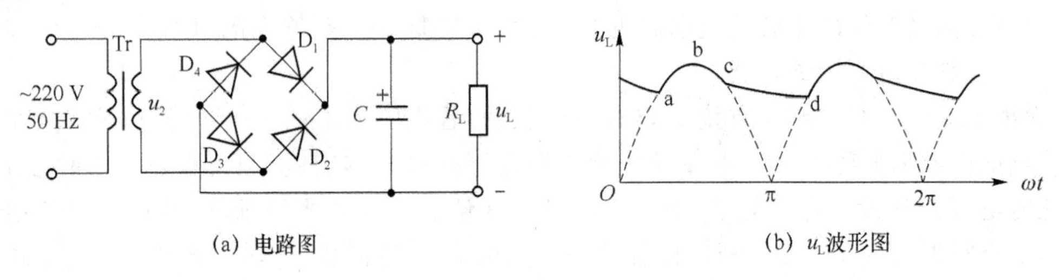

(a) 电路图　　(b) u_L波形图

图 11-11　桥式整流电容滤波电路与波形图

电容滤波电路的特点如下。

(1) 二极管的导通角 $\theta<\pi$。在同样负载 R_L 的情况下，滤波电容的容量越大，滤波效果越好，导通角 θ 将越小。由于电容滤波后，负载 R_L 中平均电流增大，而二极管的导通角反而减小，所以整流二极管在一个很短的时间内将流过一个很大的冲击电流，过大的充电电流会影响二极管的使用寿命，这将提高对整流二极管的选用标准。通常选择其最大整流平均电流 I_F 大于负载电流的 2～3 倍。

(2) 负载平均电压 U_L 升高，脉动(交流成分)减小，且 R_LC 越大，电容放电速度越慢，则负载电压中的脉动成分越小，负载平均电压越高。

为了得到平滑的负载电压，一般取

$$\tau_d=R_LC\geqslant(3\sim5)\frac{T}{2} \tag{11-17}$$

式中，T 为电源交流电压的周期。

(3) 负载直流电压随负载电流增加而减小。U_L 随 I_L 的变化关系称为输出特性或外特性，如图 11-12 所示。

当电容器 C 数值较大，$R_L=\infty$(即空载)时，$U_L=\sqrt{2}U_2=1.4U_2$。

当 $C=0$(即无滤波电容)时，$U_L=0.9U_2$，在整流电路的内阻不太大(几欧姆)和放电时间常数满足式(11-17)时，电容滤波电路的负载电压 U_L 与 U_2 的关系为 $U_L\approx1.2U_2$。

电容滤波的优点是：电路简单，负载直流电压 U_L 较高，脉动小；缺点是：输出特性较差。所以电容滤波适用于负载电压较高、负载变动不大的场合。

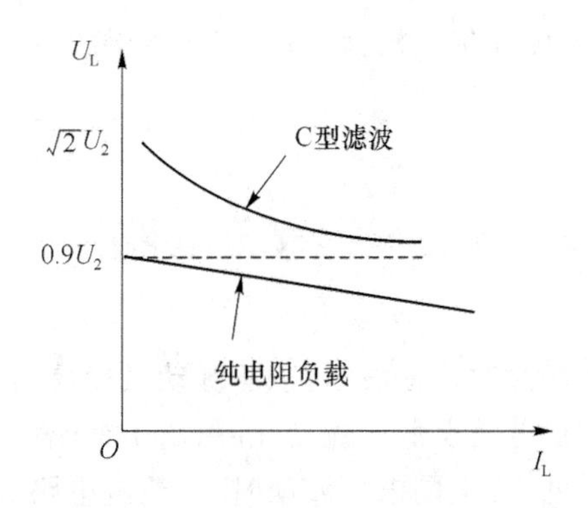

图 11-12　桥式整流电容滤波电路的输出特性

【例 11-3】 在图 11-11 所示电路中，要求负载电阻 R_L 上的直流电压 $U_L=15$ V，负载电流 $I_L=100$ mA。

(1) 计算滤波电容 C 的大小；

(2) 考虑到电网电压的波动为±10%，计算滤波电容 C 的耐压值。

解 (1) 负载电阻

$$R_L=\frac{U_L}{I_L}=\frac{15}{100\times10^{-3}}\ \Omega=150\ \Omega$$

滤波电容 C 的容量为

$$C=(3\sim5)\frac{T}{2R_L}=(3\sim5)\frac{0.02}{2\times150}\mathrm{F}=200\sim333\ \mu\mathrm{F}$$

(2) 变压器副边电压有效值为

$$U_2\approx\frac{U_L}{1.2}=\frac{15}{1.2}\ \mathrm{V}=12.5\ \mathrm{V}$$

电容的耐压值为

$$U>1.1\sqrt{2}U_2\approx1.1\sqrt{2}\times12.5\ \mathrm{V}\approx19.5\ \mathrm{V}$$

实际可选取容量为 300 μF、耐压为 25 V 的电容做本电路的滤波电容。

11.3.3　桥式整流电感滤波电路

如图 11-13 所示，在桥式整流电路和负载电阻 R_L 之间串入一个电感器 L，利用电感的储能作用可以减小输出电压的脉动，从而得到比较平滑的直流电压。理想状态下，若忽略电感 L 的电阻时，负载上输出的平均电压和纯电阻(不加电感)负载相同，即 $U_L=0.9U_2$。

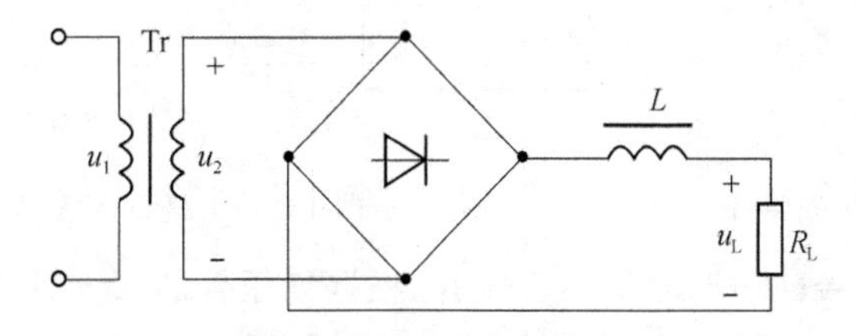

图 11-13　桥式整流电感滤波

电感滤波电路的特点是，整流管的导电角较大，峰值电流较小，电路输出特性比较平缓。但由于铁心存在，质量和体积都比较大，易引起电磁干扰，一般只适用电压较低、电流较大的场合。

11.4 稳压电路

由市电引入的交流电压经过整流滤波后，电压脉动虽然得到了很大的改善，但离理想的直流电源还有相当的差距。而且当负载电流变化时，由于整流滤波电路中存在内阻，会造成输出电压随之发生变化。另外，当电网电压波动时，因整流电路的输出电压直接与变压器的副边电压有关，因此也要发生相应的变化。在工程上，这些不稳定的因素会引起测量和计算的误差，甚至会引起控制系统不稳定，导致仪器不能正常工作。因此，必须进一步对电压采取稳定措施，以保证输出电压可靠和稳定。直流稳压电路的功能就是在整流滤波之后实现稳压作用。所谓稳压电路，就是当电网电压波动或负载发生变化时，能使输出电压保持稳定的电路。最简单的直流稳压电源是硅稳压管稳压电路。

直流稳压电路按照其稳压的工作方式可分为线性直流稳压电路和开关直流稳压电路。按照电压调整器件与输出电压的连接方式可分为串联直流稳压电源和并联直流稳压电源。

11.4.1 稳压二极管稳压电路

在前文中学到，当稳压管工作于反向击穿状态时，只要反向电流不超过极限电流 I_{Zmin} 和极限功耗 P_{Zmax}，稳压管不会被损坏，并且反向电流在较大的范围内变化时，稳压管两端电压 U_Z 变化很小，从而具有稳压作用。硅稳压管的伏安特性图如图 11-14 所示。

利用稳压管的稳压特性，在桥式整流滤波电路的负载 R_L 两端并联一个由稳压管 D 组成的稳压电路，这样就组成了最简单的直流稳压电路，即稳压管稳压电路，有时又称并联型稳压电路，如图 11-15 所示。其中 R 是稳压管的限流电阻，用来确定稳压管的工作电流。

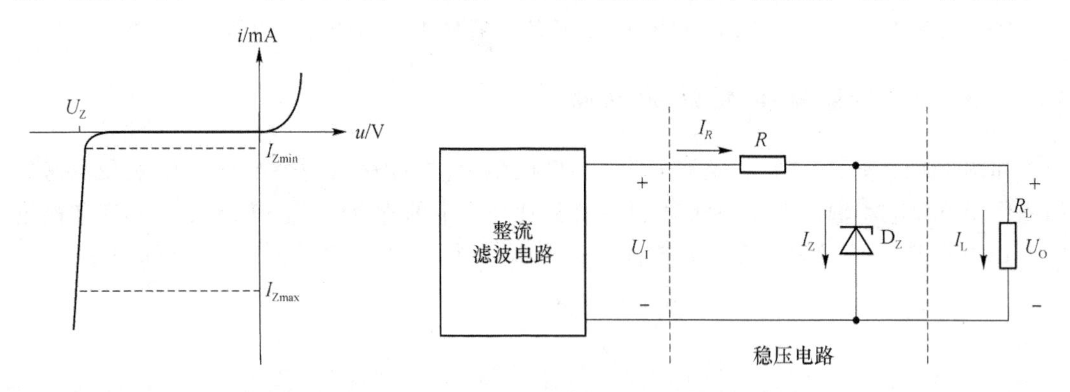

图 11-14 稳压管的伏安特性　　图 11-15 硅稳压管的稳压电路

在图 11-15 中，$U_O=U_I-I_RR$，$I_R=I_Z+I_L$，根据稳压管的伏安特性，只要能使稳压管始终工作在稳压区（$I_{Zmin}\leqslant I_Z\leqslant I_{Zmax}$），输出电压 U_Z 就基本保持稳定。

当在负载 R_L 不变的情况下，当电网电压升高时，整流滤波输出电压 U_1 也随之升高，使输出电压 U_O 升高，U_O 的升高使稳压管两端电压 U_Z 同样升高，则反方向电流 I_Z 增大，电阻

R 上的压降增大，导致输出电压下降。由于输出电压的下降量近似等于输出电压的上升量，使得输出电压基本稳定，实现稳压过程。其过程可简单描述为：

$$\text{电网电压}\uparrow \rightarrow U_I\uparrow \rightarrow U_O(U_Z)\uparrow \rightarrow I_Z\uparrow \rightarrow I_R\uparrow \rightarrow I_RR\uparrow \rightarrow U_O\downarrow$$

同理，电网电压下降时，输出电压也会基本保持稳定。

当负载电阻 R_L 增大时（假设电网电压不变），输出电流 I_O 相应减小，通过电阻 R 的电流 $I_R=I_Z+I_O$ 减小，电阻 R 上的压降 U_R 也减小，使输出电压 U_O 升高，U_O 的升高使稳压管二极管两端电压 U_Z 同样升高，则反向电流 I_Z 升高，由于稳压二极管反向电流 I_Z 的增加量近似等于输出电流 I_O 的减小量，使得电阻 R 上的压降 U_R 基本不变，从而输出电压 U_O 保持基本稳定，从而实现了稳压的过程。

同理，当负载电阻 R_L 减小时，输出电压也会基本保持稳定。

利用稳压管所起的电流调节作用，稳压电路通过限流电阻 R 上电压或电流的变化进行补偿，来达到稳压的目的。同时串联电阻 R 也起到限制电流保护稳压管的作用，所以电阻 R 也称为限流电阻。由 U_O 和 I_R 的表达式，可以推算出

$$R=\frac{U_I-U_Z}{I_Z+I_L} \tag{11-18}$$

(1) 当输入电压 U_I 为最大，而负载电流最小（负载开路，此时 $I_L=0$）时，流过稳压管的电流最大，为了保护管子，流过稳压管子的电流必须小于 I_{Zmax}，因此限流电阻 R 应该足够大，即下限值为

$$R_{min}=\frac{U_{Imax}-U_Z}{I_{Zmax}} \tag{11-19}$$

(2) 当输入电压 U_I 为最小，而负载电流为最大时，流过稳压管的电流最小，为了保证稳压管工作在击穿区（即稳压区），I_Z 值不得小于 I_{Zmin}，因此限流电阻 R 不得过大，即上限值为

$$R_{max}=\frac{U_{Imin}-U_Z}{I_{Zmin}+I_{Lmax}} \tag{11-20}$$

式中，$I_{Lmax}=\dfrac{U_Z}{R_{Lmin}}$。

【例 11-4】 在图 11-15 所示电路中，输入直流电压 $U_I=30$ V，假设其变化范围为 ±10%，负载为 2 kΩ，要求输出直流电压 $U_L=12$ V，求负载电流的最大值 I_{Lmax} 和限流电阻下限值 R_{min} 和上限值 R_{max}。

解　负载电流最大值

$$I_{Lmax}=\frac{U_L}{R_L}=\frac{12\ \text{V}}{2\ \text{k}\Omega}=6\ \text{mA}$$

查晶体管手册，可选稳压管 2CW5，其主要指标为：$U_Z=11.5\sim14$ V，$I_{Zmin}=5$ mA，$P_Z=0.28$ W，所以

$$I_{Zmax}=\frac{P_Z}{U_Z}=\frac{0.28\ \text{W}}{12\ \text{V}}=23\ \text{mA}$$

U_I 的变化范围为 ±10%，即 $U_{Imax}=1.1U_I=33$ V，$U_{Imin}=0.9U_I=27$ V。

限流电阻下限值

$$R_{\min}=\frac{U_{\mathrm{Imax}}-U_{\mathrm{L}}}{I_{\mathrm{Zmax}}}=\frac{33\ \mathrm{V}-12\ \mathrm{V}}{23\ \mathrm{mA}}=0.91\ \mathrm{k\Omega}$$

限流电阻下限值

$$R_{\max}=\frac{U_{\mathrm{Imin}}-U_{\mathrm{L}}}{I_{\mathrm{Lmax}}+I_{\mathrm{Zmin}}}=\frac{27\ \mathrm{V}-12\ \mathrm{V}}{(6+5)\mathrm{mA}}=1.3\ \mathrm{k\Omega}$$

11.4.2 串联型稳压电路

稳压管稳压电源电路简单，但受稳压管最大电流限制，又不能任意调节输出电压，所以适用输出电压不需调节、负载电流小、要求不甚高的场合。在实际工程中，常采用串联型稳压电路来弥补稳压管稳压电路的不足。

串联型稳压电路包括 4 个组成部分：调整管、采样电路、基准电压电路和比较放大电路，如图 11-16 所示。

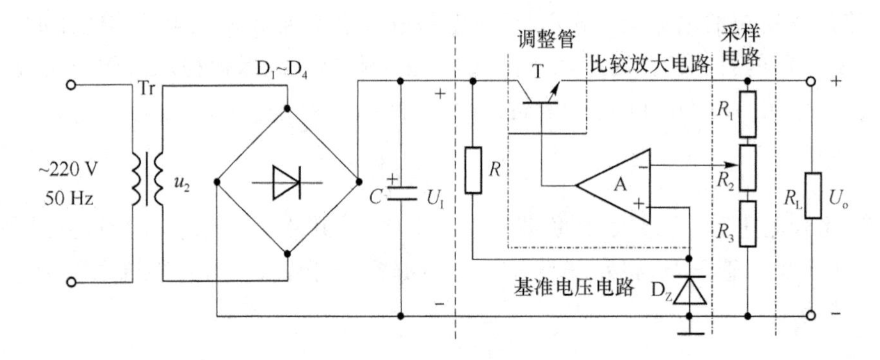

图 11-16 串联型稳压电路

R_1、R_2 和 R_3 构成采样电路，当输出电压 U_o 发生变化时，采样电阻通过分压，将输出电压的一部分送到放大电路的反相输入端。

图 11-16 中，D_Z 与 R 组成硅稳压管稳压电路，为调整管基极提供一个稳定的电压，称之为基准电压 U_Z，基准电压接到放大电路的同相输入端，然后与采样电压进行比较后，再将二者的差值进行放大。R 的作用是保证 D_Z 有一个合适的工作电流。

A 为比较放大电路，它的作用是将稳压电路输出电压的变化量进行放大，然后再送到调整管的基极。如果放大电路的放大倍数比较大，则只要输出电压产生一点微小的变化，即能引起调整管的基极电压发生较大的变化，提高了稳定效果。

晶体管 T 在电路中起电压调整作用，故称为调整管，它与负载 R_L 串联连接，故称之为串联型稳压电路。

串联型稳压电路稳压的过程，实质上是通过电压负反馈使输出电压保持基本稳定的过程。

当输入电压 U_I 或 R_L 波动引起输出电压 U_o 变化时，采样电路通过分压将输出电压的一部分送到比较放大器 A 的反相输入端与基准电压 U_Z 比较，比较后的差值电压经 A 放大后，控制调整管 T 的基极电位，从而使 T 的管压降 U_{CE} 相应变化，补偿了输出电压 U_o 的变化，使输出电压稳定。

当电网电压升高或负载 R_L 变化时，引起输出电压 U_o 升高。U_o 的升高，通过采样以后反馈到放大电路的反相输入端的电压也按比例增大，但其同向输入端的电压，即基准电压

U_Z 保持不变，故放大电路的差模输入电压将减小，于是放大电路的输出电压减小，使调整管的基极输入电压 U_{BE} 减小，则调整管的集电极电流 I_c 随之减小，同时集电极与发射极电压 U_{CE} 增大，结果使输出电压 U_o 保持基本不变。

11.4.3　集成稳压电路

现在的半导体集成电路工艺已能把串联反馈式稳压电路中的调整管、比较放大电路、基准电压源等集成在一块硅片内，构成线性集成稳压组件，使其体积更小、重量更轻，使用很方便。下面主要介绍三端集成稳压器 CW78××系列和 CW79××系列。三端集成稳压器有三个端子，分别是输入端、输出端和接地端。

1. 三端集成稳压器的主要参数

(1) 最大输入电压 U_{Imax}：保证稳压器安全工作时所允许的最大输入电压。

(2) 最小输入电压 U_{Imin}：保证稳压器正常工作时所需要的最小输入电压。

(3) 输出电压 U_O。

(4) 最大输出电流 I_{Omax}：保证稳压器安全工作时所允许的最大输出电流。

(5) 电压调整率(%V)：它的含义为 $\left.\dfrac{\Delta U_O/U_O}{\Delta U_I}\right|_{\Delta I_O=0}\times100\%$，它反映了当输入电压 U_I 每变化 1 V 时，输出电压相对变化量 $\Delta U_O/U_O$ 的百分数。此值越小，稳压性能越好。

2. 三端集成稳压器的应用

CW78××系列和 CW79××系列是应用最广泛的三端稳压器件。C 表示国标产品；W 表示稳压器；78 系列输出固定正电压，79 系列输出固定负电压；××(两位数字)表示输出电压值(例如，CW7805 是输出正 5 V 的器件，CW7912 是输出负 12 V 的器件)。

基本应用电路如图 11-17 所示。图 11-17(a)为 CW78××系列作固定输出时的典型接线图。图 11-17(b)为 CW79××系列作固定输出时的典型接线图。电容 C_1 是为了在输入线较长时抵消其电感效应，以防止产生自激震荡；C_2 是为了消除电路的高频噪声，改善负载的瞬态响应。

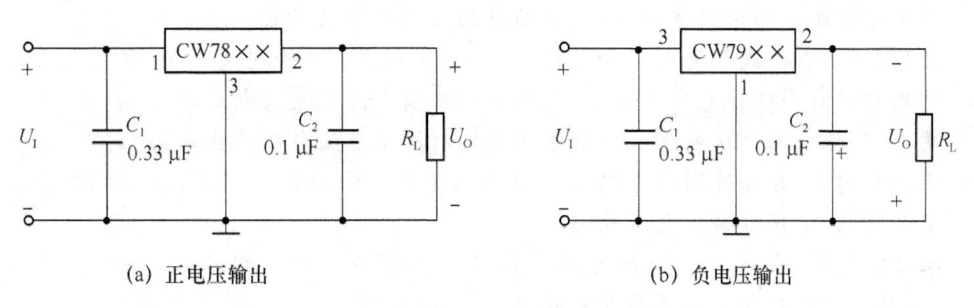

(a) 正电压输出　　(b) 负电压输出

图 11-17　串联型稳压电路

利用三端稳压器可以构成输出电压可调的稳压电路，如图 11-18 所示。

$U_{\times\times}$ 是三端集成稳压器的标称电压；I_W 是它的静态电流，输出电压 U_O 等于 R_1 上电压与 R_2 上电压之和，所以输出电压为

$$U_O=U_{\times\times}\left(1+\frac{R_2}{R_1}\right)+I_WR_2 \tag{11-21}$$

改变 R_2 滑动端位置，可调节 U_O 的大小。

【例 11-5】 在图 11-18 所示电路中，三端稳压器的标称电压 $U_{\times\times}$ 为 5 V，静态电流为 5 mA，R_1 为 220 Ω，R_2 为 680 Ω，求输出电压 U_O。

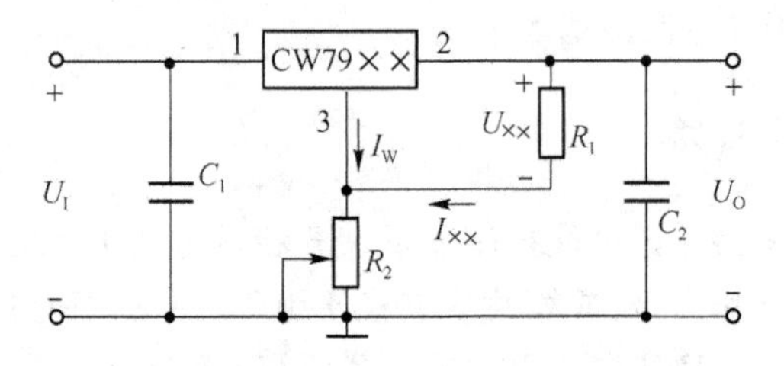

图 11-18 输出电压可调的稳压电路

解 输出电压 U_O 为

$$U_O=U_{\times\times}\left(1+\frac{R_2}{R_1}\right)+I_WR_2=5\times\left(1+\frac{680}{220}\right)+0.005\times680=23.85\ \text{V}$$

计算可得输出电压 U_O 为 23.85 V。

重要知识点

- **变压**：将交流电网中的交流电压变成符合整流要求的交流电压。
- **整流**：利用具有单向导电性能的整流元件，将正负交替的正弦交流电压整流成为单向脉动电压。
- **单相半波整流**：将单相交流电变成单相直流电，但只在输入波形的半个周期内有输出。
- **单相全波整流**：将单相交流电变成单相直流电，在输入波形的整个周期内都有输出。
- **滤波**：利用电容、电感等储能元件，减小脉动电压中的脉动成分，尽可能地将单向脉动电压成分滤掉，使输出电压成为比较平滑的直流电压。
- **电容滤波**：在桥式整流电路的负载 R_L 上并联一个足够大的电容 C，利用电容的储能作用可以减小输出电压的脉动，从而得到比较平滑的直流电压。
- **电感滤波**：在桥式整流电路和负载电阻 R_L 之间串入一个电感器 L，利用电感的储能作用可以减小输出电压的脉动，从而得到比较平滑的直流电压。
- **稳压**：降低电网电压波动和负载电阻变化对输出直流电压产生的影响。
- **二极管稳压**：在整流滤波电路的负载两端并联一个稳压二极管，利用二极管的反向击穿特性，以保证输出电压稳定。
- **串联型稳压**：在三极管稳压电路中调整三极管与负载电阻串联，通过调整三极管 U_{CE} 的变化使输出电压保持基本稳定。

本章小结

1. 直流稳压电源的作用

直流稳压电源：将交流电转换为较为稳定的直流电的装置。一般包括电源变压器、整流电路、滤波电路、稳压电路。

电子设备中所用的直流电源，通常是由电网提供的交流电变压后经过电源变压器、整流电路、滤波电路和稳压电路以后得到。

2. 整流电路

整流电路的基本工作原理是利用二极管的单向导电性。单相半波整流电路结构简单、经济实用，但其输出波形脉动大，直流成分比较低，利用效率低，一般适用于输出电流小、对电源性能要求不高的场合。

全波整流电路的输出电压比半波整流电路输出电压高出一倍，整流效率明显高于半波整流电路。

桥式整流电路输出电压高，脉动电压较小，管子所承受的最大反向电压较低，电源变压器得到了充分利用，效率较高。

3. 滤波电路

直流电源中滤波电路的作用是滤掉整流电路输出电压中的交流脉动成分，并要求尽可能地保留直流成分。

半波整流电容滤波电路结构简单，易于实现，但电容滤波存在着输出电压 U_L 随输出电流的增大而明显减小的缺点，所以电容滤波电路只适用于负载变动不大、负载电流不很大的场合。

电容滤波电路结构简单，负载直流电压较高，脉动小，输出特性较差，适用于负载电压较高、负载变动不大的场合。

4. 稳压电路

稳压电路的作用是在电网电压波动或负载电阻变化时保持输出电压基本不变。

稳压管稳压电路结构简单，但输出电压不可调，仅适用于负载电流较小，且负载固定的情况。使用时必须合理选择限流电阻的阻值，以保证稳压管工作在稳压状态。

串联型直流稳压电路包括 4 个组成部分：调整管、采样电路、基准电压电路和比较放大电路。基准电压的稳定性和电压反馈深度是影响输出电压稳定性的重要因素。

集成稳压器仅有输入端、输出端和公共端三个引出端，使用方便，稳压性较好。

思考题与习题

11-1　直流稳压电源由哪几部分组成？各部分的作用是什么？

11-2　常用的稳压电路有哪几种？串联型直流稳压电路主要由哪几部分组成？

11-3　半波整流、全波整流和桥式整流有哪些异同点？

11-4　简述串联型稳压电路的工作原理。

11-5　单相桥式整流电路中，二极管的选取应考虑哪几个因素？

11-6　在桥式整流电路中，若其中一个二极管开路，则输出(　　)。

A. 只有半周波形　　B. 为全波波形　　C. 无波形且变压器或整流管可能烧坏

11-7　在稳压电路中，调整管工作在(　　)状态。

A. 饱和　　B. 截止　　C. 放大

11-8　在桥式整流电路中，若其中一个二极管正负极接反了，则输出(　　)。

A. 只有半周波形　　B. 为全波波形　　C. 无波形且变压器或整流管可能烧坏

11-9　单相半波整流电路中变压器次级电压有效值 $U_2=6$ V，则输出电压 U_o 为多少？二极管承受的最大反向电压为多少？

11-10　单相半波整流电路如图 11-19 所示。已知负载电阻 $R_L=750\ \Omega$，变压器副边电压 $u_2=20$ V，试求 u_o、i_o、整流二极管的电流平均 I_D 值和二极管截止时承受的最高反向电压 U_{Rmax}。

11-11　单相桥式整流电路如图 11-20 所示，电路中负载电阻 $R_L=40\ \Omega$，需要直流输出电压 $U_L=40$ V，试求出变压器二次电压、流过负载电阻的电流及流过整流二极管的平均电流 I_D。

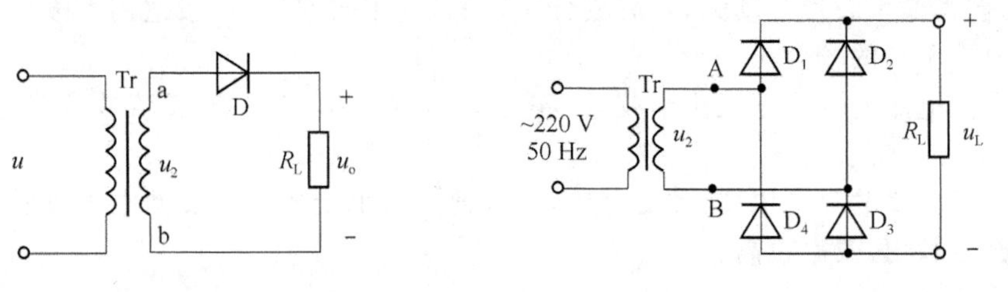

图 11-19　习题 11-10 图　　　　图 11-20　习题 11-11 图

11-12　设计一单相桥式整流电容滤波电路，如图 11-21 所示，要求输出电压 $U_L=48$ V，已知负载电阻 $R_L=100\ \Omega$，交流电源频率为 $f=50$ Hz，则流过二极管的平均电流 I_D 和滤波电容器的容量 C 是多少？（$\tau=5\times\frac{T}{2}$）

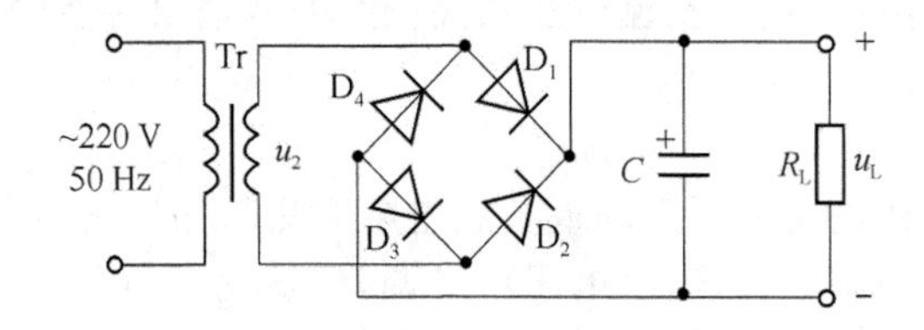

图 11-21　习题 11-12 图

11-13　在图 11-22 所示电路中，输入直流电压 $U_I=28$ V，假设其变化范围为 ±10%，负载为 2 kΩ，要求输出直流电压 $U_O=16$ V，求负载电流的最大值 I_{Lmax} 和限流电阻下限值 R_{min}、上限值 R_{max}。

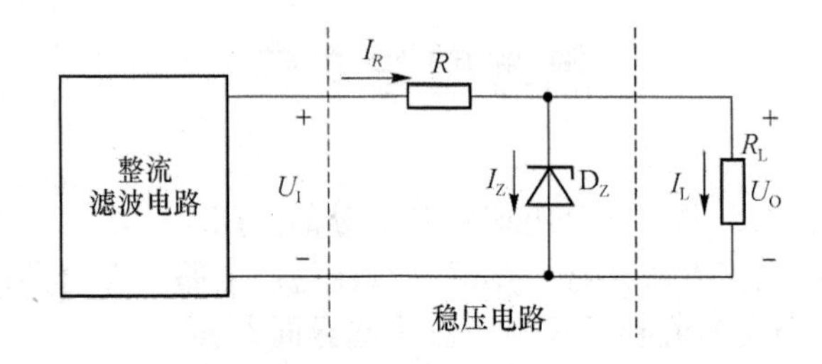

图 11-22　习题 11-13 图

11-14　在图 11-23 所示电路中，三端稳压器的标称电压 $U_{××}$ 为 10 V，静态电流为 8 mA，R_1 为 220 Ω，R_2 为 680 Ω，求输出电压 U_O。

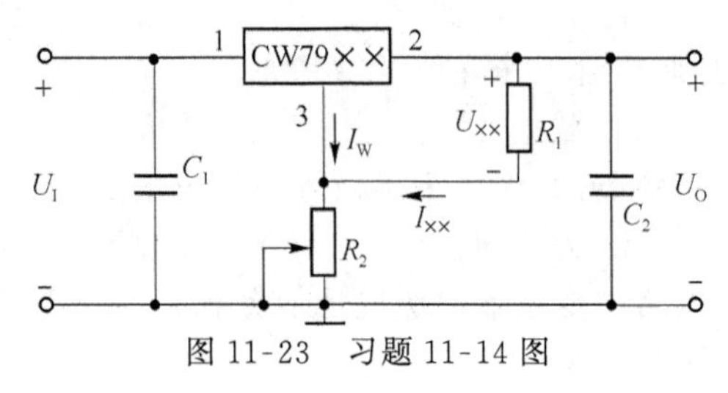

图 11-23　习题 11-14 图